高等院校物联网专业系列教材

# 无线传感网应用技术

主　编／陈守森　钟　虹　　副主编／张兴达　姜泉竹　郭纪良

清华大学出版社
北　京

## 内容简介

本书是校企联合开发的，主要内容包括 9 个项目：搭建无线传感器网络开发环境、节日彩灯闪闪亮、发送字符串、智能家居小帮手、看门狗的唤醒、无线点亮照明灯、用 Z-Stack 传送数据、网络通信、智慧农业综合实训。每个项目又分为若干个任务。项目均来源于实际应用。项目中穿插讲授了相应的理论知识，并经过实际测试。本书具有上手容易、理实一体化的特点。

本书适合作为本科及高职高专院校物联网及相关专业学生的教材，也可以作为相关从业人员的参考用书。

本书封面贴有清华大学出版社防伪标签，无标签者不得销售。

版权所有，侵权必究。举报：010-62782989，beiqinquan@tup.tsinghua.edu.cn。

图书在版编目(CIP)数据

无线传感网应用技术/陈守森,钟虹主编.—北京：清华大学出版社,2021.2（2024.1重印）
高等院校物联网专业系列教材
ISBN 978-7-302-56393-8

Ⅰ.①无… Ⅱ.①陈… ②钟… Ⅲ.①无线电通信—传感器—计算机网络—高等学校—教材 Ⅳ.①TP212

中国版本图书馆 CIP 数据核字(2020)第 170514 号

责任编辑：张龙卿
封面设计：徐日强
责任校对：赵琳爽
责任印制：杨　艳

出版发行：清华大学出版社
网　　址：https://www.tup.com.cn, https://www.wqxuetang.com
地　　址：北京清华大学学研大厦 A 座　　　邮　编：100084
社 总 机：010-83470000　　　　　　　　　邮　购：010-62786544
投稿与读者服务：010-62776969, c-service@tup.tsinghua.edu.cn
质量反馈：010-62772015, zhiliang@tup.tsinghua.edu.cn
课件下载：https://www.tup.com.cn,010-83470410

印 装 者：三河市铭诚印务有限公司
经　　销：全国新华书店
开　　本：185mm×260mm　　印　张：17.75　　字　数：403 千字
版　　次：2021 年 2 月第 1 版　　　　　　印　次：2024 年 1 月第 3 次印刷
定　　价：59.00 元

产品编号：088707-01

# 前　言

新一代信息技术正在逐步取代"传统"信息技术,而物联网作为"底层"的硬件基础,通过传感芯片、CPU、通信模块与万事万物结合,形成智慧终端。物物互联构成的网络正逐步扩大传统互联网。

无线传感器网络是物联网技术中非常重要的一种通信方式,它被广泛应用在军事、航空、防爆、救灾、医疗、保健、家居、工业、商业等领域。由于物联网及相关技术发展应用的时间并不长,这个领域适合初学者使用的教材还比较缺乏。为了更好地推动技术的学习及应用,由高校一线教师和青岛天信通软件技术有限公司共同成立了编写团队,采用项目式教材编写方式,结合丰富实用的多个项目,由浅入深地将复杂难懂的理论知识串联起来进行讲解,以便于学生边学边练。在校学生、物联网开发人员、传感技术兴趣爱好者都可以通过本书的学习掌握相关专业知识。

本书共分为9个项目,分别是搭建无线传感器网络开发环境、节日彩灯闪闪亮、发送字符串、智能家居小帮手、看门狗的唤醒、无线点亮照明灯、用Z-Stack传输数据、网络通信、智慧农业综合实训。读者在学习过程中可以一边完成项目,一边学习理论,从而达到更好的学习效果。

本书编写成员包括学校和企业人员,由陈守森担任组长,具体成员包括钟虹、牟志华、孙丕波、孙立强、郑晓坤、范德辉、隋金雪、刘通、张兴达、姜泉竹、郭纪良。本书在编写过程中得到了学校、企业多位同事及朋友的帮助,在此一并表示真挚的感谢。

编　者
2020年9月

# 目 录

**项目 1　搭建无线传感器网络开发环境** ……………………………………… 1
　　任务 1　硬件平台的搭建 …………………………………………………… 1
　　任务 2　软件平台的搭建 …………………………………………………… 11
　　任务 3　开发环境调试及应用 ……………………………………………… 19

**项目 2　节日彩灯闪闪亮** …………………………………………………… 35
　　任务 1　闪烁的 LED 灯 …………………………………………………… 35
　　任务 2　按键控制 …………………………………………………………… 46
　　任务 3　中断控制 …………………………………………………………… 54
　　任务 4　定时器 1 控制 ……………………………………………………… 62

**项目 3　发送字符串** ………………………………………………………… 66
　　任务 1　用 ZigBee 模式发送字符串 ……………………………………… 66
　　任务 2　数据的收发 ………………………………………………………… 80
　　任务 3　改进后的节日彩灯 ………………………………………………… 85

**项目 4　智能家居小帮手** …………………………………………………… 92
　　任务 1　CC2530 内部温度信息的采集与显示 …………………………… 92
　　任务 2　外部环境温湿度信息的采集与显示 ……………………………… 101

**项目 5　看门狗的唤醒** ……………………………………………………… 111
　　任务 1　中断唤醒 …………………………………………………………… 111
　　任务 2　定时器唤醒 ………………………………………………………… 116
　　任务 3　防止程序跑飞 ……………………………………………………… 121

**项目 6　无线点亮照明灯** …………………………………………………… 126
　　任务 1　无线点灯 …………………………………………………………… 126
　　任务 2　信号传输质量检测 ………………………………………………… 135

## 项目 7　用 Z-Stack 传输数据 ·············· 147

  任务 1　Z-Stack 协议栈的串口通信 ·············· 147
  任务 2　Z-Stack 协议栈的按键 ·············· 165
  任务 3　Z-Stack 协议栈的无线数据传输 ·············· 177
  任务 4　Z-Stack 协议栈的网络通信 ·············· 186

## 项目 8　网络通信 ·············· 205

  任务 1　Z-Stack 协议栈中的网络通信 ·············· 205
  任务 2　Z-Stack 协议栈中的网络管理 ·············· 222

## 项目 9　智慧农业综合实训 ·············· 228

  任务 1　各模块元器件选型及硬件电路设计 ·············· 228
  任务 2　各模块软件设计 ·············· 236
  任务 3　模块组网及运行调试 ·············· 260

**参考文献** ·············· 275

# 项目 1　搭建无线传感器网络开发环境

无线传感器网络是物联网领域中一种非常重要的无线通信网络,它被广泛应用在军事、航空、防爆、救灾、医疗、保健、家居、工业、商业等领域。

通过本项目的学习,可实现无线传感器网络开发环境的搭建,即硬件平台的搭建和软件平台的搭建,并调试点亮开发板上的 LED 灯;通过搭建开发环境,掌握无线传感器网络、ZigBee 技术、CC2530 芯片等核心概念和器件。

## 项目任务

- 任务 1　硬件平台的搭建
- 任务 2　软件平台的搭建
- 任务 3　开发环境调试及应用

## 项目目标

- 掌握无线传感器网络开发环境的搭建。
- 掌握无线传感器网络开发环境的调试及使用。
- 掌握无线传感器网络应用系统开发流程。

## 任务 1　硬件平台的搭建

### 任务目标

完成无线传感器网络硬件平台的搭建。

### 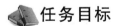任务内容

- ZigBee 芯片选型。
- ZigBee 核心板的构建。
- ZigBee 功能底板的构建。
- ZigBee 仿真器及配件选型。

## 任务实施

### 一、实验准备

装载有 Altium Designer 10 及以上版本软件的计算机。

### 二、实验实施

#### 第一步：ZigBee 芯片选型

本书选用 CC2530 作为开发板核心处理芯片。

CC2530 属于 CC253×系列，是最常见的 ZigBee 系列芯片之一。除此之外，常见的 ZigBee 系列芯片还有 CC243×系列、MC1322×系列。本书重点介绍和使用 CC253×系列芯片。

CC253×系列的 ZigBee 芯片主要是 CC2530/CC2531，它们是 CC2430/CC2431（CC243×系列）的升级，在性能上要比 CC243×系列更加稳定。CC253×系列芯片是广泛使用于 2.4GHz 片上系统（System on a Chip, SoC）的解决方案，建立在基于 IEEE 802.15.4 标准之上。CC253×片上系统家族主要包括 4 种产品：CC253×-F32、CC253×-F64、CC253×-F128、CC253×-F256，它们的区别主要在于内置闪存的容量不同，可以针对不同 ZigBee 应用做不同的成本优化。

CC253×系列芯片大致由三种类型的模块组成：CPU 和内存相关的模块，外设、时钟和电源管理相关的模块，以及无线电相关的模块。

#### 1. CPU 和内存

CC253×系列使用的 8051CPU 内核是一个单周期的 8051 兼容内核，它有 3 个不同的存储器访问总线（SFR、DATA 和 CODE/XDATA），分别可以以单周期访问 SFR、DATA 和 SRAM；它还包括一个调试接口和一个中断控制器。

中断控制器提供了 18 个中断源，分为 6 个中断组，每个中断组与 4 个中断优先级相关。当设备处于空闲模式，任何的中断可以把 CC2530 恢复到主动模式，一些中断还可以将设备从睡眠模式唤醒。

内存仲裁器位于系统中心，因为它通过 SFR 总线把 CPU 和 DMA 控制器同物理存储器和所有外设连接起来。内存仲裁器有 4 个存取访问点，通过访问它们可以映射到 3 个物理存储器之一，即 SRAM、闪存存储器和 XREG/SFR 寄存器。内存仲裁器负责执行仲裁，为同时访问同一个物理存储器的多个访问请求排序。

4/6/8KB SRAM 映射到 DATA 存储空间和 XDATA 存储空间的某一部分。8KB 的 SARM 是一个超低功耗的 SRAM，甚至在低功耗运行模式下（PM2/PM3）也能够保留自己的内容，这对于低功耗应用来说是一个很重要的特征。

32/64/128/256KB 闪存块为设备提供了可编程的非易失性程序存储器，映射到

CODE 和 XDATA 存储空间。除了保存程序代码和常量,非易失性程序存储器还允许应用程序保存必须保留的数据,这样在设备重新启动之后可以使用这些数据。例如,可以使用已经保存的网络具体数据,就不需要经过完整的启动、网络寻找和加入过程。

**2. 时钟和电源管理**

CC253×系列芯片内置一个 16MHz 的 RC 振荡器,外部可连接 32MHz 外部晶振。CPU 内核和外设由一个 1.8V 低压稳压器供电。另外,CC253×包括一个电源管理的功能模块,可以允许在低功耗应用中使用不同的低功耗运行模式(PM1、PM2 和 PM3),以延长电池的使用寿命。有 5 种不同的复位源来复位设备。

**3. 外设**

CC253×系列芯片有许多不同的外设,允许应用程序设计者开发先进的应用。这些外设包括调试接口、I/O 控制器、两个 8 位的定时器、一个 16 位的定时器、一个 MAC 定时器、ADC、AES 协处理器、看门狗电路、两个串口和 USB 全速控制器(仅限 CC2531)。

**4. 无线电**

CC253×系列芯片提供了一个与 IEEE 802.15.4 标准兼容的无线收发器。RF 内核控制模拟无线模块。另外,它提供了 MCU 和无线设备之间的一个接口,可以发出命令、读取状态、自动操作和确定无线设备事件的顺序。无线设备还包括一个数据包过滤和地址识别模块。

## 【理论学习:核心定义概述】

**1. 无线传感器网络**

无线传感器网络(wireless sensor networks,WSN)是大量的静止或移动的传感器以自组织和多跳的方式构成的无线网络,其目的是用于感知、采集和处理传输网络覆盖地理区域内被感知对象的监测信息,并报告给用户。

无线传感器网络的应用一般不需要很高的带宽,但对功耗要求却很严格,大部分时间必须保持低功耗。传感器节点通常使用存储容量不大的嵌入式处理器,对协议栈的大小也有严格的限制。另外,无线传感器网络对网络安全性、节点自动配置和网络动态重组等方面也有一定的要求。无线传感器网络的特殊性对应用于该技术的协议提出了较高的要求。目前,使用最广泛的无线传感器网络的物理层和媒体访问控制层的协议为 IEEE 802.15.4 标准。

基于上述特点,当前市场中无线传感器网络的开发、应用与 ZigBee 技术紧密结合在一起。

**2. ZigBee**

ZigBee 是一种基于 IEEE 802.15.4 标准的低功耗的无线个人局域网的协议。ZigBee

名字起源于蜜蜂之间传递信息的方式。蜜蜂在发现花丛后会通过一种特殊的肢体语言来告知同伴新发现的食物源的位置等信息，这种肢体语言就是zigzag（Z字形的）舞蹈，这是蜜蜂之间的一种简单的传递信息的方式，蜜蜂用这样的方式在群体中构成了通信网络。

在ZigBee的概念中涉及IEEE 802.15.4标准，此标准是由IEEE 802.15工作组制定的。IEEE 802.15工作组成立于1998年，它专门从事WPAN（wireless personal area network）的标准化工作，即为无线个人局域网开发无线通信标准。

IEEE 802.15工作组共有4个任务组（task group，TG），分别制定适合不同应用的标准。其中，任务组TG4针对低速率无线个人局域网制定了IEEE 802.15.4标准，该标准描述了低速率无线个人局域网的物理层和媒体访问控制层的协议。

ZigBee的体系结构从下到上分别为物理层（PHY）、媒体访问控制层（MAC）、网络层（NWK）和应用层（APL）。其中，IEEE 802.15.4标准定义了物理层和媒体访问控制层的协议，ZigBee联盟则在此基础上对网络层和应用层的协议进行了标准化。

因此，ZigBee是一种基于IEEE 802.15.4标准的低功耗的无线个人局域网的协议。简而言之，ZigBee是一种无线网络协议。

### 3. ZigBee技术

遵照ZigBee协议发展起来了一种新的无线通信技术——ZigBee技术。ZigBee技术是一种近距离、低复杂度、低功耗、低速率、低成本的双向无线通信技术，它主要用于在近距离、低功耗且传输速率不高的各种电子设备之间进行数据传输，典型数据类型有周期性数据、间歇性数据和低反应时间数据的传输。

简单来说，ZigBee技术可以提供一种高可靠的无线数传网络，类似于CDMA和GSM网络。ZigBee数传模块类似于移动网络基站，通信距离从标准的75m到几百米、几千米，并且支持无限扩展。ZigBee技术理论上可以支持由多达65535个无线数传模块组成的一个无线数传网络。在整个网络范围内，ZigBee网络数传模块之间可以相互通信。

每个ZigBee网络节点不仅本身可以作为监控对象，例如，对其所连接的传感器直接进行数据采集和监控，还可以自动中转别的网络节点传过来的数据资料。除此之外，每一个ZigBee网络节点还可以在自己信号覆盖的范围内与多个不承担网络信息中转任务的孤立的子节点进行无线连接。

ZigBee技术是基于无线连接的，可以分别工作在2.4GHz（全球流行）、868MHz（欧洲流行）和915MHz（美国流行）这3个频段上，并且在这3个频段上分别具有最高可达250kb/s、20kb/s和40kb/s的传输速率，它的传输距离范围在10～75m，并且可以继续增加。作为一种无线通信技术，ZigBee技术具有如下特点。

- 功耗低：ZigBee传输速率低，发射功率仅为1mW，并且采用了休眠模式，因而功耗低，因此，ZigBee设备非常省电。据估算，ZigBee设备仅靠两节5号电池就可以维持长达6个月到2年的使用时间，这是其他无线设备无法企及的。
- 成本低：ZigBee模块的初始成本在6美元左右，估计很快就能降到1.5～2.5美元，并且ZigBee协议是免专利费的。低成本对于ZigBee技术来说是一个非常重要的发展优势。

- 时延短：ZigBee 技术的通信时延和从休眠状态激活的时延都非常短，典型的搜索设备的时延为 30ms，休眠激活的时延为 15ms，活动设备信道接入的时延为 15ms。因此，ZigBee 技术比较适用于对时延要求相对苛刻的无线控制应用场合（如工业控制）。
- 网络容量大：ZigBee 技术支持星形、树形和网状的网络拓扑结构，可以由一个主节点管理若干个子节点。一个主节点最多可以管理 254 个子节点，同时主节点还可以由上一层网络的节点管理。
- 可靠：采取了碰撞避免策略，同时为需要固定带宽的通信业务预留了专用时隙，避开了发送数据的竞争和冲突。数据访问控制层采用了完全确认的数据传输模式，每个发送的数据包都必须等待接收方的确认信息。如果在传输过程中出现了问题，可以进行重发。
- 安全：ZigBee 提供了基于循环冗余校验（CRC）的数据包完整性检查功能，支持鉴权和认证，采用了 AES-128 的加密算法，各个应用可以灵活地确定其安全属性。

ZigBee 是为低速无线个人局域网而开发的通信协议，随着 ZigBee 2007 协议的逐渐成熟，ZigBee 技术开始在智能家居物联网和商业楼宇自动化方面具有较大的应用前景。ZigBee 技术的出现较好地弥补了低成本、低功耗和低速率的无线通信市场的空缺，在以下场合可以考虑采用 ZigBee 技术。

- 需要进行数据采集和控制的节点较多。
- 应用对数据传输速率和成本要求不高。
- 设备需要电池供电几个月的时间，且设备体积较小。
- 野外布置网络节点，进行简单的数据传输。

目前，ZigBee 技术的应用领域主要有智能家居物联网、商业楼宇自动化、工业和农业的无线监测、智能交通、智能医疗、消费电子、户外作业及地下矿场安全监护等，如图 1-1 所示。

图 1-1　ZigBee 应用领域

### 4. ZigBee 联盟

ZigBee 联盟是一个高速成长的非营利业界组织，成员包括国际著名半导体生产商、技术提供者、技术集成商及最终使用者（包括艾默生、飞思卡尔半导体、飞利浦、施耐德电气、德州仪器等）。联盟基于 IEEE 802.15.4 标准制定了具有高可靠性、高性价比、低功耗的网络层和应用层的 ZigBee 使用规则。

ZigBee 联盟的主要目标是以通过加入无线网络功能，为消费者提供更富有弹性、更容易使用的电子产品。ZigBee 技术能够融入各类电子产品，应用范围横跨全球的民用、商用、公共事业及工业等市场，这使联盟会员可以利用 ZigBee 这个标准化无线网络平台，设计出简单、可靠、便宜又节省电力的各种产品。

ZigBee 联盟锁定的焦点如下。
- 制定网络、安全和应用软件层。
- 提供不同产品的协调性及互通性测试规则。
- 在世界各地推广 ZigBee 品牌并争取市场的关注。
- 管理技术的发展。

要使用图 1-2 所示的 ZigBee 联盟标识的产品，必须首先进行 ZigBee 的项目认证，只有通过了 ZigBee 认证的产品才可以使用 ZigBee 标识，这就确保了该产品符合在 ZigBee 规范里的标准描述。

图 1-2  ZigBee 联盟

### 5. 无线传感器网络与 ZigBee 技术的关系

无线传感器网络的应用一般不需要很高的带宽，但对功耗要求却很严格，大部分时间必须保持低功耗。传感器节点通常使用存储容量不大的嵌入式处理器，对协议栈的大小也有严格的限制。另外，无线传感器网络对网络安全性、节点自动配置和网络动态重组等方面也有一定的要求。无线传感器网络的特殊性对应用于该技术的协议提出了较高的要求。目前，使用最广泛的无线传感器网络的物理层和媒体访问控制层的协议为 IEEE 802.15.4 标准。

无线传感器网络与 ZigBee 技术之间的关系可以从两个方面来分析：一是协议标准；二是应用。具体的关系可以描述如下。

从协议标准上讲：目前大多数无线传感器网络的物理层和数据访问控制层都采用 IEEE 802.15.4 协议标准。IEEE 802.15.4 标准描述了低速率无线个人局域网的物理层和媒体访问控制层的协议，属于 IEEE 802.15 工作组。而 ZigBee 技术正是基于 IEEE 802.15.4 标准的无线通信技术。

从应用上讲：ZigBee 技术适用于通信数据量不大，数据传输速率相对较低，成本较低的便携式或移动设备。这些设备只需要很少的能量，以接力的方式通过无线电波将数据从一个传感器传送到另外一个传感器，并能实现传感器之间的组网，体现无线传感器网络分布式、自组织和低功耗的特点。

从以上两个方面来讲，ZigBee 技术是可用于实现无线传感器网络应用的一种重要技术。

## 第二步：ZigBee 核心板的构建

ZigBee 核心板的实物图如图 1-3 所示。

ZigBee 核心板的功能特点如下：体积小（尺寸为 3.6cm×2.8cm），重量轻，引出全部 I/O 口，采用标准 2.54 排针接口；可直接应用在万用板或自制 PCB 上；模块使用 2.4GHz 全向天线，可靠传输距离高达 250m，自动重连距离高达 110m。

图 1-3　ZigBee 核心板

### 【理论学习：ZigBee 核心板电路】

图 1-4 所示为 CPU 核心电路，包含了晶振以及电源部分。其中 32.768kHz 晶振提供 CPU 工作的 RTC 外部时钟源，32MHz 晶振提供 CPU 工作的外部震荡源。当启用无线功能时，必须使用 32MHz 外部晶振。

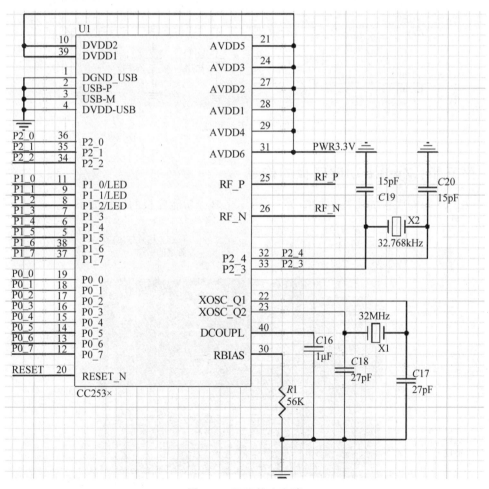

图 1-4　CPU 核心电路

图 1-5 所示电路为核心板电源滤波电路，用于提高 CPU 工作的抗干扰性能。

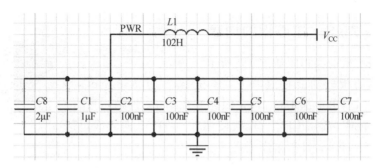

图 1-5　电源滤波

图 1-6 所示电路为核心板天线电路,提供一个标准 SMA 天线接口,供外接天线使用。

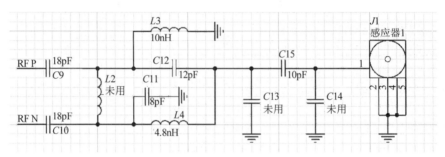

图 1-6　天线引线

## 第三步：ZigBee 功能底板的构建

ZigBee 功能底板的实物图如图 1-7 所示,ZigBee 功能底板的结构如下。

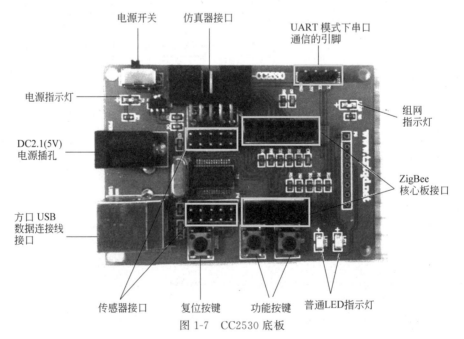

图 1-7　CC2530 底板

- 尺寸：7cm×5cm。
- 供电方式：通过 DC2.1(5V)电源接口或方口 USB 数据连接线供电。
- 串口通信方式：自带 USB 转串口功能，可通过接方口 USB 数据连接线与主机进行串口通信；此外，还引出了 UART 模式下串口通信时使用的 TX、RX、3.3V 和 GND 引脚。
- 功能接口：仿真器接口，兼容 TI 标准仿真工具，引出 3.3V、GND、RST 引脚及 SPI 模式下串口通信时使用的所有引脚；传感器接口，引出所有采集信号的引脚及许多其他重要的引脚。
- 功能按键：1 个复位按键，2 个普通按键。
- LED 指示灯：1 个电源指示灯、1 个组网指示灯和 2 个普通指示灯。
- 核心模块支持：ZigBee 核心板。
- 传感器模块支持：DS18B20 温度传感器、DHT11 温湿度传感器等。

**【理论学习：ZigBee 功能底板图纸】**

图 1-8 所示底板原理图共包含外部接口、USB 转串口、键盘 LED 等人机接口及电源管理 4 部分，各部分详细功能将在后续项目中详细介绍。

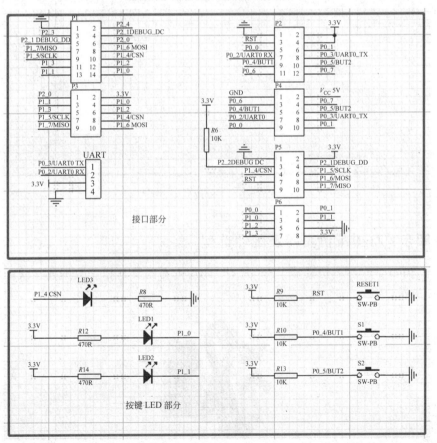

图 1-8 底板原理图

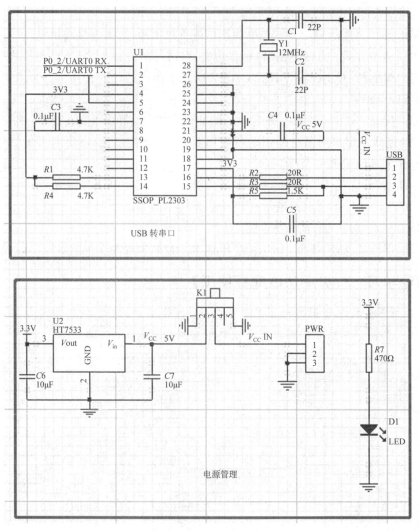

图 1-8（续）

## 第四步：ZigBee 仿真器及配件选型

选用 SmartRF04EB 仿真器。SmartRF04EB 仿真器及其相关数据连接线的实物图如图 1-9 所示。

图 1-9　SmartRF04EB 仿真器及数据连接线

SmartRF04EB 仿真器的功能特点如下。
- 尺寸：4.7cm×2.7cm(带壳)。
- 通过 USB 数据连接线连接到 PC。
- 支持仿真器直接供电。
- 支持 IAR 在线调试、程序下载、SmartRF Studio 和 Packet Sniffer 协议分析功能。
- 支持 TI ZigBee 系列芯片,如 CC111×/CC243×/CC253×/CC251×。

【理论学习：仿真器的作用】

仿真器可以替代目标系统中的 MCU,模拟其运行。仿真器运行起来和实际的目标处理器一样,但是增加了其他功能,使用户能够通过计算机或其他调试界面来观察 MCU 中的程序和数据,并控制 MCU 的运行。

## 三、实验现象

将 ZigBee 核心板的 P1 和 P2 排针分别相应地插入 ZigBee 功能底板的 P1 和 P2 插槽中,就构成了本任务要使用的 ZigBee 开发板。ZigBee 开发板接上天线后的效果如图 1-10 所示。

图 1-10 ZigBee 开发板

## 任务 2　软件平台的搭建

任务目标

完成无线传感器网络软件平台的搭建。

任务内容
- IAR 集成开发环境的安装。
- SmartRF04EB 仿真器驱动程序的安装。

## 任务实施

### 一、实验准备

联网的计算机(内存为 4GB 以上)。

### 二、实验实施

#### 第一步：IAR 集成开发环境的安装

**1. 下载**

下载要安装的文件和注册工具，如图 1-11 所示。

图 1-11　IAR 集成开发环境的安装

**2. 安装**

(1) 双击 EW8051-EV-8103-Web.exe，在弹出的对话框中单击 Next 按钮，如图 1-12 所示。

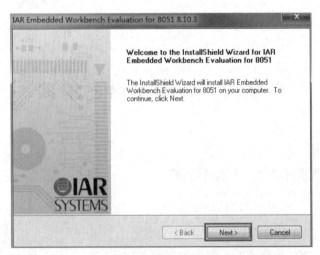

图 1-12　安装 IAR 集成开发环境 1

(2) 在弹出的对话框中单击 Next 按钮,如图 1-13 所示。

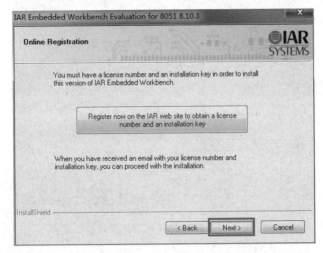

图 1-13　安装 IAR 集成开发环境 2

(3) 在弹出的对话框中选中"I accept…",单击 Next 按钮,如图 1-14 所示。

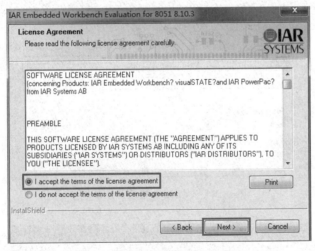

图 1-14　安装 IAR 集成开发环境 3

(4) 在弹出的软件界面中,将 License Number 和 License Key 分别输入 IAR 集成开发环境安装界面当前对话框中的 License♯ 和下一对话框的 License Key 文本框中,分别单击 Next 按钮,如图 1-15 和图 1-16 所示。

(5) 在弹出的对话框中选中 Complete 选项,单击 Next 按钮,如图 1-17 所示。

(6) 在弹出的对话框中可以单击 Change 按钮,修改软件的安装路径,修改好后单击 Next 按钮,如图 1-18 所示。

(7) 在弹出的对话框中单击 Next 按钮,如图 1-19 所示。

(8) 在弹出的对话框中单击 Install 按钮,如图 1-20 所示。

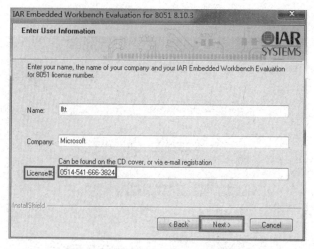

图 1-15　安装 IAR 集成开发环境 4

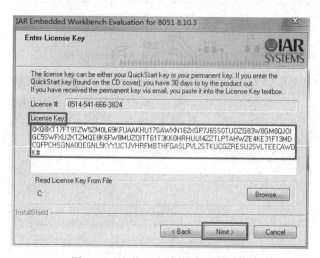

图 1-16　安装 IAR 集成开发环境 5

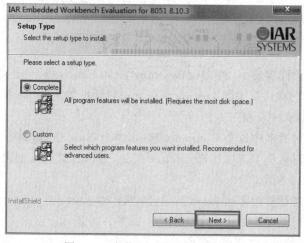

图 1-17　安装 IAR 集成开发环境 6

项目 1　搭建无线传感器网络开发环境

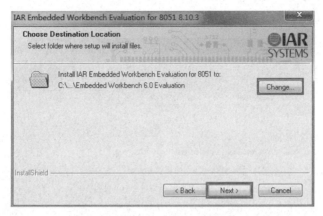

图 1-18　安装 IAR 集成开发环境 7

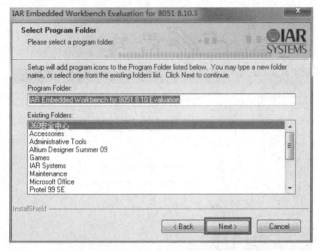

图 1-19　安装 IAR 集成开发环境 8

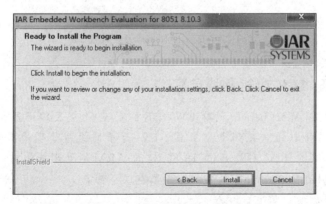

图 1-20　安装 IAR 集成开发环境 9

（9）经过一段时间的安装过程后，软件安装完成，单击 Finish 按钮，完成软件的安装，如图 1-21 和图 1-22 所示。

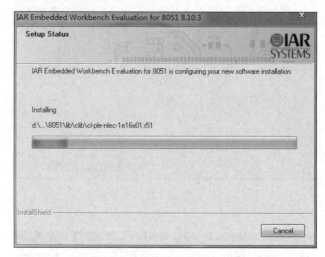

图 1-21　安装 IAR 集成开发环境 10

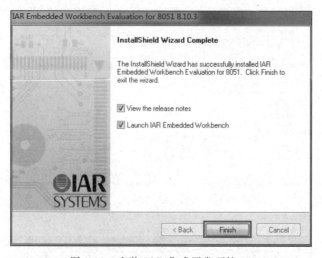

图 1-22　安装 IAR 集成开发环境 11

## 【理论学习：IAR 功能及特点】

IAR Embedded Workbench（简称 EW）IDE 的 C/C++ 交叉编译器是一款完整、稳定且很容易使用的专业嵌入式应用开发工具。EW 对不同的微处理器提供统一的用户界面，目前可以支持不少于 35 种的 8 位、16 位、32 位 ARM 微处理器结构。

IAR Embedded Workbench 集成的编译器有以下特点。
- 完全兼容标准 C 语言。
- 集成了相应芯片的内部优化器。
- 支持高效浮点运算。

- 内存模式选择。
- 高效的 PRO Mable 代码。

### 第二步：SmartRF04EB 仿真器驱动程序的安装

将仿真器通过 USB 数据连接线连接到 PC 的 USB 接口。打开 PC 的设备管理器，在其他设备处可以看到 SmartRF04DD 仿真器带黄色感叹号标记，表示其驱动程序还没有安装，对其右击，通过相关命令更新驱动程序软件，如图 1-23 所示。

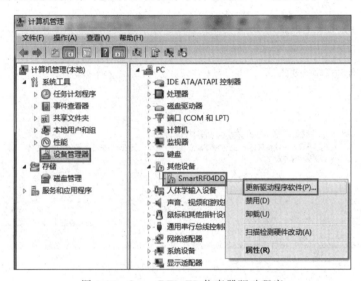

图 1-23　SmartRF04EB 仿真器驱动程序

在弹出的对话框中单击"浏览计算机以查找驱动程序软件"选项，如图 1-24 所示。

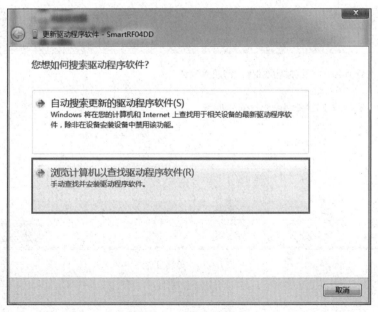

图 1-24　查找驱动程序

在弹出的对话框中单击"浏览"按钮,查找驱动程序安装文件所在的位置,32 位系统用户选择"...\smartRF04EB\win_32bit_x86",64 位系统用户选择"...\smartRF04EB\win_64bit_x64",然后单击"下一步"按钮,如图 1-25 所示。

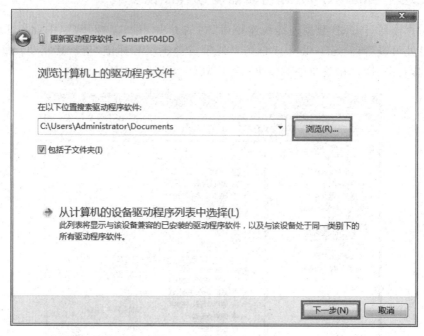

图 1-25　安装驱动程序

经过一段时间的安装过程后,SmartRF04EB 仿真器驱动程序安装完成。单击"关闭"按钮结束安装,如图 1-26 所示。

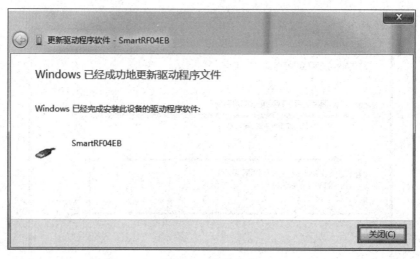

图 1-26　安装完成

## 【理论学习：驱动程序的作用】

驱动程序全称为"设备驱动程序"(Device Driver)，是一种可以使计算机和设备进行相互通信的特殊程序。相当于硬件的接口，操作系统只有通过这个接口才能控制硬件设备工作，假如某设备的驱动程序未能正确安装，便不能正常工作。因此，驱动程序被比作"硬件和系统之间的桥梁"。

## 三、实验现象

可以在设备管理器中看到 SmartRF04EB 仿真器的图标已没有黄色感叹号标记，表示其驱动程序已安装成功，如图 1-27 所示。

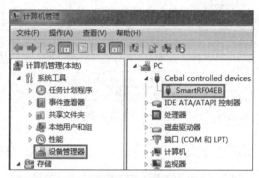

图 1-27　正常安装了驱动程序

# 任务 3　开发环境调试及应用

### 任务目标

- 完成无线传感器网络开发环境的调试。
- 掌握无线传感器网络应用系统开发流程。

### 任务内容

- 调试并点亮 LED 灯。
- 无线传感器网络系统开发及工作流程梳理。

### 任务实施

## 一、实验准备

硬件：计算机、ZigBee 开发板。

## 二、实验实施

### 第一步:调试并点亮 LED 灯

**1. 新建工程**

首先介绍怎样新建一个工程。具体步骤如下。

(1) 打开 IAR 集成开发环境,选择 Project→Create New Project 命令,如图 1-28 所示。

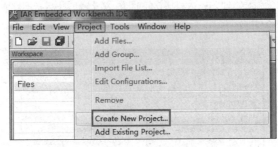

图 1-28　新建工程

(2) 在弹出的对话框中选择 Empty project,单击 OK 按钮,如图 1-29 所示。

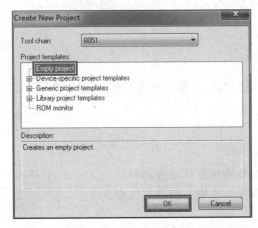

图 1-29　空工程

(3) 在弹出的对话框中选择工程要建立的位置,输入工程的名字,单击"保存"按钮,如图 1-30 所示。

(4) 在 IAR 中,每一个工程(Project)都必须保存在一个工作区(Workspace)中。选择 File→Save Workspace 命令保存工程,如图 1-31 所示。

在弹出的对话框中选择工作区要保存的位置,输入工作区的名字,单击"保存"按钮。这里选择工作区的名字及其保存的位置与工程的名字及其保存的位置都相同(也可以不相同),如图 1-32 所示。

项目 1　搭建无线传感器网络开发环境

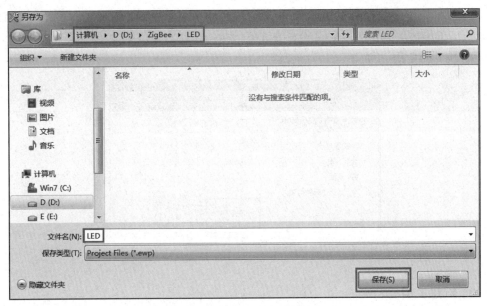

图 1-30　工程名字

图 1-31　保存工程

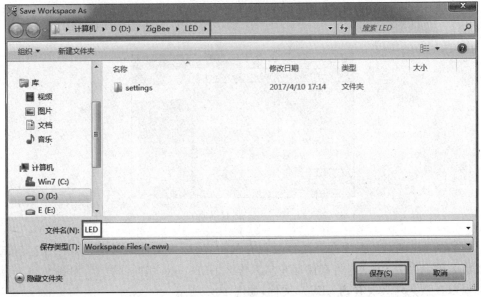

图 1-32　保存工作空间

21

现在在工作区被保存的目录中可以看到已经生成了 LED.eww 工作区文件，LED.ewp 是该工作区下的一个工程文件。在 IAR 中，一个工作区下可以包含多个工程文件，如图 1-33 所示。

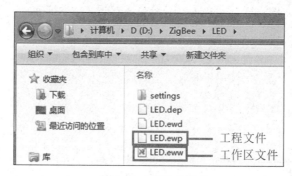

图 1-33　项目文件

### 2. 新建文件

在新建一个工程后，需要新建文件，新建文件的步骤如下。

（1）选择 File→New→File 命令，如图 1-34 所示；或者在工具栏中单击图标 。

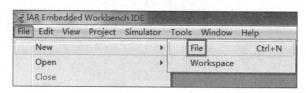

图 1-34　新建文件

（2）选择要保存的文件，选择 File→Save 命令，如图 1-35 所示；或者在工具栏中单击图标 。

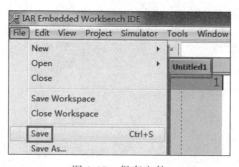

图 1-35　保存文件

（3）在弹出的对话框中选择文件要保存的位置，输入文件的名字，单击"保存"按钮。这里将文件命名为 LED.c，将其保存在与工作区 LED.eww 相同的位置，如图 1-36 所示。

可以在该文件夹中看到 LED.c 文件，如图 1-37 所示。

项目 1　搭建无线传感器网络开发环境

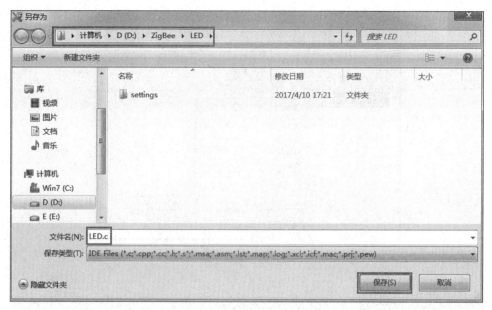

图 1-36　文件命名

图 1-37　源文件

## 3. 添加文件到工程

文件建立好后,需要将它添加到工程中。将文件添加到工程中的步骤如下。

(1) 选择 Project→Add Files 命令,或者在 Workspace 窗口中对工程 LED 右击并选择 Add→Add Files 命令,如图 1-38 和图 1-39 所示。Workspace 窗口可以通过 View→Workspace 命令调出。

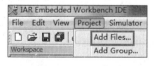

图 1-38　工程菜单

(2) 在弹出的对话框中选择要添加到工程的文件,比如 LED.c,然后单击"打开"或者直接对 LED.c 进行双击,如图 1-40 所示。

可以看到,在 Workspace 窗口中工程 LED 下面出现了刚才添加的文件 LED.c,说明文件添加成功。应注意,文件 LED.c 右边有一个红色的"﹡"符号,这表示该文件对于工程 LED 来说是新的,或者说是工程 LED 中修改过但还未保存的文件,如图 1-41 所示。

23

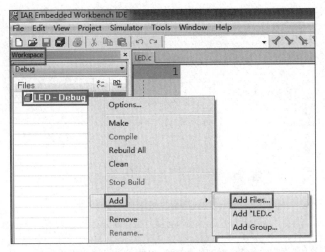

图 1-39　添加文件

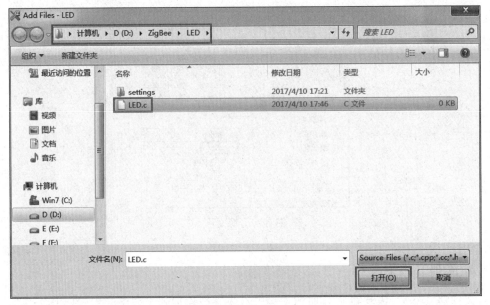

图 1-40　选择文件

图 1-41　保存标志

如果要将文件 LED.c 从工程 LED 中移除,可以对其右击并选择 Remove 命令,如图 1-42 所示。

这时文件只是从工程 LED 中被移除了,它仍然存在于原来的目录中,如图 1-43 所示。可以再次将它添加到工程 LED 中。

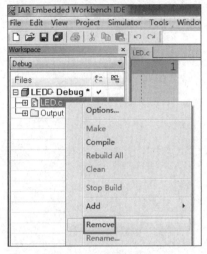

图 1-42　移除文件

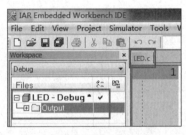

图 1-43　在原来的目录中

### 4. 编写程序

在将文件 LED.c 添加到工程 LED 后,可以在其中编写程序。现在以下面的程序为例,将其复制到 LED.c 中。暂时不需要理解其含义,后续内容中会详细讲解该程序。

```
#include <ioCC2530.h>
typedef unsigned char uchar;
typedef unsigned int uint;

//为 LED1 相关的 I/O 端口引脚定义一个宏
#define LED1 P1_0

//函数声明
void Delay(uint);                    //延时函数
void Init_Led(void);                 //初始化 LED 函数

/*********************
延时函数,以毫秒为单位延时
*********************/
void Delay(uint msec)
{
  uint i,j;
```

```
    for(i=0; i<msec; i++)
       for(j=0; j<530; j++);
}

/*********************
初始化 LED 函数，对 LED 相关的 I/O 端口引脚进行相应的设置
*********************/
void Init_Led(void)
{
  P1SEL &=~0x01;                //设置 P1_0 为通用 I/O
  P1DIR |=0x01;                 //设置 P1_0 的 I/O 方向为输出
  LED1 =1;                      //设置 P1_0 初始电平状态为高电平
}


/*********************
主函数
*********************/
int main(void)
{
  /**********点亮 LED1**********/
  Init_Led();                   //对 LED1 相关的 I/O 端口引脚进行相应的设置
  LED1 =0;                      //点亮 LED1
  while(1);                     //死循环，防止程序跑飞
  /**********点亮 LED1**********/


  /**********LED1 闪烁**********/
  //  Init_Led();               //对 LED1 相关的 I/O 端口引脚进行相应的设置
  //  while(1)//死循环
  //  {
  //     LED1 =! LED1;           //LED1 亮/灭状态改变一次
  //     Delay(500);             //延时 500ms
  //  }
  /**********LED1 闪烁**********/
}
```

## 5. 对工程的选项进行设置

IAR 集成开发环境集成了许多种处理器，所以在建立完一个工程后，还需要对此工程的选项进行相应的设置，使其与所使用的开发板的芯片相匹配，这样才能正确地对其进行开发。

首先，在 Workspace 窗口顶部的下拉列表中选择 Debug，如图 1-44 所示。

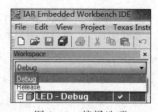

图 1-44 编译选项

然后开始对工程的选项进行设置。注意,这里只是针对入门篇基础课程的工程选项进行设置。从进阶篇开始,会用到 Z-Stack 协议栈,那时只需采用其默认设置即可,手动设置可能会出错。

设置步骤如下。

(1) 选择 Project→Options 命令,或者在 Workspace 窗口中对工程 LED 右击并选择 Options 命令,如图 1-45 所示。

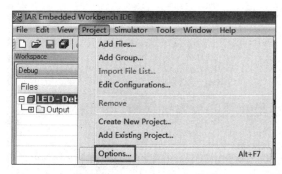
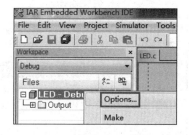

图 1-45　工程选项

(2) 在弹出的 Options for node "LED" 对话框左侧的 Category 列表中选择 General Options,在右侧选择 Target 选项卡,再在下方的 Device information 选项组中单击 Device 文本框右边的按钮,如图 1-46 所示。

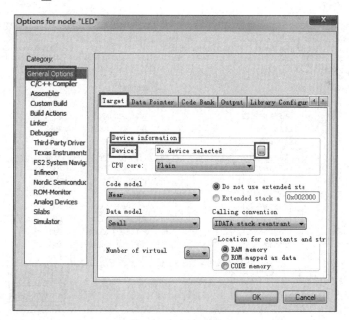

图 1-46　选择设备

(3) 在弹出的对话框中选中 Texas Instruments 文件夹,单击"打开"按钮,或直接对文件夹进行双击。注意,对话框打开的目录实际上是 IAR 集成开发环境安装路径下的一

27

个子目录，如图1-47所示。

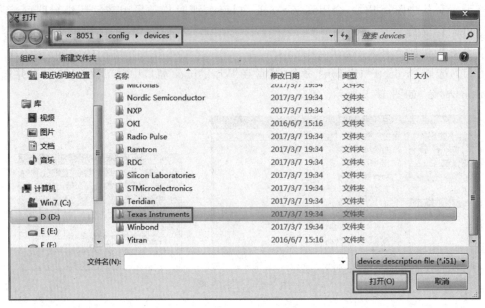

图1-47　配置文件目录

（4）在弹出的对话框中选中CC2530F256.i51，单击"打开"按钮，或直接对文件进行双击，如图1-48所示。

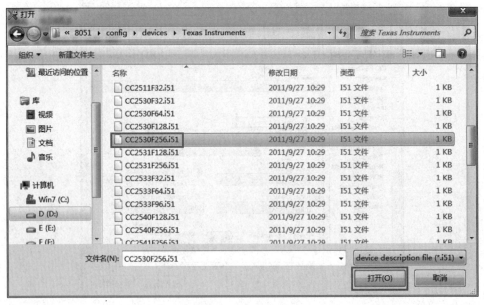

图1-48　选择配置文件

（5）在Target选项卡中将Code model、Data model和Calling convention下拉列表选项分别设置为Near、Large和PDATA stack reentrant，如图1-49所示。

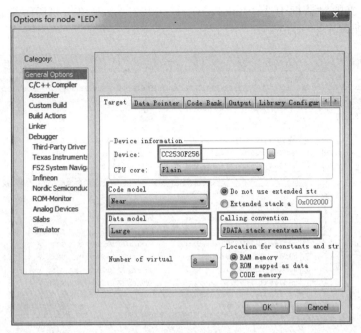

图 1-49 设置其他选项

（6）在 Category 列表中选择 Linker，在 Config 选项卡的 Linker configuration file 选项组中选中 Override default 复选框，再单击它下方文本框右边的 按钮，如图 1-50 所示。

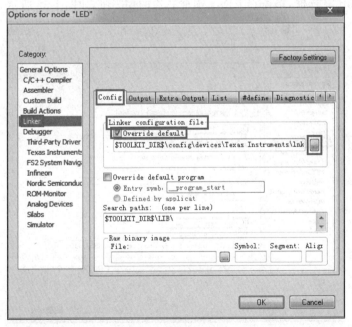

图 1-50 设置链接选项

（7）在弹出的对话框中选中 lnk51ew_cc2530F256.xcl，单击"打开"按钮或直接对文件进行双击，如图 1-51 所示。

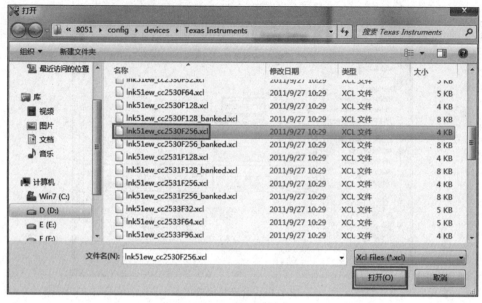

图 1-51 链接配置文件

（8）在 Category 列表中选择 Debugger，在 Setup 选项卡的 Driver 下拉列表中选择 Texas Instruments（使用编程器仿真），然后在 Device Description file 选项组中选中 Override default 复选框，单击它下面文本框右边的 ▣ 按钮，如图 1-52 所示。

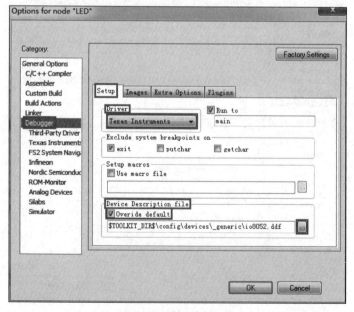

图 1-52 设置调试选项

（9）在弹出的对话框中选中 io8051.ddf，单击"打开"按钮或直接对文件进行双击，如图 1-53 所示。

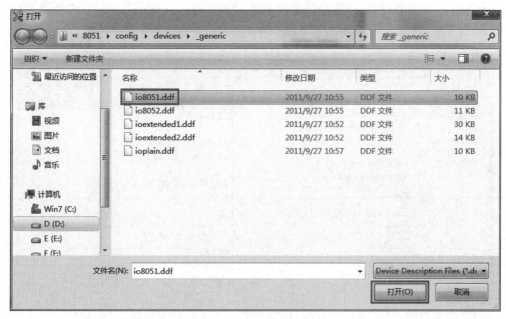

图 1-53　仿真器配置文件

（10）最后单击 OK 按钮，如图 1-54 所示。至此，工程选项基本设置完成，其他选项在以后编程时会根据需要来进行设置。

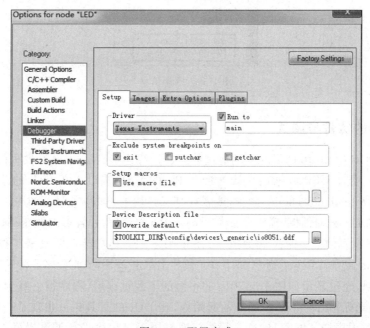

图 1-54　配置完成

### 6. 生成工程

在将工程的选项设置好后,可以生成工程。选择 Project→Make 命令,或者单击工具栏上的 图标,如图 1-55 所示。

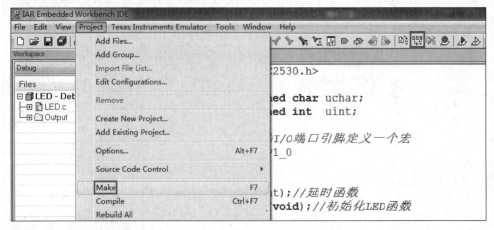

图 1-55　生成二进制代码

如果程序没有错误,IAR 下方的 Build 窗口中显示的结果如图 1-56 所示。

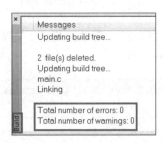

图 1-56　编译信息

### 7. 程序的仿真与调试

将 SmartRF04EB 仿真器的一端通过数据连接线连接到 ZigBee 开发板的仿真器接口 P5 上,另一端通过 USB 数据连接线连接到 PC 的 USB 接口。在 IAR 的菜单栏上选择 Project→Download and Debug 命令,或者在其工具栏上单击 图标,如图 1-57 所示。

如果弹出 Driver 对话框,确认后又弹出 IarIdePm 对话框,并且 IAR 的 Debug Log 窗口中显示如图 1-58 所示的错误提示,需要按一下 SmartRF04EB 仿真器上的 RESET 按键,然后选择 Project→Download and Debug 命令,或者在工具栏上单击 图标,将程序重新下载一次。

可以看到,经过显示如图 1-59 所示的很短的下载过程后,程序被下载到开发板中,程序指针(绿色光标)指向 main() 函数的起始处,在 IAR 的工具栏上出现了一行新的图标,IAR 提供了对程序调试的工具,这一行图标即是用于对程序进行调试操作的图标。将光标置于这些图标之上,可以看到对这些图标所对应的调试操作的简短说明。

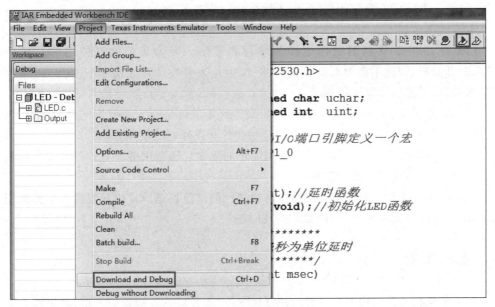

图 1-57 下载程序

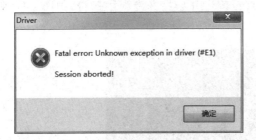
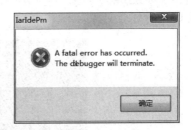

图 1-58 仿真器复位

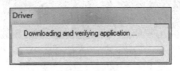

图 1-59 下载程序

## 第二步：无线传感器网络系统开发及工作流程梳理

基于 CC2530 的无线传感网开发过程本质上还是属于单片机开发的范畴，因此其开发流程与传统的单片机开发并无明显区别。

传统单片机开发流程往往分为硬件和软件两个类别，硬件在先，软件在后。下面介绍无线传感网环境搭建的内容。目前正处于硬件和软件开发的中间环节，硬件开发完成后，开始搭建软件开发环境，并进行初步的联合调试。

这个阶段的开发包含了对硬件电路的测试、开发软件 IDE 的安装、调试设备的安装使用、软件开发环境的测试等内容,属于软件开发的初始阶段。

本步的重点如下。

(1)对 ZigBee 节点的硬件电路的学习和了解。因为实验硬件使用的是成熟的 CC2530 开发板,因此不需要对硬件进行测试,但是需要在学习之前了解 CC2530 单片机的基础知识,了解硬件电路原理。

(2)IAR 开发软件的安装和使用。Keil、IAR 等软件是嵌入式开发的常用工具,因此在进行无线传感网开发过程中需要掌握这些软件开发环境的使用方法。

(3)软件和硬件的开发与调试。使用简单的测试代码测试硬件与软件开发环境的安装是否正确,为后续开发打好基础。

(4)仿真调试方法的学习。使用仿真器进行调试仿真是单片机开发过程中的常用方法,可以提高软件调试效率,帮助我们查找问题。

## 三、实验现象

按下开发板上的 RESET 按键为开发板复位,或者对开发板重新上电,都可以看到程序开始在开发板中运行,LED1 被点亮。在将程序下载到开发板后,也可以单击 IAR 调试工具栏上的 ▶ 图标(表示"运行"命令),让程序开始在开发板中运行,则图 1-60 所示开发板上的指示灯会交替闪烁。

图 1-60　实验现象

# 项目 2  节日彩灯闪闪亮

每逢节日庆典或需扩大影响时,五彩缤纷的彩灯都是人们装饰街道、店面及吸引行人目光的首选。本项目将基于无线传感器网络相关技术,使用项目 1 中搭建的开发平台,实现对 LED 灯的控制。

通过本项目的学习,可学会使用无线传感器网络技术,并应用多种手段控制实现 LED 灯的亮/灭。本项目的内容主要包含按键控制、中断控制、定时器控制。

## 项目任务

- 任务 1  闪烁的 LED 灯
- 任务 2  按键控制
- 任务 3  中断控制
- 任务 4  定时器 1 控制

## 项目目标

- 掌握无线传感器网络技术控制实现 LED 灯点亮、闪烁原理及方法。
- 掌握按键控制 LED 灯亮/灭的原理及方法。
- 掌握外部中断方式控制 LED 灯亮/灭的原理及方法。
- 掌握使用定时器 1 控制 LED 灯亮/灭的原理及方法。

## 任务 1  闪烁的 LED 灯

### 任务目标

基于项目 1 搭建的开发环境,控制实现 LED 灯的点亮及闪烁。

### 任务内容

- 掌握 LED 功能电路,完成功能分析。
- 掌握 CC2530 相关寄存器及 I/O 端口设置规则,完成程序的编写。
- 运行并调试程序。

## 任务实施

### 一、实验准备

硬件：PC 一台、ZigBee 开发板（核心板及功能底板）一块、SmartRF04EB 仿真器（包括相关数据连接线）一套。

软件：Windows 7/8/10 操作系统、IAR 集成开发环境中装载有 Altium Designer 10 及以上版本软件的计算机。

### 二、实验实施

#### 第一步：电路功能分析

本任务用到的相关电路如图 2-1 所示。发光二极管 LED1 和 LED2 的正极分别通过上拉电阻 $R12$ 和 $R14$（均为 470Ω）连接到 3.3V 高电平，负极分别连接到 CC2530 的 P1_0 和 P1_1 引脚。由于发光二极管具有单向导电性，即只有当它的正极接高电平、负极接低电平时它才会发光，所以当 P1_0 接低电平时，LED1 亮；接高电平时，LED1 灭。LED2 同理。所以，控制 P1_0 和 P1_1 引脚输出电平的状态，就可以控制 LED1 和 LED2 的亮/灭状态。本任务选用 CC2530 作为开发板核心处理芯片。

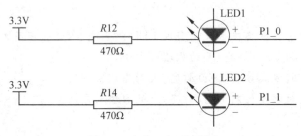

图 2-1　点亮 LED 电路图

#### 【理论学习：高电平与低电平】

电子电路中高电平是电压高的状态，一般记为 1；低电平是电压低的状态，一般记为 0。高、低电平的划分有不同的标准。以常用的 TTL(transistor-transistor logic) 电平来说，高电平是 2.4~5.0V，低电平是 0.0~0.4V；对于 CMOS(complementary metal oxide semiconductor) 电平来说，高电平是 4.99~5.0V，低电平是 0.0~0.01V。

#### 第二步：程序编写

结合功能分析，编写程序如下：

```c
#include <ioCC2530.h>
typedef unsigned char uchar;
typedef unsigned int uint;

//为 LED1 相关的 I/O 端口引脚定义一个宏
#define LED1 P1_0

//函数声明
void Delay(uint);                        //延时函数
void Init_Led(void);                     //初始化 LED 函数

/*********************
延时函数,以毫秒为单位延时
*********************/
void Delay(uint msec)
{
  uint i,j;
  for(i=0; i<msec; i++)
    for(j=0; j<530; j++);
}

/*********************
初始化 LED 函数,对 LED 相关的 I/O 端口引脚进行相应的设置
*********************/
void Init_Led(void)
{
  P1SEL &=~0x01;                         //设置 P1_0 为通用 I/O
  P1DIR |=0x01;                          //设置 P1_0 的 I/O 方向为输出
  LED1 =1;                               //设置 P1_0 初始电平状态为高电平
}

/*********************
主函数
*********************/
int main(void)
{
  /**********点亮 LED1**********/
  Init_Led();                            //对 LED1 相关的 I/O 端口引脚进行相应的设置
  LED1 =0;                               //点亮 LED1
  while(1);                              //死循环,防止程序跑飞
  /**********点亮 LED1**********/
```

```
    /**********LED1 闪烁**********/
//   Init_Led();                     //对 LED1 相关的 I/O 端口引脚进行相应的设置
//   while(1)                        //死循环
//   {
//       LED1 =! LED1;               //LED1 亮/灭状态改变一次
//       Delay(500);                 //延时 500ms
//   }
    /**********LED1 闪烁**********/
}
```

在 main()函数中共有两部分代码。第一部分代码是点亮 LED1,第二部分代码是使 LED1 闪烁。起初第二部分代码被注释起来。这两部分代码都先调用 Init_Led 函数,对 LED1 相关的 I/O 端口引脚进行相应的设置,函数代码如下:

```
void Init_Led(void)
{
    P1SEL &=~0x01;                  //设置 P1_0 为通用 I/O
    P1DIR |=0x01;                   //设置 P1_0 的 I/O 方向为输出
    LED1 =1;                        //设置 P1_0 初始电平状态为高电平
}
```

因为 CC2530 上电复位后,P1SEL 的初值为 0x00,P1 的初值为 0xFF,所以函数中的第一句和第三句实际上也可以不写。

之后,第一部分代码点亮 LED1,然后用"while(1);"这样一个死循环来让程序永远停止在这里。

第二部分代码同样用了"while(1);"的死循环,在循环体中,让 LED1 的亮/灭状态每隔 500ms 改变一次。延时函数用一个两层的 for 循环来实现,代码如下:

```
void Delay(uint msec)
{
    uint i,j;
    for(i=0; i<msec; i++)
        for(j=0; j<530; j++);
}
```

其中,内循环的次数 530 是一个经验值,对应大约延时 1ms;外循环的次数 msec 即是函数的形参,对应延时多少毫秒,它们并不成正比例关系,所以这里的延时只是一个近似值。

最后需要注意的是,在 LED.c 文件的起始处,程序包含了 ioCC2530.h 头文件,代码如下:

```
#include <ioCC2530.h>
```

ioCC2530.h 头文件包含了 CC2530 的许多特殊功能寄存器的定义(地址映射),所以程序必须用预处理命令#include 将它包含。要想查看 ioCC2530.h 头文件的内容,可以对其右击并选择 Open "ioCC2530.h"命令,如图 2-2 所示。

图 2-2　查看头文件

## 【理论学习: CC2530 的 I/O 端口及相关寄存器】

### 1. CC2530 的 I/O 端口

CC2530 有 21 个输入/输出引脚,可以配置为通用数字 I/O 或外设 I/O 信号,配置为连接到 ADC、定时器或 USART 等外设。这些 I/O 端口的用途可以通过一系列寄存器配置,由用户软件加以实现。

I/O 端口具备如下重要特性。
- 21 个数字 I/O 引脚。
- 可以配置为通用 I/O 或外部设备 I/O。
- 输入口具备上拉或下拉能力。
- 具有外部中断能力。

21 个 I/O 引脚都可以用作外部中断源输入口,因此如果需要外部设备可以产生中断。外部中断功能也可以从睡眠模式唤醒设备。

用作通用 I/O 时,引脚可以组成 3 个 8 位端口,端口 0、端口 1 和端口 2 分别表示为 P0、P1 和 P2。其中 P0 和 P1 是完全的 8 位端口,而 P2 仅有 5 位可用。所有的端口均可以通过 SFR 寄存器 P0、P1 和 P2 位寻址和字节寻址。每个端口引脚都可以单独设置为通用 I/O 或外部设备 I/O。

寄存器 P×SEL 中,× 为端口的标号 0~2,用来设置端口的每个引脚为通用 I/O 或者外部设备 I/O 信号。默认情况下,复位之后所有的数字输入/输出引脚都设置为通用输入引脚。

任何时候要改变一个端口引脚的方向,就需要使用寄存器 P×DIR 来设置每个端口引脚为输入或输出,因此只有设置 P×DIR 中的指定位为 1,其对应的引脚口就被设置为输出。

用作输入时,通用 I/O 端口可以设置为上拉、下拉或三态操作模式。默认情况下,复位之后所有的端口均设置为带上拉或下拉的输入。

## 2. CC2530 的寄存器

要控制 P1_0 和 P1_1 引脚输出电平的状态,就需要设置和操作与它们相关的 CC2530 寄存器。

(1) P1——端口 1 寄存器

如图 2-3 所示,P1 是一个 8 位寄存器,它对应 CC2530 的端口 1——通用 I/O 端口,即它的 8 个二进制位的数值分别对应端口 1 的 8 个引脚的高/低电平状态。CC2530 上电复位后,该寄存器的初值为 0xFF,即端口 1 的 8 个引脚的初始状态都为高电平。它可以被读/写,还可以对其从 SFR 按位寻址(只有地址能被 8 整除的 SFR 才可以)。

P1 (0x90) —— 端口 1

| 位 | 名称 | 复位 | R/W | 描述 |
| --- | --- | --- | --- | --- |
| 7:0 | P1[7:0] | 0xFF | R/W | 端口1。通用I/O端口。可以从SFR位寻址。该CPU内部寄存器可以从XDATA (0x7090)读,但是不能写。 |

图 2-3 P1 寄存器

本任务中要控制 LED1 的亮/灭状态,就需要控制 P1_0 引脚输出电平的状态,即需要对 P1 的第 0 位进行写操作,相应的程序代码为:

```
P1 &=~0x01;            //对 P1 的第 0 位写 0
P1 |=0x01;             //对 P1 的第 0 位写 1
```

因为 P1 可以从 SFR 按位寻址,所以可以直接对它的第 0 位进行写操作,相应的程序代码为:

```
P1_0 =0;               //对 P1 的第 0 位写 0
P1_0 =1;               //对 P1 的第 0 位写 1
```

**注意**:这里的 P1_0 不是寄存器,而是在 ioCC2530.h 头文件中定义的一个位。

```
SFRBIT( P1, 0x90, P1_7, P1_6, P1_5, P1_4, P1_3, P1_2, P1_1, P1_0 )
```

上面即是在 ioCC2530.h 头文件中将 P1 定义为一个地址为 0x90 的 unsigned char 类型(无符号字符类型)的变量,P1_0~P1_7 对应该变量的 8 个二进制位(从低到高)。

这里通过对寄存器 P1 进行写操作,控制端口 1 的引脚输出电平的状态。在这之前,需要首先对端口 1 的功能选择寄存器和方向寄存器进行相应的设置。

(2) P1SEL——端口 1 功能选择寄存器

如图 2-4 所示,P1SEL 是一个 8 位寄存器,它的 8 个二进制位分别对应 CC2530 端口 1 的 8 个引脚——P1_0~P1_7 的功能选择,0 对应通用 I/O,1 对应外设功能。CC2530 上电复位后,该寄存器的初值为 0x00,即端口 1 的 8 个引脚的初始功能选择都为通用 I/O。它可以被读/写。

本任务中用到 P1_0 引脚的通用 I/O,所以应对该寄存器的相应位写 0。相应的程序

| P1SEL (0xF4) —— 端口 1 功能选择 | | | | |
|---|---|---|---|---|
| 位 | 名称 | 复位 | R/W | 描 述 |
| 7:0 | SELP1_[7:0] | 0x00 | R/W | P1_7到P0_0功能选择<br>0：通用I/O<br>1：外设功能 |

图 2-4 P1SEL 寄存器

代码为：

```
P1SEL &=~0x01;
```

(3) P1DIR——端口 1 方向寄存器

如图 2-5 所示，P1DIR 是一个 8 位寄存器，它的 8 个二进制位分别对应 CC2530 端口 1 的 8 个引脚——P1_0～P1_7 的 I/O 方向，0 对应输入，1 对应输出。CC2530 上电复位后，该寄存器的初值为 0x00，即端口 1 的 8 个引脚的初始 I/O 方向都为输入。它可以被读/写。

| P1DIR (0xFE) —— 端口 1 方向 | | | | |
|---|---|---|---|---|
| 位 | 名称 | 复位 | R/W | 描 述 |
| 7:0 | DIRP1_[7:0] | 0x00 | R/W | P1_7到P1_0的I/O方向<br>0：输入<br>1：输出 |

图 2-5 P1DIR 寄存器

本任务中 P1_0 引脚被用作输出，所以应对该寄存器的相应位写 1。相应的程序代码为：

```
P1DIR |=0x01;
```

以上寄存器都可以从 CC2530 数据手册中查到。

## 第三步：运行调试

首先，将程序的第二部分代码注释起来（程序初始状态），将程序下载到开发板，按 RESET 按键对其复位，可以看到 LED1 被点亮。然后将程序的第一部分代码注释起来，第二部分代码取消注释，再次将程序下载到开发板，按 RESET 按键对其复位，可以看到 LED1 以 500ms 的间隔闪烁。

对一段代码的注释和取消注释可以通过选择 Edit 菜单上的 Block Comment 命令和 Block Uncomment 命令来实现，如图 2-6 所示。

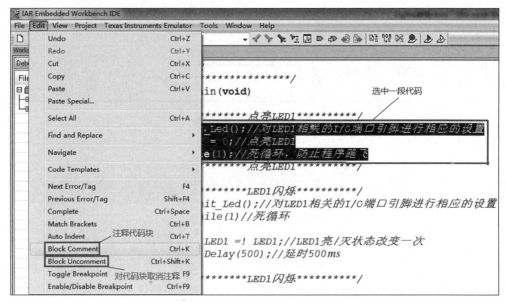

图 2-6　代码的注释和取消注释

## 【理论学习：IAR 程序调试基本操作】

在 IAR 的菜单栏上选择 Project→Options 命令，或者在 Workspace 窗口中对工程 LED 右击并选择 Options 命令，打开 Options for node "LED" 对话框，在左侧的 Category 列表中选择 Debugger，在 Setup 选项卡中单击 Driver 选项组中的下拉列表，在展开的下拉列表中选择 Simulator，即用 IAR 模拟硬件时序来实现对程序的仿真运行或调试；选择 Texas Instruments，则需要用仿真器将程序下载到开发板中来实际运行或调试，如图 2-7 所示。

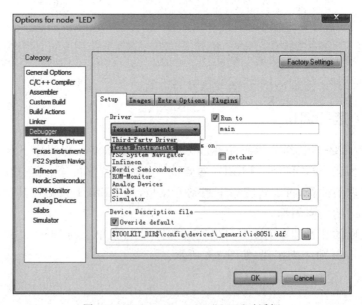

图 2-7　Options for node "LED" 对话框

这里选择将程序下载到开发板中进行调试。

在成功生成工程后,单击 IAR 工具栏上的 图标(Download and Debug),将程序下载到开发板中,可以看到程序指针指向 main() 函数的起始处,在 IAR 的工具栏上出现了一行可用于程序调试操作的图标。将光标置于这些图标上,会出现对这些图标所对应的调试操作的简短说明,如图 2-8 所示。

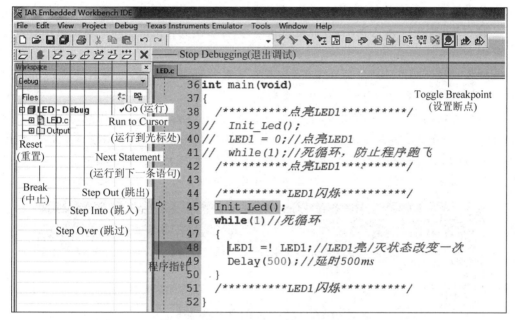

图 2-8　调试操作说明

(运行):单击图标,程序开始在开发板中运行,这与单击开发板上的 RESET 按键对开发板复位或者给开发板重新上电的效果相同。

(重置):单击图标,可以使程序指针重新指向 main() 函数的起始处,这跟将程序刚下载到开发板后的状态相同。

(中止):图标开始为灰色,当单击 并使程序处于运行状态后,该图标变为红色。单击它可以使当前在开发板中运行的程序暂时中止。

(跳过):单击图标,如果程序指针当前指向的不是一条函数调用语句,则单步执行这条语句,然后程序指针指向下一条语句,程序中止执行;如果程序指针当前指向的是一条函数调用语句,则执行完这个函数调用后,程序指针指向下一条语句,程序中止执行。

(跳入):单击图标,如果程序指针当前指向的不是一条函数调用语句,则与单击 图标相同,可以单步执行指针当前指向的语句;如果程序指针当前指向的是一条函数调用语句,则与单击 图标不同,程序指针指向这个被调用函数体中的第一条语句,程序中止执行。

(跳出):单击图标,可以使程序从当前正在运行的函数体中跳出来。该图标与 图标相对应,二者常常一起使用。当单击 图标使程序开始调试并进入一个被调用的函数体中后,单击 图标可以使程序从这个被调用的函数体中跳出,程序指针指向调用这个函数的语句的下一条语句,程序中止执行。

 (运行到下一条语句):单击图标,程序会执行当前的语句,然后指针指向下一条语句,程序中止执行。单击该图标与单击 图标的功能相似。

 (运行到光标处):单击图标,程序会一直执行到当前光标所在处,然后程序指针指向当前光标所在处的语句,程序中止执行。

 (退出调试):单击图标,将会退出程序的调试,工具栏上用于程序调试操作的一行图标将会消失。

如果程序没有按照期望的状态运行,常常需要给程序加断点,再对程序进行单步调试,并观察程序中某个(些)变量的值的变化。

单击可以使光标停留在程序需要加断点处,然后单击工具栏上的 图标(Toggle Breakpoint);或者在程序未进入调试状态时,在程序需要加断点的行的最左边的灰色区域中双击(这时只能在行首处加断点),可以看到,该行最左边的灰色区域中出现了一个红色的实心圆点,表示已为程序在该行的某条语句处添加了一个断点,如图 2-9 所示。

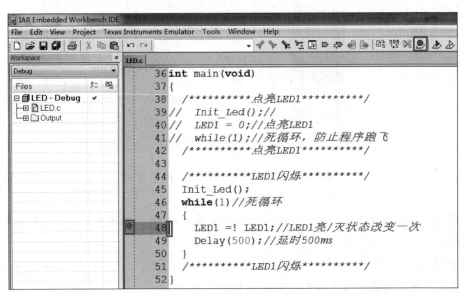

图 2-9 程序加断点

将程序下载到开发板中,并单击 图标让程序在开发板中运行,可以看到程序指针指向刚才加断点处的那条语句,程序中止执行,如图 2-10 所示。

如果要观察程序中的某个变量,则需要对该变量右击并选择 Add to Watch 命令,也可以在 Watch 窗口中直接输入要观察的变量名。可以看到在 Watch 窗口中会出现要观察的变量的名称、值和类型等,如图 2-11 所示。

与 Workspace 窗口一样,Watch 窗口也可以从 IAR View 菜单中调出,从 View 菜单中还可以调出许多用于辅助程序调试的窗口,如 Disassembly(反汇编)、Register(寄存器)等,如图 2-12 所示。

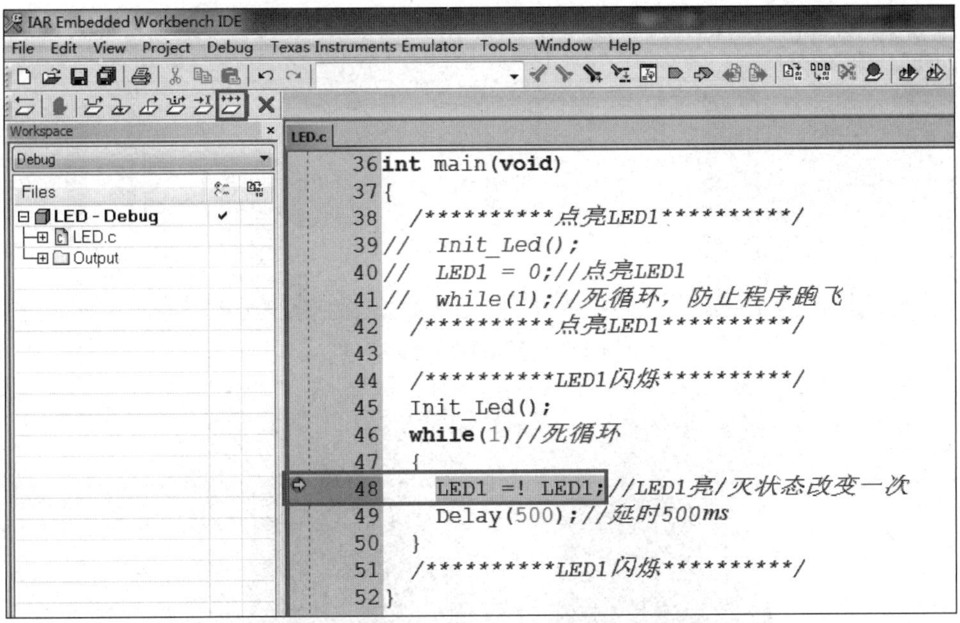

图 2-10　程序断点中止执行

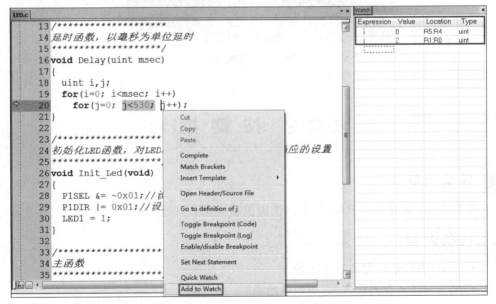

图 2-11　观察变量

## 三、实验现象

程序下载后,可以看到 LED 灯每隔 500ms 会闪烁一次,如图 2-13 所示。

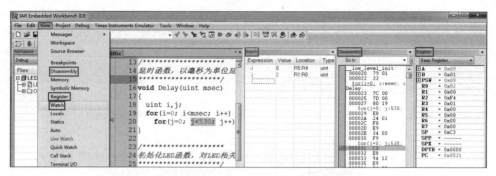

图 2-12　辅助程序调试窗口

图 2-13　实验现象

## 任务 2　按 键 控 制

### 📖 任务目标

基于项目 1 搭建的开发环境，通过按键控制实现 LED 灯亮/灭。

### 📓 任务内容

- 结合功能电路，完成功能分析。
- 结合相关寄存器设置，完成程序的编写。
- 运行并调试程序。

### 任务实施

### 一、实验准备

硬件：PC 一台、ZigBee 开发板（核心板及功能底板）一块、SmartRF04EB 仿真器（包括相关数据连接线)一套。

软件：Windows 7/8/10 操作系统、IAR 集成开发环境。

## 二、实验实施

### 第一步：电路功能分析

本任务用到的相关电路如图 2-1 和图 2-14 所示。图 2-14 中,开关按键 S1 和 S2 的一端分别连接到 P0_4 和 P0_5 引脚,再分别通过上拉电阻 R10 和 R13(均为 10K)连接到 3.3V 高电平,S1 和 S2 的另一端分别连接到 GND。当 S1 未被按下时,P0_4 引脚被 3.3V 高电平通过上拉电阻 R10 拉到高电平;当 S1 被按下时,开关按键的两端被接通,P0_4 引脚被 GND 拉到低电平。S2 同理。

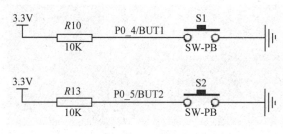

图 2-14 按键部分

### 【理论学习：上拉电阻和下拉电阻】

电源到器件引脚上的电阻叫上拉电阻,它的作用是平时使该引脚为高电平;地面到器件引脚上的电阻叫下拉电阻,它的作用是平时使该引脚为低电平。低电平在 IC 内部与 GND 相连接;高电平在 IC 内部与超大电阻相连接。

上拉就是将不确定的信号通过一个电阻钳位在高电平,电阻同时起限流作用;下拉同理。对于非集电极(或漏极)开路输出型电路(如普通门电路),其提升电流和电压的能力是有限的,上拉和下拉电阻的主要功能是为集电极开路输出型电路提供输出电流通道。上拉是对器件注入电流,下拉是输出电流;强弱只是上拉或下拉电阻的阻值不同,没有什么严格区分。

### 第二步：编写程序

结合功能分析,编写程序如下：

```
#include <ioCC2530.h>
typedef unsigned char uchar;
typedef unsigned int uint;

//为 LED1 相关的 I/O 端口引脚定义一个宏
```

```c
#define LED1 P1_0
//为 S1 相关的 I/O 端口引脚定义一个宏
#define KEY1 P0_4

//函数声明
void Delay(uint);                    //延时函数
void Init_Led(void);                 //初始化 LED 函数
void Init_Key(void);                 //初始化按键函数
uchar KeyScan(void);                 //按键扫描函数

/*********************
延时函数,以毫秒为单位延时
*********************/
void Delay(uint msec)
{
  uint i,j;
  for (i=0; i<msec; i++)
     for(j=0; j<530; j++);
}

/*********************
初始化 LED 函数,对 LED 相关的 I/O 端口引脚进行相应的设置
*********************/
void Init_Led(void)
{
  P1SEL &=~0x01;                     //设置 P1_0 的功能选择为通用 I/O
  P1DIR |=0x01;                      //设置 P1_0 的 I/O 方向为输出
  LED1 =1;                           //设置 P1_0 的初始电平状态为高电平
}

/*********************
初始化按键函数,对按键相关的 I/O 端口引脚进行相应的设置
*********************/
void Init_Key(void)
{
  P0SEL &=~0x10;                     //设置 P0_4 的功能选择为通用 I/O
  P0DIR &=~0x10;                     //设置 P0_4 的 I/O 方向为输入
  P0INP &=~0x10;                     //设置 P0_4 的 I/O 方向为上拉/下拉输入
  P2INP &=~0x20;                     //设置 P0_4 的 I/O 方向为上拉输入
}

/*********************
按键扫描函数,检测 S1 是否被按下(被按下后又被释放时被检测到)
```

```c
*******************/
uchar KeyScan1(void)
{
  if(0 ==KEY1)                       //如果 S1 被按下
  {
    Delay(5);                        //消除按下抖动
    if(0 ==KEY1)                     //如果 S1 真被按下
    {
      while(!KEY1);                  //等待 S1 被释放
      Delay(5);                      //消除释放抖动
      while(!KEY1);                  //等待 S1 被释放
      return 1;                      //S1 被按下并已被释放
    }
  }
  return 0;                          //S1 没有被按下
}

/*******************
按键扫描函数,检测 S1 是否被按下(被按下时被检测到)
*******************/
uchar KeyScanDown1(void)
{
  static uchar key_up =1;            //静态变量,用于标记 S1 是否被按下
  if(key_up && (0 ==KEY1))           //如果 S1 被按下(之前处于释放状态)
  {
    Delay(5);                        //消除按下抖动
    if(0 ==KEY1)                     //如果 S1 真被按下
    {
      key_up =0;                     //标记 S1 处于被按下状态
      return 1;                      //S1 已被按下
    }
  }
  if(1 ==KEY1)                       //如果 S1 处于释放状态
  {
    key_up =1;                       //标记 S1 处于释放状态
  }
  return 0;                          //S1 没有被按下
}

/*******************
主函数
*******************/
int main(void)
```

```
{
    Init_Led();                          //对LED1相关的I/O端口引脚进行相应的设置
    Init_Key();                          //对S1相关的I/O端口引脚进行相应的设置
    while(1)
    {
        /***当S1被按下时,LED1亮;当S1被释放时,LED1灭***/
        if(0 ==KEY1)                     //当S1处于被按下状态时
        {
            LED1 = 0;                    //LED1亮
        }
        else                             //否则,当S1处于被释放状态时
        {
            LED1 = 1;                    //LED1灭
        }
        /***当S1被按下时,LED1亮;当S1被释放时,LED1灭***/

        /***当S1被按下后又被释放时,LED1亮/灭状态改变一次***/
//      if(KeyScan1())                   //检测到S1被按下后又被释放
//      {
//          LED1 = ~LED1;                //LED1亮/灭状态改变一次
//      }
        /***当S1被按下后又被释放时,LED1亮/灭状态改变一次***/

        /***当S1被按下时,LED1亮/灭状态改变一次***/
//      if(KeyScanDown1())               //检测到S1被按下
//      {
//          LED1 = ~LED1;                //LED1亮/灭状态改变一次
//      }
        /***当S1被按下时,LED1亮/灭状态改变一次***/
    }
}
```

在main()函数中,先分别通过调用Init_Led()和Init_Key()函数对LED1和S1相关的I/O端口引脚进行相应的设置,因为在CC2530上电复位后,P0SEL、P0DIR、P2INP和P0INP这4个寄存器的初始值都为0x00,所以Init_Key()函数中的这四条语句实际上都可以不写。

在while(1)的循环体中共有3段代码,起初第二、三段代码被注释起来。第一段代码中:当S1处于被按下状态时,LED1亮;当S1处于被释放状态时,LED1灭。第二、三段代码分别通过两种不同的检测S1是否被按下的方式来控制LED1亮/灭状态的改变,一种是(第二段代码)当检测到S1被按下后又被释放时,LED1的亮/灭状态改变一次;另一种是(第三段代码)当检测到S1被按下时,LED1的亮/灭状态改变一次。这两种按键检测方式分别是通过按键扫描函数KeyScan1()和KeyScanDown1()来实现的。

因为按键在被按下和在被释放的过程中，触点的闭合和断开会存在抖动现象，如图 2-15 所示，所以在按键扫描函数中需要用延时函数来消除抖动。

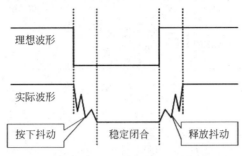

图 2-15　消除按键的抖动

在 KeyScan1() 函数中，按键 S1 是在被按下后又被释放时被检测到的，所以在 S1 被按下和被释放时都需要通过延时函数来消除抖动。在 KeyScanDown1() 函数中，S1 是在被按下时被检测到的，所以只需要在 S1 被按下时通过延时函数来消除抖动。函数用一个静态变量 key_up 来标记 S1 是否被按下，防止在 S1 被按下后 LED1 的亮/灭状态不停地改变（只让它改变一次）。

## 【理论学习：本任务相关 CC2530 寄存器】

本任务要通过开关按键 S1 来控制 LED1 亮/灭，即需要通过检测与 S1 相关的 P0_4 引脚输入电平的高/低来判断 S1 是否被按下，然后再通过控制 P1_0 引脚输出低/高电平来控制 LED1 亮/灭，这就需要设置和操作与它们相关的 CC2530 寄存器。

### 1. 与 LED1 相关的 CC2530 寄存器

本任务中，与 LED1 相关的 CC2530 寄存器与任务 2.1 中完全相同，在此，只列出对它们的简短说明。

（1）P1——端口 1 寄存器（图 2-16）

| P1 (0x90) —— 端口 1 | | | | |
|---|---|---|---|---|
| 位 | 名称 | 复位 | R/W | 描述 |
| 7:0 | P1[7:0] | 0xFF | R/W | 端口 1 及通用 I/O 端口。可以从 SFR 位寻址。该 CPU 内部寄存器可以从 XDATA（0x7090）读，但是不能写 |

图 2-16　P1 寄存器

（2）P1SEL——端口 1 功能选择寄存器（图 2-17）

| P1SEL (0xF4) —— 端口 1 功能选择 | | | | |
|---|---|---|---|---|
| 位 | 名称 | 复位 | R/W | 描述 |
| 7:0 | SELP1_[7:0] | 0x00 | R/W | P1_7 到 P0_0 的功能选择<br>0：通用 I/O<br>1：外设功能 |

图 2-17　P1SEL 寄存器

(3) P1DIR——端口 1 方向寄存器(图 2-18)

P1DIR (0xFE) —— 端口 1 方向

| 位 | 名称 | 复位 | R/W | 描述 |
|---|---|---|---|---|
| 7:0 | DIRP1_[7:0] | 0x00 | R/W | P1_7到P1_0的I/O方向<br>0:输入<br>1:输出 |

图 2-18 P1DIR 寄存器

### 2. 与开关按键 S1 相关的 CC2530 寄存器

开关按键 S1 和 P0_4 引脚相关,应对与它相关的寄存器进行设置和操作。

(1) P0——端口 0 寄存器

如图 2-19 所示,P0 是 CC2530 的端口 0 寄存器,它和寄存器 P1 非常相似,在此不再详述。

P0 (0x80) —— 端口 0

| 位 | 名称 | 复位 | R/W | 描述 |
|---|---|---|---|---|
| 7:0 | P0[7:0] | 0xFF | R/W | 端口0及通用I/O端口。可以从SFR位寻址,该CPU内部寄存器可以从XDATA (0x7080)读,但是不能写 |

图 2-19 P0 寄存器

本任务中,要通过检测 P0_4 引脚输入电平的状态来判断开关按键 S1 是否被按下,相应的程序代码为:

```
if(P0&0x10 == 0){...}
```

或者

```
if(P0_4 == 0){...}
```

这里通过对寄存器 P0 进行读操作来判断端口 0 引脚的输入电平的状态。在这之前,需要首先对端口 0 相关的功能选择寄存器、方向寄存器以及输入模式寄存器进行相应的设置。

(2) P0SEL——端口 0 功能选择寄存器

如图 2-20 所示,P0SEL 是 CC2530 的端口 0 功能选择寄存器,它和 P1SEL 寄存器非常相似,在此不再详述。

P0SEL (0xF3) —— 端口 0 功能选择

| 位 | 名称 | 复位 | R/W | 描述 |
|---|---|---|---|---|
| 7:0 | SELP0_[7:0] | 0x00 | R/W | P0_7到 P0_0的功能选择<br>0:通用I/O<br>1:外设功能 |

图 2-20 P0SEL 寄存器

本任务中用到 P0_4 引脚的通用 I/O，所以应对其相应位写 0。相应的程序代码为：

```
P0SEL &=~0x10;
```

(3) P0DIR——端口 0 方向寄存器

如图 2-21 所示，P0DIR 是 CC2530 的端口 0 方向寄存器，它和寄存器 P1DIR 非常相似，在此不再详述。

P0DIR (0xFD) —— 端口 0 方向

| 位 | 名称 | 复位 | R/W | 描述 |
|---|---|---|---|---|
| 7:0 | DIRP0_[7:0] | 0x00 | R/W | P0_7到P0_0的I/O方向<br>0：输入<br>1：输出 |

图 2-21 P0DIR 寄存器

本任务中，P0_4 引脚被用作输入，所以应对其相应位写 0。相应的程序代码为：

```
P0DIR &=~0x10;
```

(4) P0INP——端口 0 输入模式寄存器

如图 2-22 所示，P0INP 是 CC2530 的端口 0 输入模式寄存器，对应 P0_0 到 P0_7 的 I/O 输入模式，0 为上拉/下拉，1 为三态。

P0INP (0x8F) —— 端口 0 输入模式

| 位 | 名称 | 复位 | R/W | 描述 |
|---|---|---|---|---|
| 7:0 | MDP0_[7:0] | 0x00 | R/W | P0_7到P0_0的I/O输入模式<br>0：上拉/下拉(见P2INP (0xF7) —— 端口2输入模式)<br>1：三态 |

图 2-22 P0INP 寄存器

本任务中，开关按键 S1 通过上拉电阻接到高电平，所以与它相关的 P0_4 引脚应设置为上拉的输入模式，这里应选择上拉/下拉，相应的程序代码为：

```
P0INP &=~0x10;
```

(5) P2INP——端口 2 输入模式寄存器

如图 2-23 所示，P2INP 是 CC2530 的端口 2 的输入模式寄存器，由于端口 2 只有 5 个引脚，所以 P2INP 的第 0～4 位分别对应 P2_0～P2_4 的 I/O 输入模式，第 5～7 位分别对应端口 0、端口 1 和端口 2 的上拉/下拉选择。

本任务中，P0_4 引脚应设置为上拉的输入模式，相应的程序代码为：

```
P2INP &=~0x20;
```

P2INP（0xF7）——端口2输入模式

| 位 | 名称 | 复位 | R/W | 描述 |
|---|---|---|---|---|
| 7 | PDUP2 | 0 | R/W | 端口2用于上拉/下拉选择。对所有端口2引脚设置为上拉/下拉输入<br>0：上拉<br>1：下拉 |
| 6 | PDUP1 | 0 | R/W | 端口1用于上拉/下拉选择。对所有端口1引脚设置为上拉/下拉输入<br>0：上拉<br>1：下拉 |
| 5 | PDUP0 | 0 | R/W | 端口0用于上拉/下拉选择。对所有端口0引脚设置为上拉/下拉输入<br>0：上拉<br>1：下拉 |
| 4:0 | MDP2_[4:0] | 0 0000 | R/W | P2_4到P2_0的I/O输入模式<br>0：上拉/下拉<br>1：三态 |

图 2-23　P2INP 寄存器

### 第三步：运行、调试

首先，将 while(1) 循环中的第二、三段代码注释（程序初始状态）。将程序下载到开发板中，按 RESET 按键对其复位，可以看到当按下按键 K1 时，LED1 亮；释放按键 K1 时，LED1 灭。然后将第一、三段代码注释起来，对第二段代码取消注释，将程序下载到开发板中，按 RESET 按键对其复位，可以看到当按下按键 K1 后对其释放时，LED1 的亮/灭状态改变一次。最后，将程序的第一、二段代码注释起来，对第三段代码取消注释，将程序下载到开发板中，按 RESET 按键对其复位，可以看到当按下按键 K1 时，LED1 的亮/灭状态改变一次。

## 三、实验现象

针对第二段代码，将程序下载到开发板中，按 RESET 按键对其复位，可以看到当按下按键 K1 后再对其释放时，LED1 的亮/灭状态改变一次。

# 任务 3　中 断 控 制

### 任务目标

基于项目 1 搭建的开发环境，通过外部中断方式控制实现 LED 灯亮/灭。

### 任务内容

- 掌握中断的概念，完成功能分析。
- 结合相关寄存器及中断服务程序，完成程序编写，实现中断功能。
- 运行并调试程序。

## 任务实施

### 一、实验准备

硬件：PC 一台、ZigBee 开发板（核心板及功能底板）一块、SmartRF04EB 仿真器（包括相关数据连接线）一套。

软件：Windows 7/8/10 操作系统、IAR 集成开发环境。

### 二、实验实施

#### 第一步：电路功能分析

本任务的电路图与任务 2 中的图 2-11 和图 2-14 完全相同，具体工作原理不再赘述。本任务同样是用按键 S1 来控制 LED1 的亮/灭，但是将通过外部中断方式而不是通过按键扫描的方式来实现。

【理论学习：中断的概念】

所谓中断是指 CPU 对系统发生的某个事件做出的一种反应，CPU 暂停正在执行的程序，保留现场后自动地转去执行相应的处理程序，处理完该事件后再返回断点继续执行被"打断"的程序。

中断可分为三类。

第一类是由 CPU 外部引起的，称作中断，如 I/O 中断、时钟中断、控制台中断等。

第二类是来自 CPU 的内部事件或程序执行中的事件引起的过程，称作异常，如由于 CPU 本身故障（电源电压低于 1.05V 或频率不在 47～63Hz）、程序故障（非法操作码、地址越界、浮点溢出等）等引起的过程。

第三类由于在程序中使用了请求系统服务的系统调用而引发的过程，称作"陷入"（trap，或称陷阱）。前两类通常都称作中断，它们的产生往往是无意、被动的，而陷入是有意和主动的。

#### 第二步：编写程序

基于功能要求，编写程序如下：

```
#include <ioCC2530.h>
typedef unsigned char uchar;
typedef unsigned int uint;

//为LED1相关的I/O端口引脚定义一个宏
#define LED1 P1_0
```

```c
//为S1相关的I/O端口引脚定义一个宏
#define KEY1 P0_4

//函数声明
void Delay(uint);                    //延时函数
void Init_Led(void);                 //初始化LED函数
void Init_Key(void);                 //初始化KEY函数

/*********************
延时函数,以毫秒为单位延时
*********************/
void Delay(uint msec)
{
  uint i,j;
  for(i=0; i<msec; i++)
    for(j=0; j<530; j++);
}


/*********************
初始化LED函数,对LED相关的I/O端口引脚进行相应的设置
*********************/
void Init_Led(void)
{
  P1SEL &=~0x01;                     //设置P1_0的功能选择为通用I/O
  P1DIR |=0x01;                      //设置P1_0的I/O方向为输出
  LED1 =1;                           //设置P1_0的初始电平状态为高电平
}


/*********************
初始化KEY函数,对KEY相关的I/O端口引脚及引脚相关的中断进行相应的设置
*********************/
void Init_Key(void)
{
  P0SEL &=~0x10;                     //设置P0_4的功能选择为通用I/O
  P0DIR &=~0x10;                     //设置P0_4的I/O方向为输入
  P0INP &=~0x10;                     //设置P0_4的I/O方向为上拉/下拉输入
  P2INP &=~0x20;                     //设置P0_4的I/O方向为上拉输入

  PICTL |=0x01;                      //设置端口0的所有引脚在输入的下降沿引起中断
  P0IFG &=~0x10;                     //清除P0_4引脚的中断状态标志
  P0IF =0;                           //清除端口0的中断标志
  P0IEN |=0x10;                      //P0_4引脚中断使能
  P0IE =1;                           //端口0中断使能
```

```
    EA =1;                      //总中断使能
}


/********************
中断处理函数,当检测到 S1 被按下时,LED1 的亮/灭状态改变一次
格式:#pragma vector =中断向量
     __interrupt 函数头
********************/
#pragma vector =P0INT_VECTOR
__interrupt void P0_ISR(void)
{
    Delay(5);                   //消除按下抖动
    if(0 ==KEY1)                //如果 S1 真被按下
    {
        LED1 =~LED1;            //LED1 的亮/灭状态改变一次
    }
    P0IFG &=~0x10;              //清除 P0_4 引脚的中断状态标志
    P0IF =0;                    //清除端口 0 的中断标志
}


/********************
主函数
********************/
int main(void)
{
    /******通过中断服务程序******/
    Init_Led();                 //对 LED1 相关的 I/O 端口引脚进行相应的设置
    Init_Key();                 //对 S1 相关的 I/O 端口引脚及引脚相关的中断进行相应的设置
    while(1);                   //让程序永远地在这里运行
    /******通过中断服务程序******/

    /******通过检测中断状态标志******/
//  Init_Led();                 //对 LED1 相关的 I/O 端口引脚进行相应的设置
//  Init_Key();                 //对 S1 相关的 I/O 端口引脚及引脚相关的中断进行相应的设置
//  while(1)
//  {
//      if(P0IFG & 0x10)
//      {
//          Delay(5);           //消除按下抖动
//          if(0 ==KEY1)        //如果 S1 真被按下
//          {
//              LED1 =~LED1;    //LED1 的亮/灭状态改变一次
//          }
```

```
//      P0IFG &=~0x10;
//  }
//  }
  /******通过检测中断状态标志******/
}
```

在 main() 函数中共有两部分代码,它们都是用跟外部中断相关的方法来实现 S1 控制 LED1 的亮/灭,第一部分代码是通过中断服务程序,第二部分代码是通过检测中断状态标志。起初第二部分代码被注释。

第一部分代码先分别通过 Init_Led() 和 Init_Key() 函数对 LED1 和 S1 相关的 I/O 端口引脚以及 S1 引脚相关的中断进行相应的设置。在 Init_Key() 函数中,前 4 条语句在按键控制中已有使用;后 6 条语句是本任务中新添加的,是对 P0_4 引脚的中断进行相应的设置。其中,P0IFG 和 P0IF 在 CC2530 上电复位后分别为 0x00 和 0,所以与它们相关的这两条语句可以不写。在 main() 函数的最后,用"while(1);"循环让程序永远地在这里运行。当 S1 被按下,外部中断被触发,中断服务程序会处理相应的中断。

中断服务程序是本任务的核心。中断服务程序是通过中断处理函数来实现的,中断处理函数格式中的函数头包括函数返回类型、函数名和参数表,中断处理函数没有函数返回类型和参数,函数名可以自己定义。在本程序的中断处理函数中,同样需要通过延时函数来消除 S1 在按下时的抖动。当确认 S1 被按下后,让 LED1 的亮/灭状态改变一次。最后,需要清除 P0_4 引脚的中断状态标志和端口 0 的中断标志,而且 P0_4 引脚的中断状态标志必须在端口 0 的中断标志之前被清除。

第二部分代码和本项目任务 2 中通过按键方式来控制 LED 亮/灭比较相似,这里是通过检测中断状态标志来实现的,当在 I/O 端口引脚上产生了中断条件时,无论相关的中断是否被使能,相应的中断标志位都会被置 1,所以在 Init_Key() 函数中只需要保留 "PICTL |=0x01;"这一条语句。在 while(1) 的循环中,每次检测到相应的中断状态标志被置 1 后,都需要再对它清 0,以保证下次能继续被检测到。

### 【理论学习:与中断相关的 CC2530 寄存器】

本任务是通过 S1 的外部中断的方式来控制 LED1 的亮/灭,就需要对与 S1 相关的 P0_4 引脚的外部中断相关的寄存器进行相应的设置。

(1) PICTL——端口中断控制(图 2-24)

首先,需要设置 P0_4 引脚的中断触发方式,这需要通过设置 PICTL 寄存器的第 0 位 P0ICON 来完成,由于 S1 被按下的一瞬间,P0_4 引脚从高电平变为低电平,所以应设置为输入的下降沿引起中断,相应的程序代码为:

```
PICTL |=0x01;
```

设置完 P0_4 引脚的中断触发方式后,需要在使用它的中断功能之前首先清除与它相关的中断标志。这需要通过分别设置 P0IFG 和 IRCON 寄存器中的相应位来完成。

PICTL (0x8C) —— 端口中断控制

| 位 | 名称 | 复位 | R/W | 描述 |
|---|---|---|---|---|
| 7 | PADSC | 0 | R/W | 控制I/O引脚在输出模式下的驱动能力。选择输出驱动能力增强来补偿引脚DVDD的低I/O电压（这是为了确保在较低的电压下的驱动能力和较高电压下相同）。<br>0：最小驱动能力增强。DVDD1/2大于或等于2.6V<br>1：最大驱动能力增强。DVDD1/2小于2.6V |
| 6/4 | — | 000 | R0 | 未使用 |
| 3 | P2ICON | 0 | R/W | 端口2为4到0输入模式下的中断配置。该位为所有端口2的输入4到0选择中断请求条件。<br>0：输入的上升沿引起中断<br>1：输入的下降沿引起中断 |
| 2 | P1ICONH | 0 | R/W | 端口1为7到4输入模式下的中断配置。该位为所有端口1的输入选择中断请求条件。<br>0：输入的上升沿引起中断<br>1：输入的下降沿引起中断 |
| 1 | P1ICONL | 0 | R/W | 端口1为3到0输入模式下的中断配置。该位为所有端口1的输入选择中断请求条件。<br>0：输入的上升沿引起中断<br>1：输入的下降沿引起中断 |
| 0 | P0ICON | 0 | R/W | 端口0为7到0输入模式下的中断配置。该位为所有端口0的输入选择中断请求条件。<br>0：输入的上升沿引起中断<br>1：输入的下降沿引起中断 |

图 2-24 PICTL 寄存器

（2）P0IFG——端口 0 中断状态标志（图 2-25）

P0IFG (0x89) —— 端口 0 的中断状态标志

| 位 | 名称 | 复位 | R/W | 描述 |
|---|---|---|---|---|
| 7:0 | P0IF[7:0] | 0x00 | R/W0 | 端口0为位7到位0的输入中断状态标志。当输入端口中断请求未决信号时，其相应的标志位将置1 |

图 2-25 P0IFG 寄存器

首先，需要清除端口 0 的 P0_4 引脚的输入中断状态标志，这需要通过设置 P0IFG 寄存器中的相应位来完成，相应的程序代码为：

```
P0IFG &=~0x10;
```

（3）IRCON——中断标志 4（图 2-26）

其次，需要清除端口 0 的中断标志，这需要通过设置 IRCON 寄存器的第 5 位 P0IF 来完成。由于 IRCON 的地址 0xC0 能被 8 整除，所以可以直接对它的位进行操作，相应的程序代码为：

```
P0IF = 0;
```

**注意**：不仅在使用中断功能之前需要清除相关的中断标志，在中断服务程序中也需要清除相关的中断标志，并且端口 0 的 P0_4 引脚的中断状态标志需要在端口 0 的中断标志之前被清除。

最后，需要使能 P0_4 引脚的中断功能，这需要通过分别设置 P0IEN、IEN1 和 IEN0 中的相关位来完成。

（4）P0IEN——端口 0 的中断屏蔽（图 2-27）

首先需要使能 P0_4 引脚的中断，这需要通过设置它在 P0IEN 寄存器中的相关位来完成，相应的程序代码为：

```
P0IEN |=0x10;
```

**IRCON (0xC0) —— 中断标志 4**

| 位 | 名称 | 复位 | R/W | 描述 |
|---|---|---|---|---|
| 7 | STIF | 0 | R/W | 睡眠定时器中断标志。<br>0：无中断未决<br>1：中断未决 |
| 6 | — | 0 | R/W | 必须写为0。写入1总是使能中断源 |
| 5 | P0IF | 0 | R/W | 端口0中断标志<br>0：无中断未决<br>1：中断未决 |
| 4 | T4IF | 0 | R/W H0 | 定时器4的中断标志。当定时器4发生中断时设为1，并且当CPU指向中断向量服务例程时清除。<br>0：无中断未决<br>1：中断未决 |
| 3 | T3IF | 0 | R/W H0 | 定时器3的中断标志。当定时器3发生中断时设为1，并且当CPU指向中断向量服务例程时清除。<br>0：无中断未决<br>1：中断未决 |
| 2 | T2IF | 0 | R/W H0 | 定时器2的中断标志。当定时器2发生中断时设为1，并且当CPU向量指向中断服务例程时清除。<br>0：无中断未决<br>1：中断未决 |
| 1 | T1IF | 0 | R/W H0 | 定时器1的中断标志。当定时器1发生中断时设为1，并且当CPU向量指向中断服务例程时清除。<br>0：无中断未决<br>1：中断未决 |
| 0 | DMAIF | 0 | R/W | DMA完成中断标志。<br>0：无中断未决<br>1：中断未决 |

图 2-26　IRCON 寄存器

**P0IEN (0xAB) —— 端口 0 的 中断屏蔽**

| 位 | 名称 | 复位 | R/W | 描述 |
|---|---|---|---|---|
| 7:0 | P0_[7:0]IEN | 0x00 | R/W | 端口P0_7到P0_0的中断使能<br>0：中断禁用<br>1：中断使能 |

图 2-27　P0IEN 寄存器

（5）IEN1——中断使能 1（图 2-28）

**IEN1 (0xB8) —— 中断使能 1**

| 位 | 名称 | 复位 | R/W | 描述 |
|---|---|---|---|---|
| 7:6 | — | 00 | R0 | 不使用，读出来为0 |
| 5 | P0IE | 0 | R/W | 端口0中断使能<br>0：中断禁止<br>1：中断使能 |
| 4 | T4IE | 0 | R/W | 定时器4中断使能。<br>0：中断禁止<br>1：中断使能 |
| 3 | T3IE | 0 | R/W | 定时器3中断使能。<br>0：中断禁止<br>1：中断使能 |
| 2 | T2IE | 0 | R/W | 定时器2中断使能。<br>0：中断禁止<br>1：中断使能 |
| 1 | T1IE | 0 | R/W | 定时器1中断使能。<br>0：中断禁止<br>1：中断使能 |
| 0 | DMAIE | 0 | R/W | DMA传输中断使能。<br>0：中断禁止<br>1：中断使能 |

图 2-28　IEN1 寄存器

然后需要使能端口 0 中断,这需要通过设置 IEN1 寄存器中的第 5 位——P0IE 来完成,由于 IEN1 的地址 0xB8 能被 8 整除,所以可以直接对它的位进行操作,相应的程序代码为:

```
P0IE =1;
```

(6) IEN0——中断使能 0(图 2-29)

IEN0 (0xA8)——中断使能 0

| 位 | 名称 | 复位 | R/W | 描述 |
| --- | --- | --- | --- | --- |
| 7 | EA | 0 | R/W | 禁用所有中断。<br>0: 无中断被确认<br>1: 通过设置对应的使能位将每个中断源分别使能和禁止 |
| 6 | — | 0 | R0 | 不使用,读出来是 0 |
| 5 | STIE | 0 | R/W | 睡眠定时器中断使能。<br>0: 中断禁止<br>1: 中断使能 |
| 4 | ENCIE | 0 | R/W | AES 加密/解密中断使能。<br>0: 中断禁止<br>1: 中断使能 |
| 3 | URX1IE | 0 | R/W | USART 1 RX 中断使能。<br>0: 中断禁止<br>1: 中断使能 |
| 2 | URX0IE | 0 | R/W | USART0 RX 中断使能。<br>0: 中断禁止<br>1: 中断使能 |
| 1 | ADCIE | 0 | R/W | ADC 中断使能。<br>0: 中断禁止<br>1: 中断使能 |
| 0 | RFERRIE | 0 | R/W | RF TX/RX FIFO 中断使能。<br>0: 中断禁止<br>1: 中断使能 |

图 2-29  IEN0 寄存器

最后,需要使能总中断,这需要通过设置 IEN0 的第 7 位 EA 来完成,由于 IEN1D 的地址 0xA8 能被 8 整除,所以可以直接对它的位进行操作,相应的程序代码为:

```
EA =1;
```

### 第三步:运行调试

将 main() 函数中的第二部分代码注释(程序初始状态),将程序下载到开发板中,按 RESET 按键对其复位,可以看到当按下按键 K1 时,LED1 的亮/灭状态改变一次。再将 main() 函数的第一部分代码注释起来,第二部分代码取消注释,同时在 Init_Key() 函数中只保留"PICTL |= 0x01;"这一条语句,或者将中断处理函数注释起来,将程序下载到开发板中,按 RESET 按键对其复位,可以看到,当按下按键 K1 时,LED1 的亮/灭状态改变一次,效果相同。

## 三、实验现象

针对第一段代码,将程序下载到开发板中,按 RESET 按键对其复位,可以看到,当按下按键 K1 后再对其释放时,LED1 的亮/灭状态改变一次。

# 任务 4  定时器 1 控制

## 任务目标

基于项目 1 搭建的开发环境,通过查询方式使用定时器 1 控制实现 LED 灯亮/灭。

## 任务内容

- 掌握 CC2530 中定时器 1 的基本概念,完成功能分析。
- 掌握通过查询方式来使用定时器 1 定时的方法,完成程序的编写。
- 运行并调试程序。

## 任务实施

### 一、实验准备

硬件:PC 一台、ZigBee 开发板(核心板及功能底板)一块、SmartRF04EB 仿真器(包括相关数据连接线)一套。

软件:Windows 7/8/10 操作系统、IAR 集成开发环境。

### 二、实验实施

#### 第一步:电路功能分析

本任务用到的相关电路与本项目任务 1 中的图 2-1 完全相同,其工作原理在此不再赘述。不同之处在于 LED 的控制将借助于 CC2530 定时器 1 的相关功能。

#### 【理论学习:CC2530 的定时器 1】

CC2530 的定时器 1 是一个独立的 16 位定时器,支持典型的定时/计数功能。定时器 1 由一个 16 位计数器构成,该计数器在每个活动的时钟边沿递增或递减。活动时钟边沿周期由寄存器 CLKCON 的 TICKSPD 位定义,它对系统时钟进行了总的划分,提供了一个从 0.25MHz 到 32MHz 的可变的时钟标签频率(如果使用 32MHz XOSC 作为系统时钟源),这个频率在定时器 1 中由寄存器 T1CTL 的 DIV 位设置的分频器值进一步划分,这个分频器值可以是 1、8、32 或 128。因此,当 32MHz XOSC 被用作系统时钟源时,定时器 1 可以使用的最低时钟频率是 0.125MHz,最高时钟频率是 16MHz。

计数器可以作为一个自由运行计数器、一个模计数器或一个正计数/倒计数器运行。这里只介绍它的自由运行模式。

在自由运行操作模式下,计数器从 0x0000 开始,在每个活动时钟边沿增加 1。当计数器达到 0xFFFF 后,在下一个活动时钟周期来临时,计数器将产生溢出,并被载入 0x0000,重新开始新一轮的递增。当计数器产生溢出时,标志 IRCON.T1IF 和 T1STAT.OVFIF 将会被设置。如果相应的中断屏蔽位 TIMIF.OVFIM 和中断允许位 IEN1.T1EN 被设置,将会产生一个中断请求。

可以通过设置 T1CTL 控制寄存器来启动和停止计数器。当一个不是 00 的值被写入 T1CTL.MODE 位时,计数器将会被启动。如果 00 被写入 T1CTL.MODE 位,计数器将会停止在它当前的值上。

## 第二步:编写程序

结合功能分析,编写程序如下:

```c
#include <ioCC2530.h>
typedef unsigned char uchar;
typedef unsigned int uint;

//为 LED1 相关的 I/O 端口引脚定义一个宏
#define LED1 P1_0

//函数声明
void Init_Led(void);              //初始化 LED 函数
void Init_T1(void);               //初始化定时器 1 函数

/*********************
初始化 LED 函数
*********************/
void Init_Led(void)
{
    P1DIR |=0x01;                 //设置 P1_0 为输出
}

/*********************
初始化定时器 1 函数
*********************/
void Init_T1(void)
{
    T1CTL = 0x0d;                 //128 分频及自由运行模式
```

```
}

/*******************
主函数
*******************/
int main(void)
{
    Init_Led();                    //初始化 LED 函数
    Init_T1();                     //初始化定时器 1 函数

    while(1)
    {
        if(T1IF)                   //如果定时器 1 中断标志为 1,表明定时器 1 产生溢出
        {
            LED1 =! LED1;          //LED1 亮/灭状态改变
            T1IF = 0;              //清除定时器 1 的中断标志
        }
    }
}
```

在 main()函数中先通过 Init_T1()设置好定时器 1 的分频值和运行模式,并且让定时器 1 启动。在 while(1)循环中通过不断检测定时器 1 的中断标志 T1IF 是否被置 1,来判断它是否产生溢出。如果有溢出,就改变 LED1 的亮/灭状态,并且清除中断标志 T1IF。

【理论学习：CC2530 定时器 1 相关的寄存器】

定时器 1 相关的寄存器有如下几个。
(1) T1CTL——定时器 1 的控制(图 2-30)

T1CTL (0xE4)——定时器 1 的控制和状态

| 位 | 名称 | 复位 | R/W | 描述 |
| --- | --- | --- | --- | --- |
| 7:4 | — | 0000 0 | R0 | 保留 |
| 3:2 | DIV[1:0] | 00 | R/W | 分频器划分值。产生主动的时钟边缘并用来更新计数器。<br>00：标记频率/1<br>01：标记频率/8<br>10：标记频率/32<br>11：标记频率/128 |
| 1:0 | MODE[1:0] | 00 | R/W | 选择定时器1模式。定时器操作模式通过下列方式选择。<br>00：暂停运行<br>01：自由运行,从0x0000到0xFFFF反复计数<br>10：从 0x0000到T1CC0反复计数<br>11：正计数/倒计数,从0x0000到T1CC0反复计数并且从T1CC0倒计数到0x0000 |

图 2-30　T1CTL 寄存器

T1CTL 是定时器 1 的控制寄存器。第 2～3 位 DIV[1:0] 对应定时器 1 的分频器划分值，这里设置为 128；第 0～1 位对应定时器 1 的运行模式，这里设置为在自由模式下运行。相应的程序代码为：

```
T1CTL = 0x0d;
```

(2) CLKCONCMD——时钟控制命令（图 2-31）

CLKCONCMD (0xC6)——时钟控制命令

| 位 | 名称 | 复位 | R/W | 描述 |
|---|---|---|---|---|
| 7 | OSC32K | 1 | R/W | 32 kHz 时钟振荡器选择。设置该位只能发起一个时钟源改变。CLKCONSTA.OSC32K 反映当前的设置。若要改变该位，必须选择 16 MHz RCOSC 作为系统时钟。<br>0：32 kHz XOSC<br>1：32 kHz RCOSC |
| 6 | OSC | 1 | R/W | 系统时钟源选择。设置该位只能发起一个时钟源改变。CLKCONSTA.OSC 反映当前的设置。<br>0：32 MHz XOSC<br>1：16 MHz RCOSC |
| 5:3 | TICKSPD[2:0] | 001 | R/W | 定时器标记输出设置。不能高于通过 OSC 位设置的系统时钟设置。<br>000：32 MHz<br>001：16 MHz<br>010：8 MHz<br>011：4 MHz<br>100：2 MHz<br>101：1 MHz<br>110：500 kHz<br>111：250 kHz<br>注意，CLKCONCMD.TICKSPD 可以设置为任意值，但是结果受 CLKCONCMD.OSC 设置的限制，即如果 CLKCONCMD.OSC=1 且 CLKCONCMD.TICKSPD=000，CLKCONCMD.TICKSPD 读出 001 且 TICKSPD 实际是 16 MHz |

图 2-31 CLKCONCMD 寄存器

CLKCONCMD 是时钟控制命令寄存器，它的第 3～5 位 TICKSPD[2:0] 对应定时器标记输出设置，默认值为 001，即对应 16MHz，但它不能超过寄存器的第 6 位 OSC 对应的系统时钟源选择，该位的默认值是 1，对应 16MHz RCOSC。所以，定时器的标记输出设置默认为 16MHz。

当定时器 1 的分频值设置为 128 时，对应的时钟频率为 16MHz/128＝1/8MHz，周期为 $8\mu s$。当定时器 1 处于自由运行模式，即从 0x0000～0xFFFF 计数时，它溢出一次的周期为 $8\mu s \times 65536 = 524288 \mu s$。

### 第三步：运行并调试程序

将程序下载到开发板，并对开发板复位，可以看到 LED1 以大约 0.52s 的间隔闪烁。

## 三、实验现象

将程序下载到开发板，并对开发板复位，可以看到 CC2530 开发板上红色 LED1 以大约 0.52s 的间隔闪烁。

# 项目 3　发送字符串

智慧的火花多源自于知识的交流与碰撞。在无线传感器网络系统开发过程中,简单、固化的程序运行难以满足人们的控制需求,PC 与系统的实时通信与控制技术应运而生。

通过本项目的学习,可掌握串口通信相关技术与概念,基于串口通信技术初步掌握通过 ZigBee 模式向 PC 发送字符串,进而实现 ZigBee 芯片与 PC 数据收发、交互,并最终实现基于串口通信技术的 LED 灯控制。

### 项目任务

- 任务 1　用 ZigBee 模式发送字符串
- 任务 2　数据的收发
- 任务 3　改进后的节日彩灯

### 项目目标

- 掌握通过串口通信由 CC2530 向 PC 发送字符串的原理及方法,让 PC 显示"Hello ZigBee!"。
- 掌握通过串口通信实现 CC2530 与 PC 之间收发字符串的原理及方法。
- 掌握通过串口通信控制实现 LED 灯亮/灭的原理及方法。

## 任务 1　用 ZigBee 模式发送字符串

### 任务目标

基于串口通信技术,实现由 CC2530 向 PC 发送字符串。

### 任务内容

- 掌握 CC2530 串行通信的基本概念及开发板串口通信电路的工作原理。
- 掌握相关寄存器设置,编程实现 CC2530 向 PC 发送字符串。
- 运行并调试程序。

# 任务实施

## 一、实验准备

硬件：PC 一台、ZigBee 开发板（核心板及功能底板）一块、SmartRF04EB 仿真器（包括相关数据连接线）一套。

软件：Windows 7/8/10 操作系统、IAR 集成开发环境。

## 二、实验实施

### 第一步：电路功能分析

本任务用到的相关电路如图 3-1 所示。PL2303 是一种 RS232-USB 接口转换器。CC2530 的 USART0 的发送引脚 USART0_TX(P0.3)和接收引脚 USART0_RX(P0.2)分别连接到本任务开发板上 PL2303 的接收引脚 RXD 和发送引脚 TXD。开发板再通过方口 USB 数据连接线连接到 PC，这样 CC2530 和主机之间就能够进行串口通信。

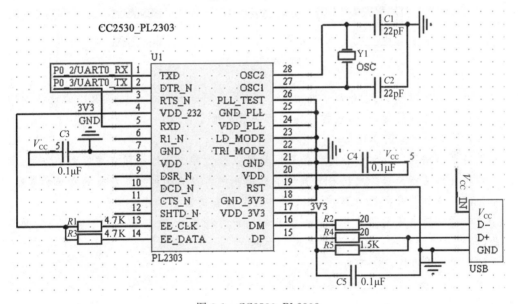

图 3-1　CC2530_PL2303

### 【理论学习：CC2530 串行通信相关概念】

#### 1. 串行通信的基本概念

（1）串行通信与并行通信

计算机通信是指计算机与外部设备或计算机与计算机之间的信息交换。计算机通信可以分为并行通信和串行通信两种方式。在多微机系统以及现代测控系统中信息的交换多采用串行通信方式。

并行通信通常是将数据字节的各位用多条数据线同时进行传送,如图3-2所示。

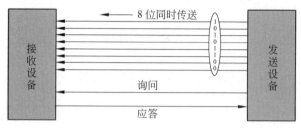

图 3-2　并行通信

并行通信控制简单,传输速度快,但由于传输线较多,远距离传输时成本较高,且接收方的各位同时接收到数据存在困难。

串行通信是将数据字节的各位在一条传输线上按顺序逐个地进行传输。

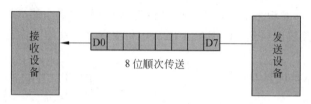

图 3-3　串行通信

串行通信传输线少,远距离传输时成本低,并且可以利用电话网等现成的设备,但数据的传输速度相对较慢,且传输控制比并行通信更加复杂。

（2）异步通信与同步通信

串行通信按照收发双方的时钟是否同步可以分为异步通信和同步通信两种方式。

异步通信是指通信的发送与接收设备分别使用各自的时钟控制数据的发送和接收过程。为使双方的收发能够协调,要求发送和接收设备的时钟尽可能一致。

同步通信要求收发双方具有同频同相的同步时钟信号,收发双方要保持完全的同步,因此,要求发送和接收设备必须使用同一时钟。

（3）串行通信的传输方向

- 单工：数据只能在一个方向上进行传输,不能进行反向传输。
- 半双工：数据可以在两个方向上进行传输,但在同一时刻数据只能在一个方向上进行传输。它实际上是一种切换方向的单工通信。
- 全双工：数据可以在两个方向上同时进行传输。全双工通信是两个单工通信的结合,它要求发送设备和接收设备都具有独立的发送和接收能力。

这三种传输方向如图3-4所示。

（4）信号的调制

利用调制器把数字信号转换成模拟信号,然后发送到通信线路上,再由解调器把从通信线路上收到的模拟信号转换成数字信号。由于通信是双向的,调制器和解调器合并在

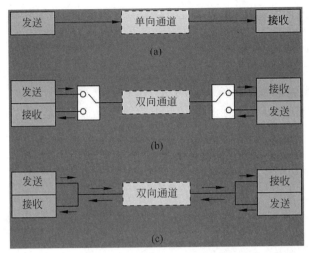

图 3-4 串行通信传输方向

一个装置中,这就是调制解调器。

(5) 串行通信的数据传输速率

比特率是每秒传输二进制代码的位数,单位是位/秒(b/s)。如每秒钟传送 240 个字符,而每个字符包含 10 个位(1 个起始位,1 个停止位,8 个数据位),这时的比特率为:240 个/秒×10 位/个=2400bps。

波特率是数据信号对载波的调制速率,它用单位时间内载波调制状态改变的次数来表示,单位是波特。

比特率与波特率的关系为:比特率=波特率×单个调制状态对应的二进制位数。两相调制(单个调制状态对应 1 个二进制位)的比特率等于波特率;四相调制(单个调制状态对应 2 个二进制位)的比特率为波特率的 2 倍;八相调制(单个调制状态对应 3 个二进制位)的比特率为波特率的 3 倍;以此类推。

(6) 串行通信的错误校验

- 奇偶校验:在发送数据时,数据位尾随的 1 位为奇偶校验位(1 或 0)。奇校验时,数据位中 1 的个数与校验位 1 的个数之和应为奇数;偶校验时,数据中 1 的个数与校验位 1 的个数之和应为偶数。接收字符时,对 1 的个数进行校验,若发现不一致,则说明在数据传输过程中出现了错误。
- 代码和校验:代码和校验是发送方将所发数据块求和(或各字节异或),产生一个字节的校验字符(校验和)附加到数据块的末尾。接收方接收到数据后对数据块(除校验字节外)求和(或各字节异或),再将所得结果与接收到的检验和进行比较,如果不一致,则说明在数据传输过程中出现了错误。
- 循环冗余校验:这种校验是通过某种数学运算实现有效信息与校验位之间的循环检验,常用于对磁盘信息的传输、存储区的完整性校验等。这种校验方法纠错能力强,广泛应用于同步通信中。

### 2. CC2530 的串行通信接口

USART0 和 USART1 是串行通信接口,它们具有相同的功能,都能够运行于异步 UART 模式或者同步 SPI 模式。

UART 模式提供异步串行接口。在 UART 模式中,接口使用 2 线或者含有引脚 RXD、TXD、可选 RTS 和 CTS 的 4 线。UART 模式的操作具有下列特点。

- 8 位或者 9 位负载数据。
- 奇校验、偶校验或者无奇偶校验。
- 配置起始位和停止位电平。
- 配置 LSB 或者 MSB 首先传送。
- 独立收发中断。
- 独立收发 DMA 触发。
- 奇偶校验和帧校验出错状态。

UART 模式提供全双工传送,接收器中的位同步不影响发送功能。传送一个 UART 字节包含一个起始位、8 个数据位、一个作为可选项的第 9 位数据或者奇偶校验位再加上 1 个或 2 个停止位。

**注意**:虽然真实的数据包含 8 位或者 9 位,但是,数据传送只涉及一个字节。

### 第二步:编写程序

结合功能分析,编写程序如下:

```c
#include <ioCC2530.h>
#include <string.h>
typedef unsigned char uchar;
typedef unsigned int uint;

#define TX_SIZE 20                        //发送的字符数组的长度
#define TX_STRING "Hello ZigBee!\n"       //发送的字符串

uchar TxData[TX_SIZE];                    //发送的字符数组

//函数声明
void Init_Uart();                         //初始化 USART0 设置函数
void Init_Clock();                        //初始化系统时钟函数
void Delay(uint);                         //延时函数
void UartSendString(uchar, uint);         //USART0 发送函数

/*********************
延时函数,以毫秒为单位延时
系统时钟为 32MHz 时,内循环次数需设置为 1060
```

```c
*******************/
void Delay(uint msec)
{
  uint i,j;
  for(i=0; i<msec; i++)
    for(j=0; j<1060; j++);
}

/*********************
初始化 USART0 设置函数
*********************/
void Init_Uart(void)
{
  PERCFG &=~0x01;            //设置 USART0 的 I/O 位置为备用位置 1
  P0SEL |=0x0C;              //设置 P0_2、P0_3 引脚用作外设功能
  P2DIR &=~0xC0;             //设置 P0 的第 1 优先级为 USART0

  U0CSR |=0x80;              //设置 USART0 工作在 UART 模式
  U0GCR |=11;
  U0BAUD |=216;              //设置 USART0 在 UART 工作模式下的波特率为 115200
  UTX0IF = 0;                //将 USART0 的 TX 中断标志清 0
}

/*********************
初始化系统时钟函数
*********************/
void Init_Clock()
{
  CLKCONCMD &=~0x40;         //设置系统时钟源为 32MHz XOSC(晶振)
  while(CLKCONSTA & 0x40);   //等待系统时钟源设置稳定
  CLKCONCMD &=~0x07;         //设置当前系统时钟频率为 32MHz
  while(CLKCONSTA & 0x07);   //等待系统时钟频率稳定在 32MHz
}

/*********************
USART0 发送函数
*********************/
void UartSendString(uchar * Data, uint len)
{
  uint i;
  for(i=0; i<len; i++)
  {
    U0DBUF = * Data++;       //将当前要发送的数据写到接收/发送数据缓存寄存器中
```

```
        while(UTX0IF ==0);           //如果数据发送未完成,则一直等待
        UTX0IF = 0;                  //如果数据发送完成,则将 USART0 的 TX 中断标志清 0
    }
}

/*******************
主函数
*******************/
int main(void)
{
    Init_Clock();                    //初始化系统时钟
    Init_Uart();                     //初始化 USART0
    memset(TxData, 0, TX_SIZE);      //将发送的字符数组 TxData 清 0
    memcpy(TxData, TX_STRING, sizeof(TX_STRING));   //将发送的字符串 TX_STRING 的
                                                    //  内容复制到发送的字符数
                                                    //  组 TxData 中
    while(1)
    {
        UartSendString(TxData, sizeof(TX_STRING));  //通过 USART0 发送发送字符数
                                                    //  组 TxData 中的内容
        Delay(1000);                                //延时 1s
    }
}
```

在 main()函数中,先通过 Init_Clock()函数和 Init_Uart()函数初始化系统时钟和 USART0 的设置,然后通过 memset()函数和 memcpy()函数将要发送的字符串 TX_STRING 的内容复制到要发送的数组 TxData 中。这里用到字符串函数,需要在程序的起始处包含 string.h 头文件,然后在 while(1)的死循环中每隔 1s 通过 UartSendString()函数发送字符数组 TxData 的内容。在 UartSendString()函数中通过不断检测 USART0 的发送中断标志位 UTX0IF 是否被置 1 来判断发送是否已经完成,如果完成,再将 UTX0IF 清 0。在延时函数 Delay()中,当系统时钟被设为 32MHz 时,内循环的次数应当从原来 16MHz 时的 530 增大一倍,变为 1060。

### 【理论学习:相关的 CC2530 寄存器】

与本任务相关的 CC2530 寄存器有如下几个。
(1) PERCFG——外设控制(图 3-5)

USART0 的外设 I/O 引脚映射如图 3-6 所示。要想其 RX 和 TX 引脚分别对应 P0_2 和 P0_3 引脚,USART0 的 I/O 位置应选择备用位置 1,对应 PERCFG 寄存器中的第 0 位 U0CFG 应设置为 0,程序代码为:

```
PERCFG &=~0x01;
```

PERCFG (0xF1) —— 外设控制

| 位 | 名称 | 复位 | R/W | 描述 |
|---|---|---|---|---|
| 7 | — | 0 | R0 | 没有使用 |
| 6 | T1CFG | 0 | R/W | 定时器 1 的 I/O 位置。<br>0：备用位置 1<br>1：备用位置 2 |
| 5 | T3CFG | 0 | R/W | 定时器 3 的 I/O 位置。<br>0：备用位置 1<br>1：备用位置 2 |
| 4 | T4CFG | 0 | R/W | 定时器 4 的 I/O 位置。<br>0：备用位置 1<br>1：备用位置 2 |
| 3:2 | — | 00 | R0 | 没有使用 |
| 1 | U1CFG | 0 | R/W | USART 1的I/O位置。<br>0：备用位置1<br>1：备用位置2 |
| 0 | U0CFG | 0 | R/W | USART 0的I/O位置。<br>0：备用位置1<br>1：备用位置2 |

图 3-5　PERCFG 寄存器

由于芯片上电复位后，该位的初始值是 0，所以这行代码也可以不写。

| 外设/功能 | P0 | | | | | | | | P1 | | | | | | | | P2 | | | | |
|---|---|---|---|---|---|---|---|---|---|---|---|---|---|---|---|---|---|---|---|---|---|
| | 7 | 6 | 5 | 4 | 3 | 2 | 1 | 0 | 7 | 6 | 5 | 4 | 3 | 2 | 1 | 0 | 4 | 3 | 2 | 1 | 0 |
| ADC | A7 | A6 | A5 | A4 | A3 | A2 | A1 | A0 | | | | | | | | | | | | | T |
| USART0 SPI | | | C | SS | M0 | MI | | | | | M0 | MI | C | SS | | | | | | | |
| Alt. 2 | | | | | | | | | | | | | | | | | | | | | |
| USART0 UART | | | RT | CT | TX | RX | | | | | | | | | | | | | | | |
| Alt. 2 | | | | | | | | | | | TX | RX | RT | CT | | | | | | | |

图 3-6　USART0 外设 I/O 引脚映射

(2) P0SEL——端口 0 功能选择（图 3-7）

P0SEL (0xF3) —— 端口 0 功能选择

| 位 | 名称 | 复位 | R/W | 描述 |
|---|---|---|---|---|
| 7:0 | SELP0_[7:0] | 0x00 | R/W | P0_7到 P0_0功能选择<br>0：通用I/O<br>1：外设功能 |

图 3-7　P0SEL 寄存器

本任务中要设置 P0_2 和 P0_3 引脚的功能选择为外设功能，程序代码为：

```
P0SEL |=0x0C;
```

(3) P2DIR——端口 2 方向和端口 0 外设优先级控制(图 3-8)

P2DIR (0xFF) ——端口 2 方向和端口 0 外设优先级控制

| 位 | 名称 | 复位 | R/W | 描述 |
|---|---|---|---|---|
| 7:6 | PRIP0[1:0] | 00 | R/W | 端口 0 外设优先级控制。当 PERCFG 分配给一些外设到相同引脚的时候,这些位将确定优先级。<br>详细优先级列表如下。<br>00:<br>第 1 优先级:USART 0<br>第 2 优先级:USART 1<br>第 3 优先级:定时器 1<br>01:<br>第 1 优先级:USART 1<br>第 2 优先级:USART 0<br>第 3 优先级:定时器 1<br>10:<br>第 1 优先级:定时器 1 通道 0~1<br>第 2 优先级:USART 1<br>第 3 优先级:USART 0<br>第 4 优先级:定时器 1 通道 2~3<br>11:<br>第 1 优先级:定时器 1 通道 2~3<br>第 2 优先级:USART 0<br>第 3 优先级:USART 1<br>第 4 优先级:定时器 1 通道 0~1 |

图 3-8 P2DIR 寄存器

P2DIR 的第 6~7 位对应端口 0 的外设优先级控制。这里要将 USART0 设为第一优先级,程序代码为:

```
P2DIR &=~0xC0;
```

(4) U0CSR——USART0 的控制和状态(图 3-9)

U0CSR (0x86) —— USART 0 控制和状态

| 位 | 名称 | 复位 | R/W | 描述 |
|---|---|---|---|---|
| 7 | MODE | 0 | R/W | USART 模式选择。<br>0:SPI 模式<br>1:UART 模式 |

图 3-9 U0CSR 寄存器

U0CSR 的第 7 位 MODE 对应 USART 模式选择,本任务中使用 USART0 的 UART 模式,程序代码为:

```
U0CSR |=0x80;
```

(5) U0GCR——USART0 通用控制(图 3-10)

(6) U0BAUD——USART0 波特率控制(图 3-11)

U0GCR (0xC5) —— USART 0 通用控制

| 位 | 名称 | 复位 | R/W | 描述 |
|---|---|---|---|---|
| 7 | CPOL | 0 | R/W | SPI 的时钟极性。<br>0：负时钟极性<br>1：正时钟极性 |
| 6 | CPHA | 0 | R/W | SPI 时钟相位。<br>0：当 SCK 从 CPOL 倒置到 CPOL 时，数据输出到 MOSI 中；当 SCK 从 CPOL 倒置到 CPOL 时，数据输入抽样到 MISO 中<br>1：当 SCK 从 CPOL 倒置到 CPOL 时，数据输出到 MOSI 中；当 SCK 从 CPOL 倒置到 CPOL 时，数据输入抽样到 MISO 中 |
| 5 | ORDER | 0 | R/W | 传送位顺序。<br>0：LSB 先传送<br>1：MSB 先传送 |
| 4:0 | BAUD_E[4:0] | 0 0000 | R/W | 波特率指数值。BAUD_E 和 BAUD_M 决定了 UART 波特率 和 SPI 的主 SCK 时钟频率 |

图 3-10　U0GCR 寄存器

U0BAUD (0xC2) —— USART 0 波特率控制

| 位 | 名称 | 复位 | R/W | 描述 |
|---|---|---|---|---|
| 7:0 | BAUD_M[7:0] | 0x00 | R/W | 波特率小数部分的值。BAUD_E 和 BAUD_M 决定了 UART 的波特率和 SPI 的主 SCK 时钟频率 |

图 3-11　U0BAUD 寄存器

要设置 USART0 在 UART 模式下的波特率，需要设置 U0GCR 寄存器的第 0~4 位 BARD_E[4:0] 和 U0BAUD 寄存器的第 0~7 位 BAUD_M[7:0]。BAUD_E 对应波特率的指数值，BAUD_M 对应波特率小数部分的值，它们共同决定了 USART0 在 UART 的波特率。

波特率由下式给出：

$$波特率 = \frac{(256 + \text{BAUD\_M}) \times 2^{\text{BAUD\_E}}}{2^{28}} \times F$$

式中：$F$ 为系统时钟频率，等于 16MHz RCOSC 或者 32MHz XOSC。

标准波特率所需的寄存器值如图 3-12 所示，该表适用于典型的 32MHz 系统时钟，真实波特率与标准波特率之间的误差用百分数表示。

这里如果想要设置波特率为 115200bps，则需要设置 U0GCR.BAUD_E 为 11，U0BAUD.BAUD_M 为 216，程序代码为：

```
U0GCR |=11;
U0BAUD =216;
```

标准波特率所需的寄存器如图 3-12 所示。

| 波特率 (bps) | UxBAUD.BAUD_M | UxGCR.BAUD_E | 误差(%) |
|---|---|---|---|
| 2400 | 59 | 6 | 0.14 |
| 4800 | 59 | 7 | 0.14 |
| 9600 | 59 | 8 | 0.14 |
| 14400 | 216 | 8 | 0.03 |
| 19200 | 59 | 9 | 0.14 |
| 28800 | 216 | 9 | 0.03 |
| 38400 | 59 | 10 | 0.14 |
| 57600 | 216 | 10 | 0.03 |
| 76800 | 59 | 11 | 0.14 |
| 115200 | 216 | 11 | 0.03 |
| 230400 | 216 | 12 | 0.03 |

图 3-12　标准波特率所需的寄存器值

(7) CLKCONCMD——时钟控制命令(图 3-13)

CLKCONCMD (0xC6)——时钟控制命令

| 位 | 名称 | 复位 | R/W | 描述 |
|---|---|---|---|---|
| 7 | OSC32K | 1 | R/W | 32 kHz 时钟振荡器选择。设置该位只能发起一个时钟改变。CLKCONSTA.OSC32K 反映当前的设置。要改变该位,必须选择 16 MHz RCOSC 作为系统时钟。<br>0：32 kHz XOSC<br>1：32 kHz RCOSC |
| 6 | OSC | 1 | R/W | 系统时钟源选择。设置该位只能发起一个时钟源改变。CLKCONSTA.OSC 反映当前的设置。<br>0：32 MHz XOSC<br>1：16 MHz RCOSC |
| 5:3 | TICKSPD[2:0] | 001 | R/W | 定时器标记输出设置。不能高于通过 OSC 位设置的系统时钟设置。<br>000：32 MHz<br>001：16 MHz<br>010：8 MHz<br>011：4 MHz<br>100：2 MHz<br>101：1 MHz<br>110：500 kHz<br>111：250 kHz<br>注意：CLKCONCMD.TICKSPD 可以设置为任意值,但是结果受 CLKCONCMD.OSC 设置的限制,即如果 CLKCONCMD.OSC=1 且 CLKCONCMD.TICKSPD=000, CLKCONCMD.TICKSPD 读出 001 且实际 TICKSPD 是 16 MHz |
| 2:0 | CLKSPD | 001 | R/W | 时钟速度。不能高于通过 OSC 位设置的系统时钟设置。表示当前系统时钟频率。<br>000：32 MHz<br>001：16 MHz<br>010：8 MHz<br>011：4 MHz<br>100：2 MHz<br>101：1 MHz<br>110：500 kHz<br>111：250 kHz<br>注意：CLKCONCMD.CLKSPD 可以设置为任意值,但是结果受 CLKCONCMD.OSC 设置的限制,即如果 CLKCONCMD.OSC=1 且 CLKCONCMD.CLKSPD=000, CLKCONCMD.CLKSPD 读出 001 且实际 CLKSPD 是 16 MHz。<br>还要注意调试器不能和一个划分过的系统时钟一起工作。当运行调试器,当 CLKCONCMD.OSC=0, CLKCONCMD.CLKSPD 的值必须设置为 000,或当 CLKCONCMD.OSC=1 设置为 001 |

图 3-13 CLKCONCMD 寄存器

要使用 32MHz 的系统时钟,就需要设置 CLKCONCMD 寄存器,该寄存器在定时器课程中曾经用到过,它的第 0~2 位 CLKSPD 对应系统时钟速度,复位后的值为 001 (16MHz),需要将它设置为 000(32MHz)。但 CLKSPD 设置后的结果受该寄存器的第 6 位 OSC 设置的限制。OSC 对应系统时钟源的选择,复位后的值为 1(16MHz RCOSC),这里首先需要将该位设置为 0(32MHz XOSC)。

程序代码分别为：

```
CLKCONCMD &=~0x40;
CLKCONCMD &=~0x07;
```

(8) CLKCONSTA——时钟控制状态(图 3-14)

CLKCONSTA (0x9E)——时钟控制状态

| 位 | 名称 | 复位 | R/W | 描述 |
|---|---|---|---|---|
| 7 | OSC32K | 1 | R | 当前选择的 32 kHz 时钟源。<br>0：32 kHz XOSC<br>1：32 kHz RCOSC |
| 6 | OSC | 1 | R | 当前选择的系统时钟。<br>0：32 MHz XOSC<br>1：16 MHz RCOSC |
| 5:3 | TICKSPD[2:0] | 001 | R | 当前设置的定时器标记输出。<br>000：32 MHz<br>001：16 MHz<br>010：8 MHz<br>011：4 MHz<br>100：2 MHz<br>101：1 MHz<br>110：500 kHz<br>111：250 kHz |
| 2:0 | CLKSPD | 001 | R | 当前的时钟速度。<br>000：32 MHz<br>001：16 MHz<br>010：8 MHz<br>011：4 MHz<br>100：2 MHz<br>101：1 MHz<br>110：500 kHz<br>111：250 kHz |

图 3-14 CLKCONSTA 寄存器

CLKCONSTA 是时钟控制状态寄存器,该寄存器的各位与 CLKCONCMD 的各位分别互相对应,CLKCONCMD 发出选择的内容或改变的命令,CLKCONSTA 则显示设置的当前状态。当设置系统时钟源和系统时钟速度时,需要不断检测 CLKCONSTA 的对应位 OSC 和 CLKSPD 来判断设置是否已经改变,程序代码为：

```
CLKCONCMD &=~ 0x40;
while(CLKCONSTA & 0x40);
CLKCONCMD &=~ 0x07;
while(CLKCONSTA & 0x07);
```

(9) U0UCR——USART0 UART 控制(图 3-15)

U0UCR 是 USART0 的 UART 控制寄存器,用于设置 USART0 在 UART 模式下的起始/停止位电平、停止位个数、奇偶校验、数据位个数、流控制等,这里使用该寄存器在芯片上电复位后的初始值,即起始位低电平、停止位高电平、1 位停止位、禁用奇偶校验、8 位数据位、流控制禁止。

(10) U0DBUF——USART0 接收/传送数据缓存(图 3-16)

U0DBUF 是 USART0 的接收/发送数据缓存寄存器,需要将要发送的数据写到该寄存器中。

(11) IRCON2——中断标志 5(图 3-17)

IRCON2 是中断标志 5 寄存器,它的第 1 位 UTX0IF 对应 USART0 的 TX 中断标志,在发送数据之前需要将该位清 0;在发送数据的过程中需要通过不断检测该位是否被

U0UCR (0xC4) —— USART 0 UART 控制

| 位 | 名称 | 复位 | R/W | 描述 |
|---|---|---|---|---|
| 7 | FLUSH | 0 | R0/W1 | 清除单元。当设置时,该事件将会立即停止当前操作并且返回单元的空闲状态 |
| 6 | FLOW | 0 | R/W | UART硬件流使能。用RTS和CTS引脚选择硬件流控制的使用。<br>0:流控制禁止<br>1:流控制使能 |
| 5 | D9 | 0 | R/W | UART奇偶校验位。当使能奇偶校验,写入D9的值决定发送的第9位的值。如果收到的第9位不匹配收到字节的奇偶校验,接收时报告ERR。<br>如果奇偶校验使能, 那么该位设置以下奇偶校验级别。<br>0:奇校验<br>1:偶校验 |
| 4 | BIT9 | 0 | R/W | UART 9位数据使能。当该位是1时,使能奇偶校验位传输(即第9位)。如果通过PARITY使能奇偶校验,第9位的内容是通过D9给出的。<br>0:8位传送<br>1:9位传送 |
| 3 | PARITY | 0 | R/W | UART奇偶校验使能。除了为奇偶校验设置该位用于计算,还必须使能9位模式。<br>0:禁用奇偶校验<br>1:奇偶校验使能 |
| 2 | SPB | 0 | R/W | UART停止位的位数。选择要传送的停止位的位数。<br>0:1位停止位<br>1:2位停止位 |
| 1 | STOP | 1 | R/W | UART停止位的电平必须不同于开始位的电平。<br>0:停止位低电平<br>1:停止位高电平 |
| 0 | START | 0 | R/W | UART起始位电平。闲置线的极性采用与选择的起始位级别的电平相反的电平。<br>0:起始位低电平<br>1:起始位高电平 |

图 3-15  U0UCR 寄存器

U0DBUF (0xC1) —— USART 0 接收/传送数据缓存

| 位 | 名称 | 复位 | R/W | 描述 |
|---|---|---|---|---|
| 7:0 | DATA[7:0] | 0x00 | R/W | USART接收和传送数据。当写这个寄存器的时候数据被写到内部,会传送数据到寄存器。当读取该寄存器的时候,数据来自内部读取的数据寄存器 |

图 3-16  U0DBUF 寄存器

IRCON2 (0xE8) —— 中断标志 5

| 位 | 名称 | 复位 | R/W | 描述 |
|---|---|---|---|---|
| 7:5 | — | 000 | R/W | 没有使用 |
| 4 | WDTIF | 0 | R/W | 看门狗定时器中断标志。<br>0:无中断未决<br>1:中断未决 |
| 3 | P1IF | 0 | R/W | 端口1中断标志。<br>0:无中断未决<br>1:中断未决 |
| 2 | UTX1IF | 0 | R/W | USART 1 TX中断标志。<br>0:无中断未决<br>1:中断未决 |
| 1 | UTX0IF | 0 | R/W | USART 0 TX中断标志。<br>0:无中断未决<br>1:中断未决 |
| 0 | P2IF | 0 | R/W | 端口2中断标志。<br>0:无中断未决<br>1:中断未决 |

图 3-17  IRCON2 寄存器

置1,来判断发送是否完成。完成后再次将该位清0,程序代码分别为:

```
UTX0IF = 0;
while(UTX0IF == 0);
```

### 第三步：运行、调试

将开发板通过方口 USB 数据线与 PC 相连接。打开设备管理器，找到开发板的 USB 转串口的端口号，如图 3-18 所示。

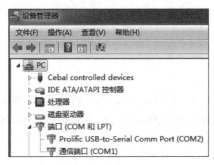

图 3-18　USB 转串口端口号

然后打开串口调试助手，在关闭串口的状态下设置串口的各项参数，串口选择 COM2，波特率选择 115200，校验位选择 NONE，数据位选择 8，停止位选择 1，然后打开串口。

将程序下载到开发板，对开发板复位，可以看到，串口调试助手的接收区每隔 1s 接收到一个字符串"Hello ZigBee!"并且换行显示，下方还显示总计接收到字符的个数。

## 三、实验现象

程序运行及调试的结果如图 3-19 所示。

图 3-19　程序运行及调试的结果

# 任务 2　数据的收发

## 任务目标

基于串口通信技术，实现 CC2530 与 PC 之间收发字符串。

## 任务内容

- 在掌握发送字符串功能的基础上，掌握接收字符串功能的实现机理。
- 结合相关寄存器设置完成程序编写，实现数据收发功能。
- 运行调试程序，真正实现系统与 PC 的串口通信。

## 任务实施

### 一、实验准备

硬件：PC 一台、ZigBee 开发板（核心板及功能底板）一块、SmartRF04EB 仿真器（包括相关数据连接线）一套。

软件：Windows 7/8/10 操作系统、IAR 集成开发环境。

### 二、实验实施

#### 第一步：电路功能分析

本任务用到的相关电路如图 3-1 所示，在此不再赘述。

#### 第二步：程序编写

结合功能分析，编写程序如下：

```c
#include <ioCC2530.h>
#include <string.h>
typedef unsigned char uchar;
typedef unsigned int uint;

#define UART0_RX 1                  //USART0 处于接收状态
#define UART0_TX 2                  //USART0 处于发送状态
#define SIZE 50                     //USART0 一次接收/发送的最大字符数

uchar RxBuf;                        //表示当前接收到的字符
```

```c
uchar UartState;                              //表示 USART0 当前所处的状态(发送/
                                              接收)
uchar count;                                  //用来计数
uchar RxData[SIZE];                           //用来接收字符的数组

//函数声明
void Init_Clock();                            //初始化系统时钟函数
void Init_Uart();                             //初始化 USART0 设置函数
void UartSendString(uchar * Data, uint len);  //USART0 发送函数

/********************
初始化系统时钟函数
********************/
void Init_Clock()
{
    CLKCONCMD &=~0x40;                        //设置系统时钟源为 32MHz XOSC(晶振)
    while(CLKCONSTA & 0x40);                  //等待系统时钟源设置稳定
    CLKCONCMD &=~0x07;                        //设置当前系统时钟频率为 32MHz
    while(CLKCONSTA & 0x07);                  //等待系统时钟频率稳定在 32MHz
}

/********************
初始化 USART0 设置函数
********************/
void Init_Uart(void)
{
    PERCFG &=~0x01;                           //设置 USART0 的 I/O 位置为备用位置 1
    P0SEL |=0x0C;                             //设置 P0_2、P0_3 引脚并使之用作外设功能
    P2DIR &=~0xC0;                            //设置 P0 的第 1 优先级为 USART0

    U0CSR |=0x80;                             //设置 USART0 工作在 UART 模式
    U0CSR |=0x40;                             //USART0 接收器使能
    U0GCR |=11;
    U0BAUD |=216;                             //设置 USART0 工作在 UART 模式下的波特率
                                              //  为 115200

    UTX0IF =0;                                //将 USART0 的 TX 中断标志清 0
    URX0IE =1;                                //使能 USART0 的 RX 中断
    EA =1;                                    //开启总中断
}

/********************
USART0 发送函数
********************/
```

```c
void UartSendString(uchar * Data, uint len)
{
    uint i;
    for(i=0; i<len; i++)
    {
        U0DBUF = * Data++;           //将当前要发送的字符写到 USART0 接收/发送数据缓
                                     //存寄存器中
        while(UTX0IF ==0);           //如果字符发送未完成,则一直等待
        UTX0IF =0;                   //如果字符发送完成,则将 USART0 的 TX 中断标志清 0
    }
}

/********************
USART0 接收中断处理函数
当 USART0 接收到一个数据时,将该数据保存到 RxBuf 中
********************/
#pragma vector =URX0_VECTOR
_interrupt void UART0_ISR(void)
{
    RxBuf =U0DBUF;                   //将接收到的数据从 USART0 接收/发送数据缓存寄存
                                     //器中保存到 RxBuf 中
}

/********************
主函数
********************/
int main(void)
{
    Init_Clock();                    //初始化系统时钟
    Init_Uart();                     //初始化 USART0 设置
    UartState =UART0_RX;             //USART0 默认处于接收状态

    while(1)
    {
        if(UartState ==UART0_RX)     //如果 USART0 当前处于接收状态
        {
            if(RxBuf !=0)            //当接收到一个字符时
            {
                //如果本次接收到的字符数还未达到最大并且当前接收到的字符不是"#"
                if((count <SIZE +1) && (RxBuf !='#'))
                    RxData[count++] =RxBuf;   //将该字符存储到 RxData 中
                else
                {
                    if(RxBuf =='#')  //如果接收到"#",表示本次接收完成
```

```
            UartState =UART0_TX;         //使 USART0 处于发送状态
        else                             //如果本次接收到的字符数已达到最大并且还未
                                           接收到"#",则本次接收的数据无效
        {
            count =0;                    //将 count 清 0
            memset(RxData, 0, SIZE);     //将 RxData 清 0
        }
      }
      RxBuf =0;                          //将 RxBuf 清 0
    }
  }
  if(UartState ==UART0_TX)               //如果 USART0 当前处于发送状态
  {
    U0CSR &=~ 0x40;                      //USART0 接收器禁用
    UartSendString(RxData, count);       //发送 RxData 中存储的本次接收到的字符串
    U0CSR |=0x40;                        //USART0 接收器使能
    UartState =UART0_RX;                 //使 USART0 处于接收状态

    count =0;                            //将 count 清 0
    memset(RxData, 0, SIZE);             //将 RxData 清 0
  }
 }
}
```

在 main()函数中,先通过 Init_Clock()函数和 Init_Uart()函数初始化系统时钟和 USART0 的设置,并让 USART0 默认处于接收状态。然后在 while(1)中,当 USART0 处于接收状态并且接收到一个字符时,如果本次接收到的字符数还未达到最大值 SIZE,且当前接收到字符不是"#",则将该字符存储到 RxData 中;如果接收到字符"#",则表示接收完成,USART0 会进入发送状态。如果本次接收到的字符数已超过最大值 SIZE 并且还未接收到字符"#",则本次接收无效,重新开始新一次的接收。当 USART0 处于发送状态时,首先禁用接收器,然后将存储在 RxData 中的本次接收到的字符串逐个地发送出去,发送完成后再使能接收器,并且使 USART0 进入接收状态。

## 【理论学习:相关的 CC2530 寄存器】

在任务 1 基础上补充与本任务相关的 CC2530 寄存器如下。
(1) IEN0——中断使能(图 3-20)
要使能 USART0 的接收中断,需要设置 IEN0 的第 2 位 URX0IE,程序代码为:

```
URX0IE =1;
```

(2) TCON——中断标志(图 3-21)
在初始化 USART0 的设置以及在进入 USART0 的接收中断服务程序中时,都需要

IEN0 (0xA8) —— 中断使能 0

| 位 | 名称 | 复位 | R/W | 描述 |
|---|---|---|---|---|
| 7 | EA | 0 | R/W | 禁用所有中断。<br>0：无中断被确认<br>1：通过设置对应的使能位将每个中断源分别使能和禁止 |
| 6 | — | 0 | R0 | 不使用，读出来是 0 |
| 5 | STIE | 0 | R/W | 睡眠定时器中断使能。<br>0：中断禁止<br>1：中断使能 |
| 4 | ENCIE | 0 | R/W | AES 加密/解密中断使能。<br>0：中断禁止<br>1：中断使能 |
| 3 | URX1IE | 0 | R/W | USART 1 RX 中断使能。<br>0：中断禁止<br>1：中断使能 |
| 2 | URX0IE | 0 | R/W | USART0 RX 中断使能。<br>0：中断禁止<br>1：中断使能 |
| 1 | ADCIE | 0 | R/W | ADC 中断使能。<br>0：中断禁止<br>1：中断使能 |
| 0 | RFERRIE | 0 | R/W | RF TX/RX FIFO 中断使能。<br>0：中断禁止<br>1：中断使能 |

图 3-20 IEN0 寄存器

TCON (0x88) —— 中断标志

| 位 | 名称 | 复位 | R/W | 描述 |
|---|---|---|---|---|
| 7 | URX1IF | 0 | R/WH0 | USART 1 RX 中断标志。当 USART 1 RX 中断发生时设为 1，且当 CPU 指向中断向量服务例程时清除。<br>0：无中断未决<br>1：中断未决 |
| 6 | — | 0 | R/W | 没有使用 |
| 5 | ADCIF | 0 | R/WH0 | ADC 中断标志。ADC 中断发生时设为 1，且 CPU 指向中断向量例程时清除。<br>0：无中断未决<br>1：中断未决 |
| 4 | — | 0 | R/W | 没有使用 |
| 3 | URX0IF | 0 | R/WH0 | USART 0 RX 中断标志。当 USART0 中断发生时设为 1，且 CPU 指向中断向量例程时清除。<br>0：无中断未决<br>1：中断未决 |
| 2 | IT1 | 1 | R/W | 保留。必须一直设为 1。设置为零将使能低级别中断探测，几乎总是如此（启动中断请求时执行一次） |
| 1 | RFERRIF | 0 | R/WH0 | RF TX/RX FIFO 中断标志。当 RFERR 中断发生时设为 1，且 CPU 指向中断向量例程时清除。<br>0：无中断未决<br>1：中断未决 |
| 0 | IT0 | 1 | R/W | 保留。必须一直设为 1。设置为零将使能低级别中断探测，几乎总是如此（启动中断请求时执行一次） |

图 3-21 TCON 寄存器

清除 USART0 的接收中断标志，这需要对 TCON 的第 3 位 URX0IF 清 0，程序代码为：

```
URX0IF = 0;
```

但由于该位在芯片上电复位后为 0，且当进入 USART0 的接收中断服务程序后，该中断标志位会被硬件自动清 0,所以这两处都可以不写。

### 第三步:运行调试

将程序下载到开发板,对开发板复位,将开发板通过方口 USB 数据线与 PC 相连接,打开设备管理器,找到开发板的 USB 转串口的端口号,然后打开串口调试助手,在关闭串口的状态下设置串口的各项参数,串口选择为相应的端口号,波特率选择 115200,校验位选择 NONE,数据位选择 8,停止位选择 1,然后打开串口。在发送区中输入一段长度不超过 50 的字符串,再输入一个"♯",单击"手动发送"按钮,可以看到在接收区中会出现刚才发送的字符串(不包括"♯")。如果字符串长度超过 50 或者未输入"♯",单击"手动发送"按钮,则在接收区中不会有新的数据出现。

## 三、实验现象

程序运行及调试的结果如图 3-22 所示。

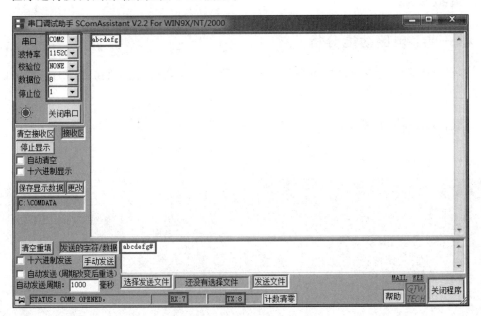

图 3-22　程序运行及调试的结果

# 任务 3　改进后的节日彩灯

### 任务目标

基于串口通信技术,控制实现 LED 灯亮/灭。

## 任务内容

- 掌握串口通信控制 LED 灯亮/灭原理。
- 基于相关寄存器设置,编程实现串口通信控制 LED 灯亮/灭。
- 运行及调试程序。

## 任务实施

### 一、实验准备

硬件：PC 一台、ZigBee 开发板(核心板及功能底板)一块、SmartRF04EB 仿真器(包括相关数据连接线)一套。

软件：Windows 7/8/10 操作系统、IAR 集成开发环境。

### 二、实验实施

#### 第一步：电路功能分析

本任务用到的相关电路如图 2-1 和图 3-1 所示。电路运行机理在之前的任务中已有详细讲解,在此不再赘述。

#### 第二步：程序编写

结合功能分析,编写程序如下：

```c
#include <ioCC2530.h>
#include <string.h>
typedef unsigned char uchar;
typedef unsigned int uint;

#define USART0_RX 1                //USART0 处于接收状态
#define USART0_CONTROL 2           //USART0 处于控制状态
#define SIZE 2                     //USART0 一次需要接收的字符数

#define LED1 P1_0                  //为 LED1 相关的 I/O 端口引脚定义一个宏
#define LED2 P1_1                  //为 LED2 相关的 I/O 端口引脚定义一个宏

uchar RxBuf;                       //表示当前接收到的字符
uchar UartState;                   //USART0 当前所处的状态(接收/控制)
uchar count;                       //用来计数
uchar RxData[SIZE];                //用来接收字符的数组
```

```c
//函数声明
void Init_Clock();                      //初始化系统时钟函数
void Init_Led();                        //初始化LED函数
void Init_Uart();                       //初始化USART0设置函数
void UartSendString(uchar *, uint);     //USART0发送函数

/*********************
初始化系统时钟函数
*********************/
void Init_Clock()
{
    CLKCONCMD &=~0x40;                  //设置系统时钟源为32MHz XOSC(晶振)
    while(CLKCONSTA & 0x40);            //等待系统时钟源设置稳定
    CLKCONCMD &=~0x07;                  //设置当前系统时钟频率为32MHz
    while(CLKCONSTA & 0x07);            //等待系统时钟频率稳定在32MHz
}


/*********************
初始化LED函数
*********************/
void Init_Led(void)
{
    P1DIR |=0x03;                       //设置P1_0和P1_1引脚的I/O方向为输出
}


/*********************
初始化USART0设置函数
*********************/
void Init_Uart(void)
{
    PERCFG &=~0x01;                     //设置USART0的I/O位为备用位置1
    P0SEL |=0x0C;                       //设置P0_2、P0_3引脚用作外设功能
    P2DIR &=~0xC0;                      //设置P0的第1优先级为USART0

    U0CSR |=0x80;                       //设置USART0工作在UART模式
    U0CSR |=0x40;                       //USART0接收使能
    U0GCR |=11;
    U0BAUD |=216;                       //设置USART0在UART工作模式下的波特率
                                        // 为115200
    UTX0IF =0;                          //将USART0的TX中断标志清0
    URX0IE =1;                          //使能USART0的RX中断
    EA =1;                              //开启总中断
}
```

```c
/*********************
USART0 发送函数
********************/
void UartSendString(uchar * Data, uint len)
{
  uint i;
  for(i=0; i<len; i++)
  {
    U0DBUF = * Data++;              //将当前要发送的数据写到 USART0 接收/发送数据缓
                                    //  存寄存器中
    while(UTX0IF ==0);              //如果数据发送未完成,则一直等待
    UTX0IF = 0;                     //如果数据发送完成,则将 USART0 的 TX 中断标志清 0
  }
}


/*********************
USART0 接收中断处理函数。
当 USART0 接收到一个数据时,将该数据保存到 RxBuf 中
********************/
#pragma vector =URX0_VECTOR
_interrupt void UART0_ISR(void)
{
  RxBuf =U0DBUF;                    //将接收到的数据从 USART0 接收/发送数据缓存寄存
                                    //  器中保存到 RxBuf 中
}


/*********************
主函数
********************/
int main(void)
{
  Init_Clock();                     //初始化系统时钟
  Init_Led();                       //初始化 LED 设置
  Init_Uart();                      //初始化 USART0 设置
  UartState =USART0_RX;             //USART0 默认处于接收状态

  while(1)
  {
    if(UartState ==USART0_RX)       //如果 USART0 当前处于接收状态
    {
      if(RxBuf !=0)                 //当接收到一个字符时
      {
        if(count <SIZE)             //如果接收到的字符数还未达到 SIZE
```

```c
    {
      if(RxBuf != '#')                         //如果未接收到'#'
      {
        RxData[count++] = RxBuf;               //将该字符存储到 RxData 中
      }
      else                                     //如果接收到'#',则本次接收的数据无效
      {
        count = 0;                             //将 count 清 0
        memset(RxData, 0, SIZE);               //将 RxData 清 0
      }
    }
    else                                       //如果接收到的字符数达到 SIZE
    {
      if(RxBuf == '#')                         //如果接收到'#',表示本次接收完成
      {
        UartState = USART0_CONTROL;            //使 USART0 处于控制状态
      }
      else                                     //如果未接收到'#',则本次接收到的数据
                                               //  无效
      {
        count = 0;                             //将 count 清 0
        memset(RxData, 0, SIZE);               //将 RxData 清 0
      }
    }
    RxBuf = 0;
  }
}
if(UartState == USART0_CONTROL)                //如果 USART0 当前处于控制状态
{
  U0CSR &= ~0x40;                              //USART0 接收器禁用
  UartSendString(RxData, count);               //发送 RxData 中存储的本次接收的字符串
  if(RxData[0] == 'L')                         //如果接收到的第 1 个字符是'L'
  {
    if(RxData[1] == '1')                       //如果接收到的第 2 个字符是'1'
      LED1 = ~LED1;                            //则 LED1 的亮/灭状态改变
    if(RxData[1] == '2')                       //如果接收到的第 2 个字符是'2'
      LED2 = ~LED2;                            //则 LED2 的亮/灭状态改变
  }
  U0CSR |= 0x40;                               //USART0 接收器使能
  UartState = USART0_RX;                       //使 USART0 处于接收状态
  count = 0;                                   //将 count 清 0
  memset(RxData, 0, SIZE);                     //将 RxData 清 0
 }
}
}
```

本任务的程序框架与本项目任务 2 非常相似。在 main() 函数中先初始化各种设置。在 while(1) 中，当 USART0 处于接收状态并且接收到一个字符时，如果本次接收到的字符数还未达到 SIZE，并且当前接收到的字符不是"♯"，则将它保存到 RxData 中；如果当前接收到"♯"，则本次接收无效。如果本次接收到的字符数达到 SIZE，并且当前接收到"♯"，则本次接收完成，USART0 会进入控制状态；如果未接收到"♯"，则本次接收无效。当 USART0 处于控制状态，则先禁用接收器，然后将存储在 RxData 中的本次接收到的字符串发送出去，并且根据字符串的内容控制 LED 灯亮/灭状态是否改变，最后使能接收器，使 USART0 处于接收状态。

### 第三步：运行及调试

将程序下载到开发板，对开发板复位，将开发板通过方口 USB 数据连接线与 PC 相连接。打开设备管理器，找到开发板的 USB 转串口的端口号，然后打开串口调试助手，在关闭串口的状态下设置串口的各项参数，串口选择为相应的端口号，波特率选择 115200，校验位选择 NONE，数据位选择 8，停止位选择 1，然后打开串口。在发送区中输入字符串"L1♯"，单击"手动发送"按钮，可以看到在接收区中出现新的字符串"L1"，并且 LED1 的亮/灭状态改变；在发送区中输入字符串"L2♯"，单击"手动发送"按钮，可以看到在接收区中出现新的字符串"L2"，并且 LED2 的亮/灭状态改变；在发送区中输入长度为 3 的其他字符串，单击"手动发送"按钮，可以看到在接收区中会出现该字符串，但 LED1、LED2 的亮/灭状态不变。

## 三、实验现象

在发送区中输入字符串"L1♯"，单击"手动发送"按钮，可以看到在接收区中出现新的字符串"L1"，并且 LED1 的亮/灭状态改变，如图 3-23 所示。

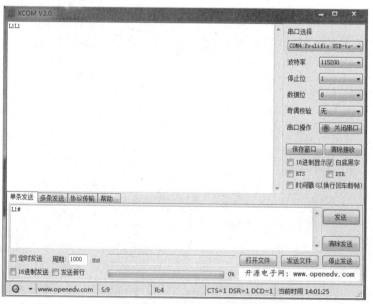

图 3-23 运行及调试的结果

在发送区中输入字符串"L2♯",单击"手动发送"按钮,可以看到在接收区中出现新的字符串"L2",并且 LED2 的亮/灭状态改变,如图 3-24 所示。

图 3-24 运行及调试的结果

# 项目 4　智能家居小帮手

近年来,智能家居产业迅猛发展。支撑传统家居向智能家居转化的核心科技是物联网技术,而无线传感器网络技术正是物联网技术体系中的关键环节。在智能家居功能体系中,对家居环境温度、湿度信息的监测是最常见、最基础的功能。本项目就以这些功能为例,为大家讲解无线传感器网络在智能家居中的应用。

通过本项目的学习,可掌握 CC2530 内部温度的采集以及显示,并在此基础上掌握对外部环境温度、湿度信息的采集及显示。

## 项目任务

- 任务1　CC2530 内部温度信息的采集与显示
- 任务2　外部环境温湿度信息的采集与显示

## 项目目标

- 通过 ADC 和 CC2530 内部温度传感器,实现 CC2530 内部温度信息的采集与显示。
- 结合温湿度传感器,实现对外部环境温湿度信息的采集与显示。

## 任务 1　CC2530 内部温度信息的采集与显示

### 任务目标

通过 ADC 和 CC2530 内部温度传感器,实现对 CC2530 内部温度的采集与显示。

### 任务内容

- 掌握 CC2530 ADC 的基本概念及工作原理。
- 掌握通过 ADC 和 CC2530 的内部温度传感器来采集 CC2530 的内部温度的方法。
- 编程并调试运行,实现信息的采集与显示功能。

## 任务实施

### 一、实验准备

硬件：PC 一台、ZigBee 开发板（核心板及功能底板）一块、SmartRF04EB 仿真器（包括相关数据连接线）一套。

软件：Windows 7/8/10 操作系统、IAR 集成开发环境。

### 二、实验实施

#### 第一步：功能分析

首先，结合系统内部自带的温度传感器，可直接编程实现对温度信息的采集。然后，结合温度函数并根据温度传感器的 AD 转换结果，计算出温度值，并进行温度校正。最后，通过串口 0 将温度信息发送到 PC 端进行显示。

【理论学习：CC2530 的 ADC】

ADC（模数转换器）可以将时间和幅值连续的模拟量转化为时间和幅值离散的数字量，模数（A/D）转换一般要经过采样、保持、量化和编码 4 个过程。

CC2530 的 ADC 支持多达 14 位的模拟数字转换，具有多达 12 位的 ENOB（effective number of bits，有效位数）。它包括一个模拟多路转换器，具有 8 个各自可配置的通道以及一个参考电压发生器。其转换结果可以通过 DMA 写入存储器。CC2530 有若干种操作模式。

CC2530 的 ADC 主要特性如下。

- 可在有效分辨率 7～12 字节下选择设置。
- 8 个独立的输入通道，可接受单端或差分信号。
- 参考电压可选为内部单端、外部单端、外部差分或 AVDD5。
- 产生中断请求。
- 转换结束时的 DMA 触发。
- 温度传感器输入。
- 电池测量功能。

#### 第二步：编写程序

结合功能分析，编写程序如下：

```
#include <ioCC2530.h>
#include <stdio.h>
#include <string.h>
typedef unsigned char uchar;
```

```c
typedef unsigned int uint;

//函数声明
void Delay(uint msec);                              //延时函数
void InitClock(void);                               //初始化系统时钟函数
void InitUSART0(void);                              //初始化 USART0 设置函数
void USART0Transmit(char * Data, int len);          //USART0 发送函数
void InitTempSensor(void);                          //初始化温度传感器函数
float GetTemp(void);                                //获取温度函数


/*********************
延时函数,以毫秒为单位延时
系统时钟为 32MHz 时,内循环次数需设置为 1060
*********************/
void Delay(uint msec)
{
  uint i,j;
  for(i=0; i<msec; i++)
    for(j=0; j<1060; j++);
}


/*********************
初始化系统时钟函数,设置为 32MHz
*********************/
void InitClock(void)
{
  CLKCONCMD &=~ 0x40;                   //设置系统时钟源为 32MHz XOSC(晶振)
  while(CLKCONSTA & 0x40);              //等待系统时钟源设置稳定
  CLKCONCMD &=~ 0x07;                   //设置当前系统时钟频率为 32MHz
  while(CLKCONSTA & 0x07);              //等待系统时钟频率稳定在 32MHz
}


/*********************
初始化 USART0 设置函数
*********************/
void InitUSART0(void)
{
  PERCFG &=~ 0x01;                      //设置 USART0 的 I/O 位置为备用位置 1
  P0SEL |=0x0C;                         //设置 P0_2、P0_3 引脚用作外设功能
  P2DIR &=~ 0xC0;                       //设置 P0 的第 1 优先级为 USART0

  U0CSR |=0x80;                         //设置 USART0 工作在 UART 模式
  U0CSR |=0x40;
```

```
    U0GCR = 11;
    U0BAUD = 216;                    //设置 USART0 工作在 UART 模式下的波特率为 115200
    UTX0IF = 0;                      //将 USART0 的 TX 中断标志清 0
}

/********************
USART0 发送函数
********************/
void USART0Transmit(char * Data, int len)
{
    uint i;
    for(i=0; i<len; i++)
    {
        U0DBUF = * Data++;           //将当前要发送的字符写到 USART0 接收/发送数据缓存
                                     寄存器中
        while(UTX0IF ==0);           //如果字符发送未完成,则一直等待
        UTX0IF = 0;                  //如果字符发送完成,则将 USART0 的 TX 中断标志清 0
    }
}

/********************
初始化温度传感器函数
********************/
void InitTempSensor(void)
{
    TR0 = 0x01;                      //连接温度传感器到 SOC_ADC
    ATEST = 0x01;                    //使能温度传感器
}

/********************
获取温度函数,根据温度传感器的 A/D 转换结果计算出温度值,并进行温度校正
********************/
float GetTemp(void)
{
    uint value;
    ADCCON3 = (0x3E);                //选择参考电压为内部参考电压,用 512 抽取率对温度传
                                     感器进行采样
    ADCCON1 |=0x30;                  //选择 ADC 的启动事件为 ADCCON1.ST=1
    ADCCON1 |=0x40;                  //启动 A/D 转换
    while(!(ADCCON1 & 0x80));        //等待 A/D 转换结束
    value =ADCL >>4;                 //由于 A/D 转换的有效位数为 12,高 8 位是 ADCH 的高 8
                                     位,低 4 位是 ADCL 的高 4 位
    value |=(((uint)ADCH) <<4);
```

```c
        return (value-1367.5)/4.5-5;        //根据 A/D 转换结果,计算出温度值,再进行温度校
                                            //  正(根据芯片的具体情况进行),这里减去 5℃
}

/*******************
主函数
*******************/
void main(void)
{
    char i;
    float avgTemp;
    char strTemp[6];

    InitClock();                            //初始化系统时钟
    InitUSART0();                           //初始化 USART0 设置
    InitTempSensor();                       //初始化温度传感器

    while(1)
    {
        avgTemp = 0;                        //将 avgTemp 清零
        for (i=0; i<100; i++)
        {
            avgTemp += GetTemp();
        }
        avgTemp = avgTemp/100;              //取 100 次测量的平均值

        strTemp[0] = (uchar)avgTemp/10 + '0';         //十位
        strTemp[1] = (uchar)avgTemp%10 + '0';         //个位
        strTemp[2] = '.';                             //小数点
        strTemp[3] = (uint)(avgTemp * 10)%10 + '0';   //十分位
        strTemp[4] = (uint)(avgTemp * 100)%10 + '0';  //百分位
        strTemp[5] = '\n';                            //换行符
        USART0Transmit(strTemp, 6);                   //通过串口将芯片内部温度发送
                                                      //  给 PC
        Delay(1000);                                  //延时 1s
    }
}
```

在 main()函数中,先初始化系统时钟和 USART0 的相关设置,并使能 CC2530 的内部温度传感器。在 while(1)循环中,每隔 1s 通过对调用 100 次 GetTemp()函数获取的温度值后取平均值作为本次实测的温度值,再通过串口 0 将其发送到 PC。

由于在 GetTemp()函数中设置了 512 的抽取率,则 ENOB 为 12,又因为转换结果总是驻留在 ADCH 和 ADCL 寄存器组合的 MSB 段中,所以转换结果的高 8 位保存在

ADCH 的高 8 位中,低 4 位保存在 ADCL 的高 4 位中。

温度的计算方法是这样来的:

(1) 25℃时,A/D 读数为 1480。

(2) 温度每变化 1℃,A/D 读数变化 4.5(这个值可能会因供电电压和测试条件的不同而不同)。

如果将 CC2530 内部温度的变化近似看作是线性的,那么有:

(A/D 读数－1480)＝(Temp－25)×4.5＝＝＞Temp＝(A/D 读数－1367.5)/4.5

由于 CC2530 内部温度的变化是非线性的,所以还需要对其进行校正,这里选择对温度值减去 5 作为最终的结果,如图 4-1 所示。

| 位 | 名称 | 复位 | R/W | 描述 |
|---|---|---|---|---|
| 7:6 | EREF[1:0] | 00 | R/W | 选择用于额外转换的参考电压。<br>00: 内部参考电压<br>01: AIN7 引脚上的外部参考电压<br>10: AVDD5 引脚<br>11: 在 AIN6-AIN7 差分输入的外部参考电压 |
| 5:4 | EDIV[1:0] | 00 | R/W | 设置用于额外转换的抽取率。抽取率也决定了完成转换需要的时间和分辨率。<br>00: 64 抽取率(7 位 ENOB)<br>01: 128 抽取率(9 位 ENOB)<br>10: 256 抽取率(10 位 ENOB)<br>11: 512 抽取率(12 位 ENOB) |
| 3:0 | ECH[3:0] | 0000 | R/W | 单个通道选择。选择写 ADCCON3 触发的单个转换所在的通道号码。<br>当单个转换完成,该位自动清除。<br>0000: AIN0<br>0001: AIN1<br>0010: AIN2<br>0011: AIN3<br>0100: AIN4<br>0101: AIN5<br>0110: AIN6<br>0111: AIN7<br>1000: AIN0-AIN1<br>1001: AIN2-AIN3<br>1010: AIN4-AIN5<br>1011: AIN6-AIN7<br>1100: GND<br>1101: 正电压参考<br>1110: 温度传感器<br>1111: VDD/3 |

图 4-1 ADCCON3 寄存器

## 【理论学习:相关的 CC2530 寄存器】

本任务要通过将温度传感器作为 A/D 转换的输入对其进行 A/D 转换,并根据转换所得的值计算出芯片内部的温度值,然后再通过串口 0 来将其发送给 PC,这就需要设置与它们相关的 CC2530 寄存器。其中,时钟和 USART0 相关的寄存器曾经详细介绍过,这里不再赘述。这里主要介绍和 A/D 转换相关的寄存器。

因为这里只需要执行单个 ADC 转换而非一个转换序列,所以需要设置 ADCCON3 寄存器。

(1) ADCCON3——ADC 控制 3

ADCCON3 的第 6~7 位 EREF[1:0]用来设置用于单个 A/D 转换的参考电压,这里将其设置为 00,即内部参考电压;第 4~5 位 EDIV[1:0]用来设置转换的抽取率,这里将其设置为 512 抽取率,对应 12 位 ENOB;第 0~3 位 ECH[3:0]用来设置单个通道的选择,这里将其设置为 1110,即温度传感器。对应的程序代码为:

```
ADCCON3 = 0x3E;
```

要将温度传感器作为 A/D 转换的输入,还需要设置另外两个寄存器。

(2) TR0——测试寄存器 0(图 4-2)

TR0 (0x624B)——测试寄存器 0

| 位 | 名称 | 复位 | R/W | 描述 |
|---|---|---|---|---|
| 7:1 | — | 0000 000 | R0 | 保留。写作 0。 |
| 0 | ACTM | 0 | R/W | 设置为 1 来连接温度传感器到 SOC_ADC。也可参见 ATEST 寄存器描述来使能温度传感器 |

图 4-2 TR0 寄存器

需要将 TR0 的第 0 位 ACTM 设置为 1 来使温度传感器连接到 SOC_ADC,对应的程序代码为:

```
TR0 = 0x01;
```

(3) ATEST——模拟测试控制(图 4-3)

ATEST (0x61BD)——模拟测试控制

| 位号码 | 名称 | 复位 | R/W | 描述 |
|---|---|---|---|---|
| 7:6 | — | 00 | R0 | 保留。读作 0。 |
| 5:0 | ATEST_CTRL[5:0] | 00 0000 | R/W | 控制模拟测试模式。<br>00 0001:使能温度传感器<br>其他值保留。 |

图 4-3 ATEST 寄存器

还需要设置 ATEST 的第 0~5 位 ATEST_CTRL[5:0]来使能温度传感器,对应的程序代码为:

```
ATEST = 0x01;
```

控制 A/D 转换的启动以及检测 A/D 转换是否结束需要通过设置 ADCCON1 寄存器来完成。

(4) ADCCON1——ADC 控制 1(图 4-4)

ADCCON1 的第 4~5 位 STSEL[1:0]用来设置启动一个转换所需要的事件,这里将其设置为 11,即当 ADCCON1.ST=1 时启动一个转换,相应的程序代码为:

ADCCON1 (0xB4) —— ADC 控制 1

| 位 | 名称 | 复位 | R/W | 描述 |
|---|---|---|---|---|
| 7 | EOC | 0 | R/H0 | 转换结束。当 ADCH 被读取的时候清除。如果在读取前一数据之前完成一个新的转换，EOC 位仍然为高。<br>0：没有完成转换<br>1：完成转换 |
| 6 | ST | 0 | R/W1 | 开始转换。读为1，直到转换完成<br>0：没有转换<br>1：如果 ADCCON1.STSEL = 11 并且没有序列正在运行，就启动一个转换序列 |
| 5:4 | STSEL[1:0] | 11 | R/W1 | 启动选择。选择该事件，将启动一个新的转换序列。<br>00：P2_0 引脚的外部触发。<br>01：全速。不等待触发器<br>10：定时器1通道0的比较事件<br>11：ADCCON1.ST = 1 |
| 3:2 | RCTRL[1:0] | 00 | R/W | 控制16位随机数发生器。当写01且操作完成时，设置将自动返回到00。<br>00：正常运行 (13X 型展开)<br>01：LFSR 的时钟触发一次(没有展开)<br>10：保留<br>11：停止。关闭随机数发生器 |
| 1:0 | — | 11 | R/W | 保留。一直设为 11。 |

图 4-4  ADCCON1 寄存器

```
ADCCON1 |=0x30;
```

ADCCON1 的第 6 位 ST 用来开始一个转换（当 ADCCON1.STSEL=11 时），相应的程序代码为：

```
ADCCON1 |=0x40;
```

ADCCON1 的第 7 位 EOC 用来标识转换是否已经完成，这里可以通过不断检测该位是否为 1 来判断转换是否已经完成，相应的程序代码为：

```
while(!(ADCCON1 & 0x80));
```

当 ADCCON1 的 EOC 位被设置为 1 时，意味着转换已经完成，转换结果保存在 ADCL 和 ADCH 寄存器中。

（5）ADCL——ADC 数据低位（图 4-5）

ADCL (0xBA) —— ADC 数据低位

| 位 | 名称 | 复位 | R/W | 描述 |
|---|---|---|---|---|
| 7:2 | ADC[5:0] | 0000 00 | R | ADC转换结果的低位部分 |
| 1:0 | — | 00 | R0 | 没有使用。读出来一直是 0 |

图 4-5  ADCL 寄存器

(6) ADCH——ADC 数据高位(图 4-6)

ADCH (0xBB) —— ADC 数据高位

| 位 | 名称 | 复位 | R/W | 描述 |
|---|---|---|---|---|
| 7:0 | ADC[13:6] | 0x00 | R | ADC转换结果的高位部分 |

图 4-6 ADCH 寄存器

**注意**：转换结果总是驻留在 ADCH 和 ADCL 寄存器组合的 MSB 段中。

## 第三步：运行、调试

先将开发板通过方口 USB 数据线与 PC 相连接。然后打开串口调试助手,在关闭串口的状态下设置好串口的各项参数。再将程序下载到开发板,对开发板复位,可以看到在串口调试助手的接收数据区每隔 1s 接收到一个表示 CC2530 温度值的字符串,用手指触摸芯片,可以发现芯片温度升高。

## 三、实验现象

程序运行及调试的结果如图 4-7 所示。

图 4-7 程序运行及调试的结果

## 任务2 外部环境温湿度信息的采集与显示

### 任务目标

选取合适型号的温湿度传感器,结合开发板实现对外部环境温湿度数据的采集与显示。

### 任务内容

- 掌握 DHT11 数字温湿度传感器的工作原理及特性。
- 结合 DHT11 和开发板,掌握对外部温湿度信息进行采集与显示的方法。
- 编程并调试运行,实现相关功能。

### 任务实施

#### 一、实验准备

硬件:PC 一台、ZigBee 开发板两块、SmartRF04EB 仿真器(包括相关数据连接线)一套。
软件:Windows 7/8/10 操作系统、IAR 集成开发环境。

#### 二、实验实施

##### 第一步:功能分析

终端模块将通过 DHT11 采集到的温湿度信息通过无线通信的方式传输给协调器模块,协调器模块再通过串口将其发送给 PC,通过串口调试助手可以看到温湿度信息。

要实现以上的运行结果,就需要在协议栈上实现所有模块的功能。但其实也可以在裸机上(没有协议栈)实现驱动 DHT11 测量温湿度的功能,然后再将其加载到协议栈上,这样可以使整个实现过程更加简单。

整个实现过程可分为以下 3 个步骤。
(1) 在裸机上实现 DHT11 的驱动程序。
(2) 将 DHT11 在裸机上的驱动程序加载到协议栈上。
(3) 在协议栈上通过无线数据传输和串口通信的方式将 DHT11 所采集的温湿度信息发送给 PC。

**【理论学习:DHT11 数字温湿度传感器】**

DHT11 数字温湿度传感器是一款含有已校准数字信号输出的温湿度复合传感器,它应用专用的数字模块采集技术和温湿度传感技术,确保产品具有极高的可靠性和卓越的稳定性。该传感器包括一个电阻式感湿元件和一个 NTC 测温元件,并与一个高性能 8 位单片机相连接。因此,该传感器具有品质卓越、响应快、抗干扰能力强、性价比高等优点。每个 DHT11 传感器都在极为精确的湿度校验室中进行校准,其校准系数以程序的形式存于 OTP 内存中,传感器内部在检测信号的处理过程中会调用这些校准系数。单线制串行接口使系统集成变得简单快捷。其超小的体积、极低的功耗,使其成为该类应用中在苛刻应用场合下的最佳选择。DHT11 数字温湿度传感器为 4 针单排引脚封装。

DHT11 数字温湿度传感器的实物图和典型应用电路如图 4-8 和图 4-9 所示。

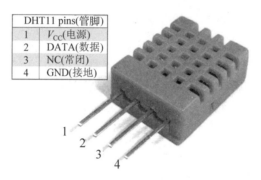

图 4-8　DHT11 数字温湿度传感器

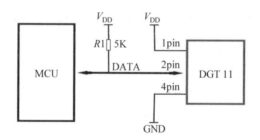

图 4-9　DHT11 典型应用电路

将一块 ZigBee 开发板的功能底板上的 P3 和 P4 排针分别插入 DHT11 数字温湿度传感器模块的 P1 和 P2 插槽中,就构成了一个 DHT11 数字温湿度传感器的采集终端,如图 4-10 所示。

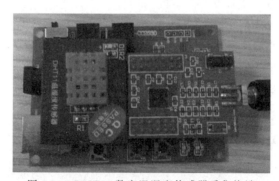

图 4-10　DHT11 数字温湿度传感器采集终端

在本任务中，DHT11 相关的电路原理图如图 4-11 所示。

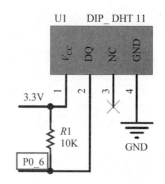

图 4-11　DHT11 应用电路原理图

## 第二步：编写程序

结合功能分析编写程序。

（1）实现在裸机下测量温度，程序代码如下：

```
#include <ioCC2530.h>
#include "DHT11.h"

/***初始化系统时钟函数***/
void InitClock()
{
    CLKCONCMD &=~ 0x40;              //设置系统时钟源为 32MHz XOSC(晶振)
    while(CLKCONSTA & 0x40);         //等待系统时钟源设置稳定
    CLKCONCMD &=~ 0x07;              //设置系统时钟频率为 32MHz
    while(CLKCONSTA & 0x07);         //等待系统时钟频率稳定在 32MHz
}

/***初始化 USART0 函数***/
void InitUSART0()
{
    PERCFG &=~ 0x01;                 //设置 USART0 的 I/O 端口引脚为备用位置 1
    P0SEL |=0x0C;                    //设置 P0_2、P0_3 引脚用作外设功能
    P2DIR &=~ 0xC0;                  //设置端口 0 用作外设的第 1 优先级为 USART0

    U0CSR |=0x80;                    //设置 USART0 工作在 UART 模式
    /* 设置 USART0 工作在 UART 模式下的波特率为 115200bps */
    U0GCR =11;
    U0BAUD =216;
    UTX0IF =0;                       //将 USART0 的 TX 中断标志位清 0
}
```

```c
/***USART0 发送字符串函数***/
void USART0SendStr(unsigned char * str, unsigned int len)
{
  unsigned int i;
  for(i=0; i<len; i++)
  {
    U0DBUF = * str++;           //将当前要发送的一个字节的数据写到 USART0
                                //的接收/发送数据缓存
    while(UTX0IF ==0);          //等待该数据发送完成
    UTX0IF =0;                  //将 USART0 的 TX 中断标志位清 0
  }
}

/***UART0 发送字符函数***/
void USART0SendChar(unsigned char uc)
{
  U0DBUF =uc;                   //将当前要发送的一个字节的数据写到 USART0
                                //的接收/发送数据缓存
  while(UTX0IF ==0);            //等待该数据发送完成
  UTX0IF =0;                    //将 USART0 的 TX 中断标志位清 0
}

void main()
{
  unsigned char temperature,humidity,str1[14]="Temperature =",str2[11]=
  "Humidity =";
  InitClock();                  //初始化时钟

  InitUSART0();                 //初始化 USART0
  while(1)
  {
    DHT11Init();                //DHT11 初始化
    if(DHT11Check())            //如果未检测到 DHT11,则通过串口提示 DHT11
                                //错误信息
    {
      USART0SendStr("DHT11 ERROR!\n",13);
    }
    else
    {
      //如果 DHT11 本次测量结果正确,则通过串口输出测量的数据信息
      if(!DHT11ReadData(&temperature,&humidity))
      {
        USART0SendStr(str1,14);
```

```
            USART0SendChar(temperature/10+'0');
            USART0SendChar(temperature%10+'0');
            USART0SendStr("C, ",3);
            USART0SendStr(str2,11);
            USART0SendChar(humidity/10+'0');
            USART0SendChar(humidity%10+'0');
            USART0SendStr("%\n",2);
        }
    }
    Delayms(1000);
    }
}
```

现在,将 DHT11 温湿度传感器应用的裸机程序代码下载到开发板中。任意选择一块开发板,先将开发板通过 USB 数据连接线连接到 PC,打开串口调试助手,设置好相应的串口参数,然后将裸机程序下载到开发板中,可以看到在串口调试助手的数据接收区中,每隔大约 1s 显示本次测得的温湿度值,如图 4-12 所示。

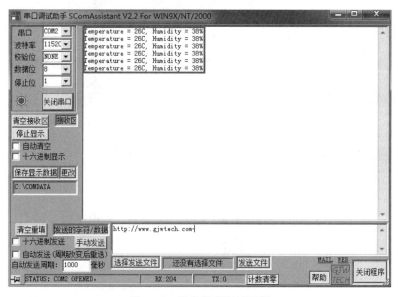

图 4-12 裸机程序调试结果

(2) 将 DHT11 温湿度传感器应用在裸机上的驱动程序代码加载到 Z-Stack 协议栈程序中。

首先,将"裸机程序"文件夹中的 DHT11.c 和 DHT11.h 文件复制到一个 Z-Stack 协议栈例程的备份所在目录下的"…\Projects\zstack\Samples\SampleApp\Source"子目录中,如图 4-13 所示。

然后打开该 Z-Stack 协议栈例程,在 IAR 的 Workspace 窗口中对 SampleApp 工程目录下的 App 子目录右击并选择 Add→Add Files 命令,添加刚才复制到 Source 文件夹中

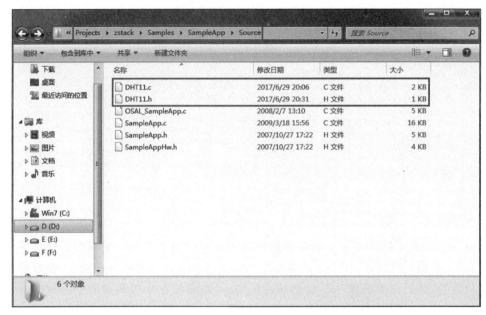

图 4-13 复制文件

的 DHT11.c 文件,如图 4-14 所示。

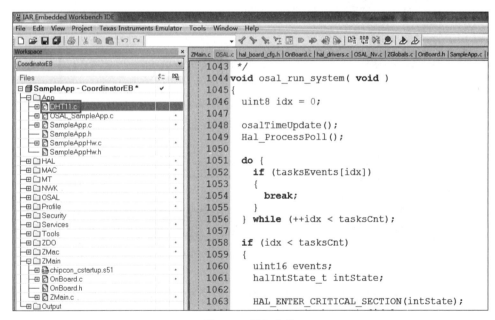

图 4-14 添加文件

由于对温度采集信息的无线数据传输是通过点播方式实现的(为了使数据传输更加具有针对性,避免采用广播和组播方式可能造成的数据冗余和不必要的干扰),所以下面的过程就是实现一个点播通信例程的过程。

打开 SampleApp.c 文件,在文件的起始处包含 DHT11.h 头文件,如图 4-15 所示。

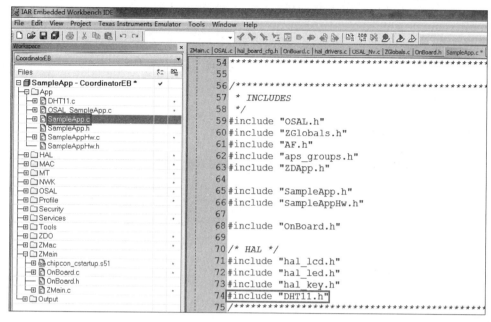

图 4-15 SampleApp.c 文件

接着添加 Z-Stack 协议栈串口通信相关的程序代码,并在 SampleApp.c 文件的事件处理函数 SampleApp_ProcessEvent 中的 if（events & SAMPLEAPP_SEND_PERIODIC_MSG_EVT）后面的大括号中添加如下的程序代码:

```
if ( events & SAMPLEAPP_SEND_PERIODIC_MSG_EVT )
{
  uint8 temper_humi[2],data[7];
  DHT11Init();
  if(!DHT11Check())
  {
    if(!DHT11ReadData(temper_humi,temper_humi+1))
    {
      data[0]=temper_humi[0]/10+'0';
      data[1]=temper_humi[0]%10+'0';
      data[2]='C';
      data[3]=temper_humi[1]/10+'0';
      data[4]=temper_humi[1]%10+'0';
      data[5]='%';
      data[6]='\n';
      HalUARTWrite(0,"Temperature =",14);
      HalUARTWrite(0,data,3);
      HalUARTWrite(0,", Humidity =",13);
```

```
            HalUARTWrite(0,data+3,4);
            SampleApp_SendPointToPointMessage(temper_humi);
        }
    }
    ...
}
```

将原来的广播发送函数调用语句"SampleApp_SendPeriodicMessage();"进行注释，SampleApp.c 文件的显示如图 4-16 所示。

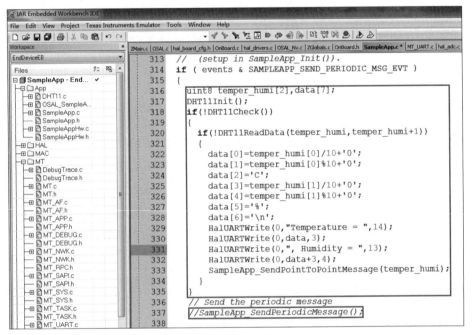

图 4-16　添加代码 1

（3）在协议栈上实现对 DHT11 所采集温湿度信息的无线数据传输并通过串口将其发送到 PC。前面已经介绍过，要使用点播方式进行无线数据传输，在步骤（2）的事件处理函数中添加的最后一条代码即是点播发送函数调用语句"SampleApp_SendPointMessage(temper_humi);"。这个点播发送函数是带参数的。单击进入该函数的定义，其程序代码如下：

```
void SampleApp_SendPointToPointMessage(uint8 * pmsg)
{
    if ( AF_DataRequest( &SampleApp_POINT_TO_POINT_DstAddr,
        &SampleApp_epDesc,
        SAMPLEAPP_POINT_TO_POINT_CLUSTERID,
        2,
        pmsg,
```

```
            &SampleApp_TransID,
            AF_DISCV_ROUTE,
            AF_DEFAULT_RADIUS ) ==afStatus_SUCCESS )
    {
    }
    else
    {
        //在请求发送函数时产生错误
    }
}
```

它与之前在组网演练课程中所使用的点播发送函数的唯一不同就是它带了一个表示温湿度采集信息的参数。

因为本例程在 DHT11.c 文件中使用的延时函数直接参考了协议栈中的相关延时函数的程序代码,所以无须再对其修改。

最后,需要对接收到的点播发送过来的温湿度采集信息进行相关的处理。进入信息处理函数 SampleApp_MessageMSGCB()中,在函数的起始处和 switch 语句中分别添加如下的程序代码:

```
void SampleApp_MessageMSGCB( afIncomingMSGPacket_t * pkt )
{
  uint16 flashTime;
  uint8 data[7];
  switch ( pkt->clusterId )
  {
    case SAMPLEAPP_POINT_TO_POINT_CLUSTERID:
      data[0]=pkt->cmd.Data[0]/10+'0';
      data[1]=pkt->cmd.Data[0]%10+'0';
      data[2]='C';
      data[3]=pkt->cmd.Data[1]/10+'0';
      data[4]=pkt->cmd.Data[1]%10+'0';
      data[5]='%';
      data[6]='\n';
      HalUARTWrite(0,"Temperature =",14);
      HalUARTWrite(0,data,3);
      HalUARTWrite(0,", Humidity =",13);
      HalUARTWrite(0,data+3,4);
      break;
    ...
  }
}
```

SampleApp.c 文件如图 4-17 所示。

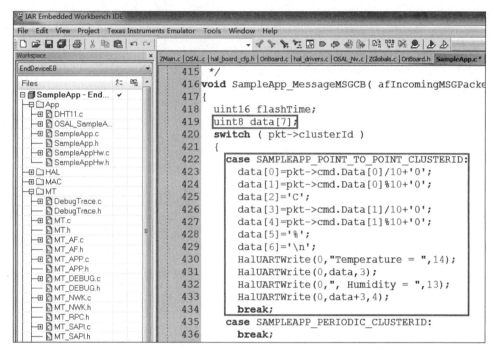

图 4-17　添加代码 2

至此，DHT11 温湿度传感器在协议栈下的应用例程就全部实现了。

### 第三步：运行、调试

首先将协调器模块和终端采集模块分别通过 USB 数据连接线连接到 PC。打开两个串口并调试助手客户端，分别设置好相应的串口参数。

然后将程序分别下载到协调器模块和终端模块，并对它们进行复位。可以看到，在两个串口调试助手的数据接收区中，每隔大约 5s 显示本次采集所得的温湿度值（COM2 对应协调器模块，COM3 对应终端模块）。

### 三、实验现象

运行并调试程序，在 PC 串口助手下的运行结果如图 4-12 所示。每个节点采集的温度和湿度通过无线发送给对方，然后在 PC 上显示。

# 项目 5　看门狗的唤醒

作为无线传感器网络的载体，相关无线传感器网络硬件模块的工作环境相对固定，工作时间较为长久。从能耗以及元器件寿命等角度考虑，当没有事件发生或者系统进入空闲状态时，睡眠模式将成为首选。当然，系统终归还要醒来工作，与之对应的，系统唤醒技术、防止程序跑飞的看门狗技术应运而生。

通过本项目的学习，可掌握将系统从睡眠模式中唤醒的两种方式：中断方式和定时器方式。并掌握看门狗技术，从而实现防止程序跑飞。

## 项目任务

- 任务 1　中断唤醒
- 任务 2　定时器唤醒
- 任务 3　防止程序跑飞

## 项目目标

- 掌握用中断方式实现系统睡眠唤醒的方法。
- 掌握用定时器方式实现系统睡眠唤醒的方法。
- 应用看门狗防止程序跑飞。

## 任务 1　中 断 唤 醒

### 任务目标

通过设置 CC2530 的相关寄存器来使其能够在低功耗模式下运行，并且能够通过中断的方式将其唤醒。

### 任务内容

- 掌握 CC2530 低功耗运行模式。
- 掌握中断唤醒系统的方法，并编程实现。
- 程序的运行及调试。

## 任务实施

### 一、实验准备

硬件：PC 一台、ZigBee 开发板（核心板及功能底板）一块、SmartRF04EB 仿真器（包括相关数据连接线）一套。

软件：Windows 7/8/10 操作系统、IAR 集成开发环境。

### 二、实验实施

#### 第一步：功能分析

本任务涉及的相关电路如图 2-1 和图 2-14 所示。运行机理在前面任务中已详细描述，在此不再赘述。在本任务中通过编程设置，可使系统进入睡眠模式，并且当系统检测到 S1 被按下时，会将设备从睡眠模式唤醒。

【理论学习：CC2530 的运行模式】

CC2530 的低功耗运行是通过不同的运行模式（供电模式）来使能的，超低功耗运行的实现通过关闭电源模块以避免静态（泄露）功耗，还通过使用时钟门控和关闭振荡器来降低动态功耗。

CC2530 共有 5 种不同的运行模式（供电模式），分别是主动模式、空闲模式、PM1（power mode 1）、PM2 和 PM3（PM1、PM2 和 PM3 也被称为睡眠模式）。主动模式是正常的运行模式，而 PM3 则具有最低的功耗。

不同供电模式对系统运行的影响如表 5-1 所示，表中同时也给出了振荡器和稳压器的选项。振荡器的配置为高频振荡器有 A 和 B，低频振荡器有 C 和 D。其中，A 为 32MHz XOSC，B 为 16MHz RCOSC，C 为 32kHz XOSC，D 为 32kHz RCOSC。

表 5-1　CC2530 运行模式

| 供电模式 | 高频振荡器 | 低频振荡器 | 稳压器（数字） |
| --- | --- | --- | --- |
| 主动/空闲模式 | A 或 B | C 或 D | ON |
| PM1 | 无 | C 或 D | ON |
| PM2 | 无 | C 或 D | OFF |
| PM3 | 无 | 无 | OFF |

主动模式：完全功能模式。稳压器的数字内核开启，32MHz XOSC 或 16MHz RCOSC 高频振荡器运行，或者两者都运行。32kHz XOSC 或 32kHz RCOSC 低频振荡器运行。

空闲模式：除了 CPU 内核停止运行（即空闲），其他特点和主动模式一样。

PM1：稳压器的数字部分开启。32MHz XOSC 和 16MHz RCOSC 高频振荡器都不运行。32kHz XOSC 或 32kHz RCOSC 低频振荡器运行。复位、外部中断或睡眠定时器过期时系统将转到主动模式。

PM2：稳压器的数字内核关闭。32MHz XOSC 和 16MHz RCOSC 高频振荡器都不运行。32kHz XOSC 或 32kHz RCOSC 低频振荡器运行。复位、外部中断或睡眠定时器过期系统将转到主动模式。

PM3：稳压器的数字内核关闭。所有的振荡器都不运行。复位或外部中断时系统将转到主动模式。

所需的供电模式通过使用 SLEEPCMD 控制寄存器的 MODE 位和 PCON.IDLE 位来选择。设置 SFR 寄存器的 PCON.IDLE 位，可以进入 SLEEPCMD.MODE 所选的模式。

来自端口引脚或睡眠定时器的被使能的中断或上电复位会把设备从睡眠模式唤醒，将它带回到主动模式。

### 第二步：编写程序

结合功能分析，编写程序如下：

```c
#include <ioCC2530.h>
typedef unsigned char uchar;
typedef unsigned int uint;

#define LED1 P1_0              //为 LED1 相关的 I/O 端口引脚定义一个宏
#define KEY1 P0_4              //为 S1 相关的 I/O 端口引脚定义一个宏

/********************
延时函数,以毫秒为单位延时
********************/
void Delay(uint msec)
{
  uint i,j;
  for(i=0; i<msec; i++)
    for(j=0; j<530; j++);
}

/********************
初始化 LED 函数,对 LED 相关的 I/O 端口引脚进行相应的设置
********************/
void InitLed(void)
{
  P1DIR |= 0x01;               //设置 P1.0 的 I/O 方向为输出
}
```

```c
/********************
初始化 KEY 函数,对 KEY 相关的 I/O 端口引脚及引脚相关的中断进行相应的设置
********************/
void InitKey(void)
{
  PICTL |=0x01;         //设置端口 0 的所有引脚在输入的下降沿引起中断
  P0IEN |=0x10;         //P0_4 引脚中断使能
  P0IE =1;              //端口 0 中断使能
  EA =1;                //总中断使能
}


/********************
设置设备供电模式函数
********************/
void SetPowerMode(uchar mode)
{
  if(mode <4)           //如果 mode<4
  {
    SLEEPCMD |=mode;    //设置设备的供电(睡眠)模式
    PCON =0x01;         //使设备进入被设置的供电(睡眠)模式
  }
}


/********************
中断处理函数,当检测到 S1 被按下时,会将设备从睡眠模式唤醒
格式:#pragma vector =中断向量
     _interrupt 函数头
********************/
#pragma vector =P0INT_VECTOR
_interrupt void P0_ISR(void)
{
  P0IFG &=~ 0x10;       //清除 P0_4 引脚的中断状态标志
  P0IF =0;              //清除端口 0 的中断标志
}


/********************
主函数
********************/
void main(void)
{
  uchar i=0;

  InitLed();            //初始化 LED 相关的 I/O 端口引脚设置
```

```
    InitKey();              //初始化 KEY 相关的 I/O 端口引脚设置和中断相关的设置

    while(1)
    {
    //LED1 闪烁 3 次后设备会进入睡眠模式
      for(i=0;i<6;i++)
      {
        LED1 =~LED1;
        Delay(500);
      }
      SetPowerMode(3);      //设备进入睡眠模式(PM3),按下按键 S1 会将设备从睡眠模式
                              唤醒
    }
}
```

在 main() 函数中,先初始化 LED、KEY 相关的 I/O 端口引脚设置及中断相关的设置。在 while(1) 死循环中,LED1 闪烁 3 次后,使设备进入睡眠模式(PM3)。然后系统会一直检测 S1 是否被按下,当 S1 被按下时,外部中断被触发,PCON.IDLE 位会被硬件自动清零,设备会重新进入主动模式。注意,外部中断会使程序从进入 PM3 的地方重新开始,即在本任务中,程序会从函数调用语句"SetPowerMode(3);"之后的地方重新开始。

## 【理论学习:相关的 CC2530 寄存器】

本任务要在开发板进入睡眠模式后通过外部中断的方式将它唤醒,使它进入主动模式,这就需要相关设备与 CC2530 寄存器。其中,LED、KEY 及中断相关的寄存器在前面的任务中详细介绍过,在此不再赘述。这里主要介绍电源管理相关的寄存器。

要使设备进入睡眠模式,需要设置睡眠模式控制寄存器 SLEEPCMD 和供电模式控制寄存器 PCON。

(1) SLEEPCMD——睡眠模式控制(图 5-1)

SLEEPCMD (0xBE)——睡眠模式控制

| 位 | 名称 | 复位 | R/W | 描述 |
|---|---|---|---|---|
| 7 | OSC32K_CALDIS | 0 | R/W | 禁用32kHz RC振荡器校准。<br>0: 使能32kHz RC振荡器校准<br>1: 禁用32kHz RC振荡器校准<br>这个设置可以在任何时间写入,但是在芯片运行在16MHz高频RC振荡器之前不起作用 |
| 6:3 | — | 000 0 | R0 | 保留 |
| 2 | — | 1 | R/W | 保留。总是写作1 |
| 1:0 | MODE[1:0] | 00 | R/W | 供电模式设置。<br>00: 主动/空闲模式<br>01: 供电模式 1<br>10: 供电模式 2<br>11: 供电模式 3 |

图 5-1 SLEEPCMD 寄存器

睡眠模式控制寄存器 SLEEPCMD 的第 0~1 位 MODE[1:0]对应 CC2530 的供电模式设置。要使设备进入睡眠模式,首先需要设置该寄存器的 MODE[1:0],这里选择将它设置为 11,即供电模式 3,对应的程序代码为

```
SLEEPCMD |=0x03;
```

(2) PCON——供电模式控制(图 5-2)

| 位 | 名称 | 复位 | R/W | 描述 |
|---|---|---|---|---|
| 7:1 | — | 0000 000 | R/W | 未使用。总是写作 0000 000 |
| 0 | IDLE | 0 | R0/W H0 | 供电模式控制。写 1 到该位强制设备进入 SLEEP.MODE(注意 MODE=0x00 且 IDLE = 1 将停止 CPU 内核活动)设置的供电模式,这位读出来一直是 0。当活动时,所有的使能中断将清除这个位,设备将重新进入主动模式。 |

PCON (0x87)——供电模式控制

图 5-2  PCON 寄存器

供电模式控制寄存器 PCON 的第 0 位 IDLE 对应 CC2530 的供电模式控制。写 1 到该位会强制设备进入 SLEEP.MODE 设置的供电模式,该位读出来一直是 0。当处于活动状态时,所有的使能中断将清除这个位,设备将重新进入主动模式。

要使设备进入睡眠模式,在设置好 SLEEP.MODE 对应的设备供电模式后还需要设置 PCON 的 IDLE 位,对应的程序代码为

```
PCON = 1;
```

### 第三步:运行、调试

连接开发板,下载中断唤醒程序并复位,观察 LED1 亮/灭情况,确认系统当前模式。然后按下 S1 键,再次观察 LED1 亮/灭情况,并确认系统模式。

### 三、实验现象

将程序下载到开发板,对开发板复位,可以看到在 LED1 闪烁 3 次后,系统进入睡眠模式。当按下 S1 后,系统从睡眠模式被唤醒,重新回到主动模式,在 LED1 闪烁 3 次后,系统再次进入睡眠模式。

## 任务 2　定时器唤醒

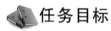

### 任务目标

通过设置 CC2530 的相关寄存器使其能够在低功耗模式下运行,并且能够通过睡眠

定时器将其唤醒。

## 任务内容

- 掌握 CC2530 睡眠定时器的基本概念及工作原理。
- 结合相关寄存器设置,编程实现通过睡眠定时器唤醒系统功能。
- 程序的运行及调试。

## 任务实施

### 一、实验准备

硬件:PC 一台、ZigBee 开发板(核心板及功能底板)一块、SmartRF04EB 仿真器(包括相关数据连接线)一套。

软件:Windows 7/8/10 操作系统、IAR 集成开发环境。

### 二、实验实施

#### 第一步:功能分析

本任务涉及的相关电路如图 2-1 所示。LED 灯起到指示功能,运行机理在前面任务中已详细描述,在此不再赘述。在本任务中,通过编程设置可实现定时将系统从睡眠系统中唤醒。

【理论学习:CC2530 睡眠定时器】

CC2530 的睡眠定时器用于设置系统进入和退出低功耗模式 PM1 与 PM2 之间的周期。它还用于当进入 PM1 或 PM2 时维持定时器 2 的定时。

睡眠定时器的主要功能如下。

- 24 位的定时器正计数器,运行在 32kHz 的时钟频率。
- 24 位的比较器,具有中断和 DMA 触发功能。
- 24 位捕获。

定时器在复位之后立即启动,如果没有中断就继续运行。定时器的当前值可以从 SFR 寄存器 ST2、ST1、ST0 中读取。

当定时器的值等于 24 位比较器的值时,就发生一次定时器比较。通过写入寄存器 ST2、ST1、ST0 来设置比较值。当 STLOAD.LDRDY 是 1,则写入 ST0 并加载新的比较值,即写入 ST2、ST1 和 ST0 寄存器的最新的值。加载期间 STLOAD.LDRDY 是 0,软件不能开始一个新的加载,直到 STLOAD.LDRDY 回到 1。读 ST0 将捕获 24 位计数器的当前值。因此,ST0 寄存器必须在 ST1 和 ST2 之前读,以捕获一个正确的睡眠定时器计数值。当发生一个定时器比较时,中断标志 STIF 会被设置。每次遇到系统时钟,当前定时器的值就会被更新。因此,定时器当从 PM1/2/3(这期间系统时钟关闭)返回,如果没有在32kHz时钟上检测到一个正时钟边沿,则ST2、ST1、ST0中的睡眠定时器值不更新。要保证读出一个最新的值,必须在读睡眠定时器值之前,在32kHz时钟上通过轮询SLEEPSTA.CLK32K位等待一个正的变换。

ST中断的使能位是IEN0.STIE,中断的标志是IRCON.STIF。

当运行在所有供电模式下时,除了PM3,睡眠定时器将开始运行,因此,睡眠定时器的值在PM3下不保存。

在PM1和PM2下的睡眠定时器比较事件用于唤醒设备,返回主动模式的主动操作。复位之后的比较值的默认值是0xFFFFFF。

### 第二步:编写程序

结合功能分析,编写程序如下:

```c
#include <ioCC2530.h>

typedef unsigned char uchar;
typedef unsigned int uint;
typedef unsigned long ulong;

#define LED1 P1_0              //为LED1相关的I/O端口引脚定义一个宏

/********************
延时函数,以毫秒为单位延时
********************/
void Delay(uint msec)
{
  uint i,j;
  for(i=0; i<msec; i++)
    for(j=0; j<530; j++);
}

/********************
初始化LED函数,对LED相关的I/O端口引脚进行相应的设置
********************/
void InitLed(void)
{
  P1DIR |=0x01;                //设置P1_0的I/O方向为输出
}

/********************
设置设备供电模式函数
********************/
void SetPowerMode(uchar mode)
```

```c
{
  if(mode < 4)                              //如果 mode<4
  {
    SLEEPCMD |=mode;                        //设置设备的供电(睡眠)模式
    PCON = 0x01;                            //使设备进入被设置的供电(睡眠)模式
  }
}

/********************
中断处理函数,当睡眠定时器计时到时,会将设备从睡眠模式中唤醒
********************/
#pragma vector =ST_VECTOR
_interrupt void ST_ISR(void)
{
  STIF = 0;                                 //清除中断标志
}


/********************
初始化睡眠定时器函数
********************/
void InitSleepTimer(void)
{
  ST2 =0x00;
  ST1 =0x00;
  ST0 =0x00;
  STIE =1;                                  //睡眠定时器中断使能
  EA =1;                                    //总中断使能
}


/********************
设置睡眠定时器定时函数
********************/
void Set_ST_Period(uchar sec)
{
  ulong sleepTimer =0;

  sleepTimer |=ST0;
  sleepTimer |=(uint)ST1 << 8;
  sleepTimer |=(ulong)ST2 <<16;
  sleepTimer +=(sec * 32768);
  ST2 =(uchar)(sleepTimer >>16);
  ST1 =(uchar)(sleepTimer >>8);
  ST0 =(uchar) sleepTimer;
```

```
  }
/********************
主函数
********************/
void main(void)
{
  uchar i=0;
  InitLed();                    //初始化 LED 相关的 I/O 端口引脚设置
  InitSleepTimer();             //初始化睡眠定时器及其相关中断的设置

  while(1)
  {
    //LED 闪烁 3 次后设备会进入睡眠模式
    for(i=0;i<6;i++)
    {
      LED1 = ~LED1;
      Delay(500);
    }
    Set_ST_Period(5);           //设置睡眠时间,设备在进入睡眠模式 5s 后会被自动唤醒
    SetPowerMode(2);            //使设备进入睡眠模式(PM2)
  }
}
```

在 main()函数中,先初始化 LED 相关的 I/O 端口引脚设置和睡眠定时器及其相关中断的设置。在 while(1)死循环中,让 LED1 间隔 500ms 闪烁 3 次后,设置睡眠定时器的定时时间,然后让系统进入睡眠模式(PM2)。当睡眠定时时间到来时,会产生睡眠定时器中断,PCON.IDLE 位会被硬件自动清除,设备会从睡眠模式被唤醒,重新进入主动模式。

### 【理论学习:相关的 CC2530 寄存器】

本任务中需要用睡眠定时器将系统从睡眠模式唤醒,这需要设置与之相关的 CC2530 寄存器。

(1) ST2——睡眠定时器 2(图 5-3)

ST2 (0x97)——睡眠定时器 2

| 位 | 名称 | 复位 | R/W | 描述 |
|---|---|---|---|---|
| 7:0 | ST2[7:0] | 0x00 | R/W | 休眠定时器计数/比较值。当读取时,该寄存器返回休眠定时器的高位[23:16]。当写该寄存器的值则设置比较值的高位[23:16]。在读寄存器ST0的时候,值的读取是锁定的;当写ST0的时候,写该值是锁定的 |

图 5-3 睡眠定时器 2

(2) ST1——睡眠定时器 1(图 5-4)

(3) ST0——睡眠定时器 0(图 5-5)

ST1 (0x96) —— 睡眠定时器 1

| 位 | 名称 | 复位 | R/W | 描述 |
|---|---|---|---|---|
| 7:0 | ST1[7:0] | 0x00 | R/W | 休眠定时器计数/比较值。当读取的时候,该寄存器返回休眠定时计数的中间位[15:8];当写该寄存器的时候,设置比较值的中间位[15:8]。在读取寄存器ST0的时候,读取该值是锁定的;当写ST0的时候,写该值是锁定的 |

图 5-4  睡眠定时器 1

ST0 (0x95) —— 睡眠定时器 0

| 位 | 名称 | 复位 | R/W | 描述 |
|---|---|---|---|---|
| 7:0 | ST0[7:0] | 0x00 | R/W | 休眠定时器计数/比较值。当读取的时候,该寄存器返回休眠定时计数的低位[7:0];当写该寄存器的时候设置比较值的低位[7:0]。写该寄存器被忽略,除非STLOAD.LDRDY是1 |

图 5-5  睡眠定时器 0

### 第三步:运行、调试

连接开发板,下载定时器唤醒程序并复位,观察 LED1 亮/灭情况,确认系统当前模式。根据程序设置测算时间,持续观察 LED1 亮/灭情况,并确认系统模式。

## 三、实验现象

将程序下载到开发板,对开发板复位,可以看到在 LED1 闪烁 3 次后,系统进入睡眠模式。过大约 5s 后,系统从睡眠模式被唤醒,重新回到主动模式,在 LED1 闪烁 3 次后,系统再次进入睡眠模式。

# 任务 3　防止程序跑飞

## 任务目标

通过设置 CC2530 的相关寄存器使用其看门狗,实现防止程序跑飞功能。

## 任务内容

- 掌握 CC2530 看门狗定时器的基本概念及工作原理。
- 掌握看门狗功能的使用方法,编程实现通过看门狗防止程序跑飞功能。
- 程序的运行及调试。

## 任务实施

## 一、实验准备

硬件:PC 一台、ZigBee 开发板(核心板及功能底板)一块、SmartRF04EB 仿真器(包括相关数据连接线)一套。

软件：Windows 7/8/10 操作系统、IAR 集成开发环境。

## 二、实验实施

### 第一步：功能分析

本任务涉及的相关电路如图 2-1 所示。LED 灯起到指示功能，运行机理在前面的任务任务中已详细描述，在此不再赘述。在本任务中，通过编程对看门狗定时器进行设置，可实现防止程序跑飞功能。

### 【理论学习：CC2530 看门狗定时器】

在 CPU 可能受到一个软件颠覆的情况下，看门狗定时器(WDT)可作为一种恢复的方法。当软件在选定时间间隔内不能清除 WDT 时，WDT 就会复位系统。看门狗可用于受到电气噪音、电源故障、静电放电等影响的应用，或需要高可靠性的环境。如果一个应用不需要看门狗功能，可以配置看门狗定时器为一个间隔定时器，这样可以在选定的时间间隔产生中断。

看门狗定时器的特性如下。
- 4 个可选的定时器间隔。
- 看门狗模式。
- 定时器模式。
- 在定时器模式下产生中断请求。

WDT 可以配置为一个看门狗定时器或一个通用的定时器。WDT 模块的运行由 WDCTL 寄存器控制。看门狗定时器包括一个 15 位计数器，它的频率由 32kHz 时钟源规定。注意，用户不能获得 15 位计数器的内容。在所有供电模式下，15 位计数器的内容保留，且当重新进入主动模式，看门狗定时器继续计数。

在系统复位之后，看门狗定时器就被禁用。要设置 WDT 工作在看门狗模式，必须先设置 WDCTL.MODE[1:0]位为 10。然后看门狗定时器的计数器从 0 开始递增。在看门狗模式下，一旦定时器使能，就不可以禁用定时器，因此，如果 WDT 位已经运行在看门狗模式下，再往 WDCTL.MODE[1:0]写入 00 或 10 就不会起作用了。

WDT 运行在一个频率为 32.768kHz(当使用 32kHz XOSC)的看门狗定时器时钟上。这个时钟频率的超时期限等于 1.9ms、15.625ms、0.25s 和 1s，分别对应 64、512、8192 和 32768 的计数值设置。

如果计数器达到选定定时器的间隔值，看门狗定时器就会为系统产生一个复位信号。如果在计数器达到选定定时器的间隔值之前执行了一个看门狗清除序列，计数器就复位到 0，并继续递增。看门狗清除的序列包括在一个看门狗时钟周期内写入 0xA 到 WDCTL.CLR[3:0]中，然后写入 0x5 到相同的寄存器位。如果这个序列没有在看门狗周期结束之前执行完毕，看门狗定时器就为系统产生一个复位信号。

在看门狗模式下 WDT 被使能后,就不能通过写入 WDCTL.MODE[1:0]位改变这个模式,且定时器间隔值也不能改变。

在看门狗模式下,WDT 不会产生一个中断请求。

### 第二步:编写程序

结合功能分析,编写程序如下:

```c
#include <ioCC2530.h>
typedef unsigned char uchar;
typedef unsigned int uint;

#define LED1 P1_0                //为LED1相关的I/O端口引脚定义一个宏

/*********************
延时函数,以毫秒为单位延时
********************/
void Delay(uint msec)
{
  uint i,j;
  for(i=0; i<msec; i++)
    for(j=0; j<530; j++);
}

/*********************
初始化LED函数,对LED相关的I/O端口引脚进行相应的设置
********************/
void InitLed(void)
{
  P1DIR |=0x01;                 //设置P1_0引脚的I/O方向为输出
}

/*********************
初始化WDT函数
********************/
void InitWatchdog(void)
{
  WDCTL |=0x08;                 //启动WDT处于看门狗模式,定时器间隔周期为1s
}

/*********************
喂狗函数
********************/
```

```
void FeetDog(void)
{
  //喂狗,清除定时器
  WDCTL = 0xa0;
  WDCTL = 0x50;
}

/*******************
主函数
*******************/
void main(void)
{
  InitLed();              //初始化 LED
  InitWatchdog();         //初始化 WDT
  while(1)
  {
    Delay(300);
    LED1 = 0;
    //FeetDog();           //喂狗,系统将不再主动复位,LED1 不闪烁
                           //注释这条语句时,系统会每隔 1s 复位一次,LED1 闪烁
  }
}
```

在 main() 函数中,先初始化 LED 和 WDT,然后在 while(1) 死循环中延时 300ms 后点亮 LED1,再通过 FeetDog() 函数进行喂狗操作。如果程序将这条语句注释起来,则不会通过喂狗来清除定时器,系统会每隔 1s 复位一次,LED1 会闪烁,每次大约灭 300ms,亮 700ms。如果程序保留这条语句,系统在看门狗定时周期内(1s)会不断地通过及时地喂狗来清除定时器,保证系统不会复位,则 LED1 不会闪烁。

### 【理论学习:相关的 CC2530 寄存器】

本任务要使用看门狗定时器的看门狗功能,就需要设置看门狗定时器控制寄存器——WDCTL,如图 5-6 所示。

WDCTL 的第 0～1 位 INT[1:0] 对应定时器间隔选择,这里将它设置为 00,即间隔 1s;第 2～3 位 MODE[1:0] 对应定时器的模式选择,这里选择看门狗模式,将它设置为 10,相应的程序代码为:

```
WDCTL |= 0x08;
```

WDCTL 的第 4～7 位 CLR[3:0] 用于清除定时器,需要先对 CLR[3:0] 写 0x0A,再对它写 0x05,相应的程序代码为:

```
WDCTL = 0x0A;
WDCTL = 0x05;
```

WDCTL (0xC9) —— 看门狗定时器控制

| 位 | 名称 | 复位 | R/W | 描述 |
|---|---|---|---|---|
| 7:4 | CLR[3:0] | 0000 | R0/W | 清除定时器。当0xA跟随0x5写到这些位，定时器被清除（即加载0）。注意定时器仅写入0xA后，在1个看门狗时钟周期内写入0x5时被清除。当看门狗定时器是IDLE时写这些位没有影响。当运行在定时器模式下时，定时器可以通过写1到CLR[0]中（不管其他3位）使定时器的位清除为0x0000（但是不停止） |
| 3:2 | MODE[1:0] | 00 | R/W | 模式选择。该位用于启动WDT处于看门狗模式还是定时器模式。当处于定时器模式，设置这些位为IDLE将停止定时器。注意：当运行在定时器模式时要转换到看门狗模式，首先停止WDT，然后启动WDT处于看门狗模式。当运行在看门狗模式，写这些位没有影响。<br>00：IDLE<br>01：IDLE（未使用，等于00设置）<br>10：看门狗模式<br>11：定时器模式 |
| 1:0 | INT[1:0] | 00 | R/W | 定时器间隔选择。这些位选择定时器间隔定义为32 kHz振荡器周期的规定数。注意间隔只能在WDT处于IDLE时改变，这样间隔必须在定时器启动的同时设置。<br>00：定时周期×32,768 (~1 s)当运行在32 kHz XOSC<br>01：定时周期×8192 (~0.25 s)<br>10：定时周期×512 (~15.625 ms)<br>11：定时周期×64 (~1.9 ms) |

图 5-6　看门狗定时器控制寄存器

**注意**：因为当 WDT 运行在看门狗模式下时，写 INT[1:0]和 MODE[1:0]位都不会有影响，所以这里可以对 WDCTL 直接进行赋值。

### 第三步：运行、调试

基于"FeetDog();"语句的使用与否，分别修改程序，下载到开发板并对其复位，观察 LED1 的亮/灭情况。

## 三、实验现象

注释"FeetDog();"语句，将程序下载到开发板，然后对其复位，可以看到因为没有了喂狗程序，所以节点频繁的复位，LED1 以大约灭 300ms、亮 700ms 的方式周期性地闪烁。

取消注释"FeetDog();"语句，将程序下载到开发板，然后对其复位，可以看到 LED1 不闪烁，程序正常运行。

# 项目 6  无线点亮照明灯

Z-Stack 是挪威半导体公司 Chipcon(目前已经被 TI 公司收购)在推出其 CC2430 开发平台时推出的一款业界领先的商业级协议栈软件。由于这个协议栈软件的出现,用户可以很容易地开发出具体的应用程序,就像专家所说的,掌握 10 个函数就能使用 ZigBee 进行通信。Z-Stack 使用瑞典公司 IAR 开发的 IAR Embedded Workbench for MCS-51 作为它的集成开发环境。Chipcon 公司为自己设计的 Z-Stack 协议栈中提供了一个名为操作系统抽象层 OSAL 的协议栈调度程序。对于用户来说,除了这个调度程序能够被看到外,其他任何协议栈操作的具体实现细节都被封装在库代码中。用户在进行具体的应用程序开发时只能通过调用 API 接口来进行,而无权知道 ZigBee 协议栈实现的具体细节,也没有必要去知道。因此,在使用 ZigBee 协议栈进行实际项目开发时,不需要关心协议栈具体是怎么实现的,当然有兴趣的也可以深入分析。

无线点灯是入门 ZigBee 无线组网课程的一个很经典的实例,例程中虽然还没有应用到 ZigBee 协议栈,但其中体现出来的数据发送和数据接收的方法与效果同应用 ZigBee 协议栈是很相似的,而且 TI 公司的 Basic RF 例程的代码比较容易看懂,如果能够把这个实验掌握了(不只是会下载程序然后观看实验现象),那么后面应用协议栈就会更容易上手了。

## 项目任务

- 任务 1  无线点灯
- 任务 2  信号传输质量检测

## 项目目标

- 掌握 Basic RF 原理。
- 掌握各例程的代码。

## 任务 1  无 线 点 灯

### 任务目标

- 点亮台灯。
- 读懂无线点灯程序。

## 任务内容

- 工程目录结构。
- 了解 Basic RF 层的基本原理及其工作过程。
- light_switch.c 文件的代码。

## 任务实施

### 一、实验准备

首先需要了解一下下面这几个关键字。
- CCM——counter with CBC-MAC（用 CBC-MAC 模式计数）
- HAL——hardware abstraction layer（硬件抽象层）
- PAN——personal area network（个人局域网）
- RF——radio frequency（射频）
- RSSI——received signal strength indicator（接收信号强度指示）

实验平台：两块 ZigBee 开发板。

### 二、实验实施

#### 第一步：源代码下载

例程的源代码可以从 TI 官网上下载。但是需要说明的是，从 TI 官网上下载的例程对应的开发平台是 TI 官网的 ZigBee 开发板，使用的 ZigBee 开发板的硬件信息与之有所不同，所以要在的 ZigBee 开发板上实现无线点灯功能，必须对例程的源代码进行相应地修改。

将下载的工程压缩包 CC2530 BasicRF.rar 解压缩到 CC2530 BasicRF 文件夹，打开该文件夹可以看到其中包含 3 个子文件夹——docs、ide 和 source。

打开 CC2530 BasicRF\ide\srf05_cc2530\iar 目录下的 light_switch.eww，并在工作区窗口中打开 application 目录下的 light_switch.c 文件，如图 6-1 所示，主要就是对该文件进行修改。

图 6-1 工作区窗口

**【理论学习：对工程目录结构的介绍】**

首先需要介绍一下工程的目录结构，工程的目录结构如图 6-2 所示。

打开 docs 文件夹，可以看到其中只包含一个名为 cc2530_software_examples 的 PDF 文档，文档的主要内容是介绍 Basic RF 的特点、结构及使用，从中可以得知，Basic RF 共

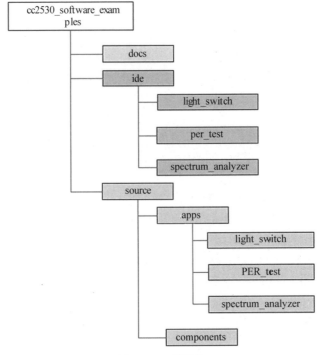

图 6-2 工程结构

包含 3 个例程:无线点灯、传输质量检测和谱分析应用,下面讲解的内容也有一部分是从这个文档翻译得来的,它是一份很有学习价值的参考资料。

打开 ide 文件夹,可以看到其中包含 3 个子文件夹和一个名为 cc2530_sw_examples.eww 的工作区文件,该工作区文件包含了以上所说的 3 个例程,其中也包括无线点灯的例程。打开 cc2530_sw_examples.eww 工作区文件,在它的工作区窗口中可以看到它所包含的工程文件,如图 6-3 所示。其中,light_switch-srf05_cc2530 和 light_switch-srf05_cc2530_91 分别是无线点灯在 CC2530EM 和 CC2530-CC2591EM 开发平台下的工程文件;per_test-srf05_cc2530 和 per_test-srf05_cc2530_91 分别是传输质量检测在 CC2530EM 和 CC2530-CC2591EM 开发平台下的

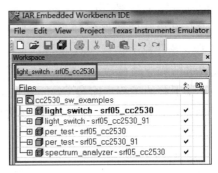

图 6-3 工程文件

工程文件;spectrum_analyzer-srf05_cc2530 是谱分析应用的工程文件。

ide\settings 文件夹主要保存用户在 IAR 集成开发环境里的一些设置文件,该文件夹在每一个工程所在的文件夹中都存在。

ide\srf05_CC2530 文件夹只包含一个名为 iar 的文件夹,该文件夹又包含 3 个工作区文件,即 light_switch.eww、per_test.eww 和 spectrum_analyzer.eww。每个工作区分别包含各自相应的工程,即无线点灯、传输质量检测和谱分析应用,这 3 个例程分别在各自

相应的工作区下,如果想单独看某一个例程,可以从这里进入。

ide\srf05_CC2530_91 文件夹与 ide\srf05_CC2530 文件夹的结构相似,只是对应的是 CC2530-CC2591EM 开发平台。

source 文件夹中包含 apps 和 components 两个子文件夹。其中,apps 子文件夹中存放着 Basic RF 3 个例程的源代码,components 子文件夹中存放着 Basic RF 应用程序使用不同组件的源代码。

### 第二步:使用 Basic RF 实现无线传输

Basic RF 为双向无线通信提供了一个简单的协议,通过这个协议能够进行数据的发送和接收。Basic RF 还提供了安全通信所使用的 CCM-64 身份验证和数据加密,它的安全性可以通过在工程选项里面定义 SECURITY_CCM 来进行设置,在 SECURITY_CCM 前面用一个 x 来取消此定义,如图 6-4 所示。

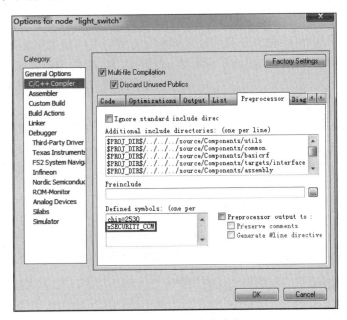

图 6-4　Basic RF 的安全性

Basic RF 的工作过程是:启动、发送、接收。具体的步骤如下。

1)启动过程

(1)确保外围器件没有问题。

(2)创建一个 basicRfCfg_t 的数据结构,并初始化其中的成员。basicRfCfg_t 数据结构的定义可以在 basic_rf.h 文件中找到,其程序代码如下:

```
typedef struct {
    uint16 myAddr;
    uint16 panId;
    uint8 channel;
```

```
    uint8 ackRequest;
    #ifdef SECURITY_CCM
    uint8* securityKey;
    uint8* securityNonce;
    #endif
} basicRfCfg_t;
```

(3) 调用 basicRfInit() 函数进行协议的初始化,basicRfInit() 函数的定义可以在 basic_rf.c 文件中找到,其函数原型为

```
uint8 basicRfInit(basicRfCfg_t* pRfConfig)
```

该函数的功能是对 Basic RF 的数据结构进行初始化,设置模块的传输通道、短地址和 PAD ID 等。

2) 发送过程

(1) 创建一个缓存区,把有效荷载放入其中。有效荷载的最大字节数为 103 个。

(2) 调用 basicRfSendPacket() 函数进行信息的发送,并查看其返回值。basicRfSendPacket() 函数的定义可以在 basic_rf.c 文件中找到,其函数原型为:

```
uint8 basicRfSendPacket(uint16 destAddr, uint8* pPayload, uint8 length)
```

其中,destAddr 为目的短地址,pPayload 为指向发送缓冲区的指针,length 为发送数据长度。函数的功能为给目的短地址发送指定长度的数据,发送成功则返回 SUCCESS,失败则返回 FAILED。

3) 接收过程

(1) 上层通过 basicRfpacketIsReady() 函数来检查是否收到一个新的数据包,basicRfpacketIsReady() 函数可以在 basic_rf.c 文件中找到,其函数原型为

```
uint8 basicRfPacketIsReady(void)
```

函数的功能为检查模块是否已经可以接收下一个数据,如果准备好则返回 TRUE。

(2) 调用 basicRfReceive() 函数,把收到的数据复制到缓存区中。basicRfReceive() 函数可以在 basic_rf.c 文件中找到,其函数原型为

```
uint8 basicRfReceive(uint8* pRxData, uint8 len, int16* pRssi)
```

函数的功能为接收来自 Basic RF 层的数据包,并为所接收的数据和 RSSI 值分配缓冲区。

如果能够看懂启动、发送和接收的这几个具体的步骤,就基本上能够使用这个无线模块了。或许大家会觉得使用 Basic RF 实现无线传输原来是如此的简单,只需要学会使用这几个函数就可以了。但是,具体的实现过程远没有那么简单,大家可以到 CC2530 BasicRF\docs 里面查阅 CC2530_Software_Examples 文档中的 Basic RF 操作内容,其中详细介绍了 Basic RF 的初始化过程、发射过程和接收过程,还有具体到每个层的功能函

数。这部分内容在这里就不进行讲解了,因为例程的模块化编程做得很好,只需要明白函数的功能并学会如何使用它就行,至于它内部的具体实现细节,无须有太多的了解。

**【理论学习:Basic RF 的总体架构】**

在介绍应用层之前,先来看看使用 Basic RF 例程的总体架构,它如同一座建筑物,如图 6-5 所示。

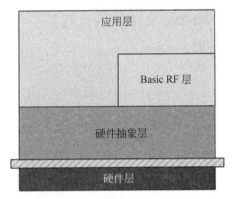

图 6-5　Basic RF 总体架构

硬件层放在最底层,是实现数据传输的基础。

硬件抽象层提供了一种接口来访问 TIMER、GPIO、UART 和 ADC 等,这些接口都是通过相应的函数来实现的。

Basic RF 层为双向无线传输提供了一种简单的协议。

应用层相当于是用户使用 Basic RF 层和 HAL 的接口,即在应用层可以使用封装好的 Basic RF 和 HAL 函数。

在介绍完例程的整体架构及 Basic RF 的层后,再具体介绍一下 Basic RF。Basic RF 由 TI 公司提供,它包含 IEEE 802.15.4 标准的数据包的收发功能,但是并没有使用到协议栈,它仅仅实现让两个节点进行简单通信的功能,即 Basic RF 仅仅包含 IEEE 802.15.4 标准的一小部分。其主要特点如下。

(1) 不会自动加入协议,也不会自动扫描其他节点有没有组网指示灯(LED3);
(2) 没有协议栈里面所说的协调器、路由器和终端的区分,节点的地位是平等的;
(3) 没有自动重发功能。

**第三步:程序下载**

首先在 main()函数中保留"appSwitch();",注释"appLight();"语句,将程序下载到发射模块中。

其次在 main()函数中保留"appLight();",注释"appSwitch();"语句,将程序下载到接收模块中。

最后对两块开发板复位后,按下发射模块的按键 S1,可以看到接收模块的 LED1 的亮/灭状态的改变。

接下来可以尝试点亮台灯。

## 三、实验现象

两块 ZigBee 开发板互相通信，一块用于发射，一块用于接收。按下发射模块的按键 S1，接收模块的 LED1 灯的亮/灭状态会改变，以此来实现无线点灯的功能。

### 【理论学习：light_switch.c 文件中的代码】

不论看哪个例程的代码，都需要先找到 main() 函数，因为程序是从 main() 函数开始运行的。

main() 函数中的代码如下所示（在这里已注释与 LCD 相关的代码部分，但没有复制过来）：

```
1   void main(void)
2   {
3       uint8 appMode = NONE;                    //不设置模块的模式
4
5       //配置 Basic RF，即初始化 basicRfCfg_t 结构体类型变量的各成员
6       basicRfConfig.panId = PAN_ID;
7       basicRfConfig.channel = RF_CHANNEL;
8       basicRfConfig.ackRequest = TRUE;
9   #ifdef SECURITY_CCM                           //密钥安全通信，本例程不加密
10      basicRfConfig.securityKey = key;
11  #endif
12
13      //初始化外围设备
14      halBoardInit();
15      halJoystickInit();
16
17      //对硬件抽象层的 RF 进行初始化
18      if(halRfInit() == FAILED) {
19          HAL_ASSERT(FALSE);
20      }
21
22      //这里需要根据开发板的具体情况来定
23      halLedClear(2);                          //点亮 LED2
24      halLedClear(1);                          //点亮 LED1
25
26      /************Select one and shield to another***********by boo */
27      appSwitch();                             //节点为按键 S1
28      //appLight();                            //节点为指示灯 LED1
29
30      //未定义角色
```

```
31        HAL_ASSERT(FALSE);
32    }
```

其中，第 6~8 行表示在 Basic RF 启动过程中初始化 basicRfCfg_t 结构体类型变量的各成员。

第 23~24 表示点亮 LED1 和 LED2，根据开发板的实际情况，halLedClear(x)函数是点亮，而 halLedSet()是熄灭。

第 27~28 行是 main()函数中实现本例程功能的最重要的两行代码：一行代码是实现发射按键信息的功能，另一行代码是实现结构按键信息并改变 LED 状态的功能，分别对应 Basic RF 的发射和接收。两块开发板在分别下载各自相应的程序时需要选择其中的一行，并将另外一行屏蔽起来。

**注意**：程序会在 appSwitch()函数或者 appLight()函数中循环或者等待，不会执行到第 31 行。

接下来分别看看 appSwitch()和 appLight()这两个函数的具体实现过程。

appSwitch()函数的主要代码如下：

```
1   static void appSwitch()
2   {
3       halLcdWriteLine(HAL_LCD_LINE_1, "    W e B e e    ");
4       halLcdWriteLine(HAL_LCD_LINE_2, "  ZigBee CC2530   ");
5       halLcdWriteLine(HAL_LCD_LINE_4, "     SWITCH     ");
6   
7   #ifdef ASSY_EXP4618_CC2420
8       halLcdClearLine(1);
9       halLcdWriteSymbol(HAL_LCD_SYMBOL_TX, 1);
10  #endif
11  
12  
13      //Basic RF 的初始化
14      basicRfConfig.myAddr =SWITCH_ADDR;
15      if(basicRfInit(&basicRfConfig)==FAILED) {
16          HAL_ASSERT(FALSE);
17      }
18  
19      pTxData[0] =LIGHT_TOGGLE_CMD;
20  
21      //当不需要
22      basicRfReceiveOff();
23  
24      //Main loop
25      while (TRUE) {
26          //if( halJoystickPushed() )*********************通过 boo
```

```
27          if(halButtonPushed()==HAL_BUTTON_1)    //**************通过 boo
28          {
29
30              basicRfSendPacket(LIGHT_ADDR, pTxData, APP_PAYLOAD_LENGTH);
31
32              //使 MCU 休眠,在遇到操纵杆中断时被唤醒
33              halIntOff();
34              halMcuSetLowPowerMode(HAL_MCU_LPM_3);   //Will turn on global
35              //使能中断
36              halIntOn();
37
38          }
39      }
40  }
```

其中,第 3~10 行代码是关于 LCD 部分的,可以暂时不用管它。

第 14~17 行代码是 Basic RF 启动时进行初始化。

第 19 行代码是 Basic RF 发射的第一步,把需要发射的数据或者命令放入缓存区,此处把 LED 亮/灭状态改变的命令 LIGHT_TOGGLE_CMD 放到 pTxData 中。

第 22 行代码表示由于模块只需要发射,所以把接收屏蔽掉以降低功耗。

第 27 行代码 if(halButtonPushed()==HAL_BUTTON_1)用于判断按键 S1 是否被按下。函数 halButtonPushed()在 halButton.c 中的功能是按键 S1 被按下时就返回 TRUE。

第 30 行代码是发送数据最关键的一步,"basicRfSendPacket(LIGHT_ADDR,pTxData,APP_PAYLOAD_LENGTH);"中的实参 LIGHT_ADDR、pTxData 和 APP_PAYLOAD_LENGTH 分别对应 0xBEEF、pTxData[0]和 1,即发送缓冲区 pTxData 中的数据长度为 1 个字节——LIGHT_TOGGLE_CMD 发送给目的地址 0xBEEF。

第 33~36 行代码表示开发板暂时还没有多方向按键,现在可以不用管它。

下面看看 appSwitch()函数的具体实现过程。appSwitch()函数的主要代码如下:

```
1   static void appLight()
2   {
3
4       halLcdWriteLine(HAL_LCD_LINE_1, "    WeBee      ");
5       halLcdWriteLine(HAL_LCD_LINE_2, "  ZigBee CC2530 ");
6       halLcdWriteLine(HAL_LCD_LINE_4, "     LIGHT     ");
7
8   #ifdef ASSY_EXP4618_CC2420
9       halLcdClearLine(1);
10      halLcdWriteSymbol(HAL_LCD_SYMBOL_RX, 1);
```

```
11   #endif
12
13       //Basic RF 的初始化
14       basicRfConfig.myAddr =LIGHT_ADDR;
15       if(basicRfInit(&basicRfConfig)==FAILED) {
16           HAL_ASSERT(FALSE);
17       }
18       basicRfReceiveOn();
19
20       //主循环
21       while (TRUE) {
22           while(!basicRfPacketIsReady());
23
24           if(basicRfReceive(pRxData, APP_PAYLOAD_LENGTH, NULL)>0) {
25               if(pRxData[0] ==LIGHT_TOGGLE_CMD) {
26                   halLedToggle(1);
27               }
28           }
29       }
30   }
```

第 4~10 行代码与 LCD 相关,可以不用管它。

第 14~17 行代码用于对 Basic RF 的初始化。

第 18 行代码表示调用函数 basicRfReceiveOn()开启无线接收功能。在调用这个函数后,模块会一直接收,直到再调用函数 basicRfReceiveOff()来关闭无线接收功能。

第 21~29 行代码表示开始在死循环中不断地进行扫描。其中,第 22 行代码"while(! basicRfPacketIsReady())"用于检测上层是否准备好接收一个数据,如果未准备好则一直等待,直到准备好为止。第 24 行代码 if(basicRfReceive(pRxData, APP_PAYLOAD_LENGTH, NULL)>0)判断是否接收到一个数据。第 25 行代码表示如果接收到一个数据,通过 if(pRxData[0] == LIGHT_TOGGLE_CMD)判断接收到的数据是否用发送模块发送数据 LIGHT_TOGGLE_CMD。第 26 行代码表示是否通过调用 halLedToggle()来改变 LED1 的亮/灭状态。

## 任务 2　信号传输质量检测

### 任务目标

- 成功接收到数据传输质量检测的结果。
- 读懂数据传输质量检测程序。

## 任务内容

- 两个 ZigBee 模块互相通信。
- PC 显示接收到数据的误包率、RSSI 的平均值和接收到数据包的个数。

## 任务实施

### 一、实验准备

硬件：两块 ZigBee 开发板。

### 二、实验实施

#### 第一步：添加串口发送函数

打开 CC2530 BasicRF\ide\srf05_cc2530\iar 里面的 per_test-srf05_cc2530.eww，可以看到信号传输质量检测工程。由于例程的源代码是从 TI 的官网上下载的，而 ZigBee 开发板不同于 TI 官网的开发平台，所以在这里需要加入自己的串口发送函数，才能在串口调试助手软件上看到相应的实验现象。

在工作区窗口中 per_test-srf05_cc2530 工程目录的 application 文件夹下打开 per_test.c 文件，该例程的主要功能函数都在该文件中，如图 6-6 所示。

因为要用到一系列字符串操作的函数，所以在该文件中的 INCLUDES 区域用预处理指令 #include "string.h" 包含 string.h 头文件，如图 6-7 所示。

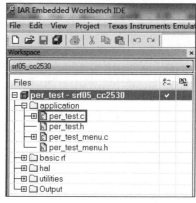

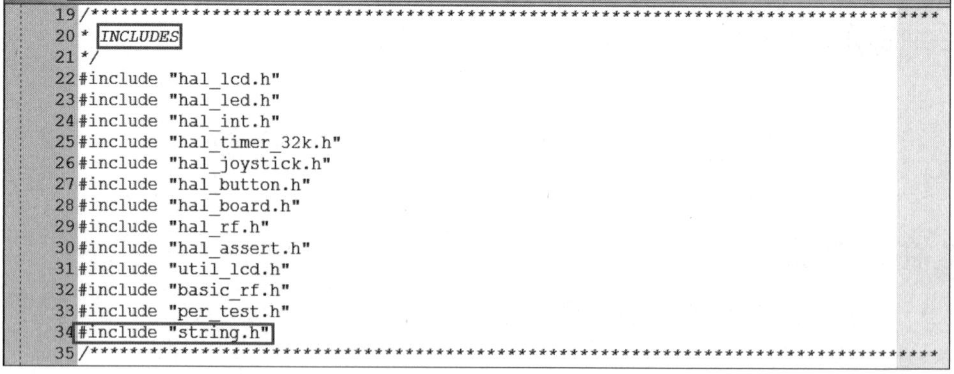

图 6-6  application 文件夹

图 6-7  string.h 头文件

在文件的 CONSTANTS 区域定义一个宏 MODE_SEND,如图 6-8 所示。

```
per_test.c
33 #include "per_test.h"
34 #include "string.h"
35 /****************************************************************
36  * CONSTANTS
37  */
38 // Application states
39 #define IDLE                    0
40 #define TRANSMIT_PACKET         1
41
42 #define MODE_SEND  //不屏蔽时用 appTransmitter()
43             //屏蔽时用 appReceiver()
```

图 6-8　宏定义

在函数声明处添加串口初始化函数和串口发送函数的声明,并在下面给出它们的定义,如图 6-9 所示。

```
per_test.c*
57  static void appReceiver();
58  void initUART(void);//************************
59  void UartTX_Send_String(int8 *Data, int len);//************************
60
61  /************************************************************
62   串口初始化函数
63  ************************************************************/
64  void initUART(void)
65  {
66      PERCFG &= ~0X01;
67      P0SEL |= 0XC0;
68      P2DIR &= ~0XC0;
69
70      U0CSR |= 0X80;
71      U0GCR |= 11;
72      U0BAUD = 216;
73      UTX0IF = 0;
74  }
75
76  /************************************************************
77   串口发送字符串函数
78  ************************************************************/
79  void UartTX_Send_String(int8 *Data, int len)
80  {
81      int j;
82      for(j=0;j<len;j++)
83      {
84          U0DBUF=*Data++;
85          while(UTX0IF==0);
86          UTX0IF=0;
87      }
88  }
89
```

图 6-9　声明和定义

## 第二步:程序下载

(1) 保持预处理指令♯define MODE_SEND,将程序下载到发射模块中。
(2) 注释预处理指令♯define MODE_SEND,将程序下载到接收模块中。
(3) 将接收模块通过方口 USB 数据连接线连接到 PC。打开串口调试助手软件,在关闭串口的状态下设置好相应的参数,串口为相应的端口号(在设备管理器的端口中查找),波特率为 115200bit/s,校验位为 NONE,数据位为 8,停止位为 1。然后打开串口,对开发板复位。先对接收模块复位,再对发射模块复位,可以看到,在串口调试助手中每隔大约 300ms,接收数据区中接收到本次数据传输质量检测的结果(接收到的数据包的数量、误包率和接收到最近 32 个数据包的 RSSI 的平均值),如图 6-10 所示。

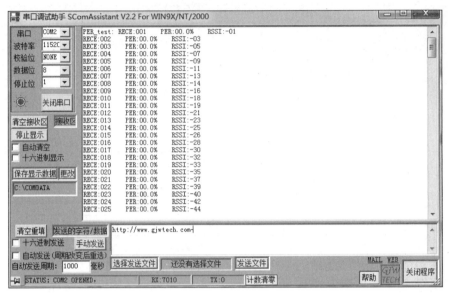

图 6-10 运行调试结果

## 三、实验现象

两个 ZigBee 模块互相通信,一个模块发射,另一个模块接收。接收模块通过串口不断地向 PC 发送截至目前接收到数据的误包率、RSSI 的平均值和接收到数据包的个数。

### 【理论学习】

#### 1. main( )函数分析

下面分析整个工程的程序代码,先找到 main()函数,其代码如下:

```
/***************************************************************
* @fn        main
*
* @brief     This is the main entry of the "PER test" application.
*
* @param     basicRfConfig - file scope variable. Basic RF configuration data
*            appState - file scope variable. Holds application state
*            appStarted - file scope variable. Used to control start and stop of
*            transmitter application.
```

```
 *
 * @return     none
 */
1    void main (void)
2    {
3        uint8 appMode;
5        appState = IDLE;
7
8        //配置 Basic RF
9        basicRfConfig.panId = PAN_ID;
10       basicRfConfig.ackRequest = FALSE;
11
12       //初始化外围硬件
13       halBoardInit();
14
15       //初始化 hal_rf
16       if(halRfInit()==FAILED) {
17           HAL_ASSERT(FALSE);
18       }
19
20       //指示设备已供电
21       halLedClear(1);
22
23       //在 LCD 上显示 Logo 和初始页
24       utilPrintLogo("PER Tester");
25
26       //等待用户按下按键 S1
27       //while (halButtonPushed()!=HAL_BUTTON_1);
28       halMcuWaitMs(350);
29       //halLcdClear();
30
31       //设置信道,规范要求信道只能为 11~25,这里设为 11
32       //basicRfConfig.channel = appSelectChannel();
33       basicRfConfig.channel = 0x0B;
34
35       //设置模式
36       //appMode = appSelectMode();
37       //根据是否定义了 MODE_SEND 决定设置模块的模式是发射还是接收
38       #ifdef MODE_SEND
39       appMode = MODE_TX;
40       #else
41       appMode = MODE_RX;
42       #endif
```

```
43          //发射器应用
44          if(appMode ==MODE_TX) {
45              //如果是发射模式,则进入 appTransmitter()函数
46              appTransmitter();
47          }
48          //接收器应用
49          else if(appMode ==MODE_RX) {
50              //如果是接收模式,则进入 appReceiver()函数
51              appReceiver();
52          }
53          //角色未定义,代码应无法实现
54          HAL_ASSERT(FALSE);
55      }
```

在任务1无线点灯例程的基础上,再结合代码的注释,相信大家应该能基本看懂main()函数中程序的大体流程。main()函数的主要作用如下。

(1) 一系列的初始化,包括初始化外围设备、初始化硬件抽象层的 hal_rf。

(2) 设置 Basic RF,即初始化 basicRfCfg_t 结构体类型变量的成员,其中包括设置信道,要求发射模块和接收模块的信道必须一致。

(3) 根据程序中是否定义宏 MODE_SEND,选择进入发射模式还是接收模式。发射模式则用 appTransmitter()函数,接收模式则用 appReceiver()函数。

需要注意的是,函数中的第27、29、32和36行是例程原来的代码,这里根据需要将它们注释起来,并在第33行和第37~42行根据自己的需要编写了相应的代码。

### 2. appTransmitter( )函数分析

下面重点讲解 appTransmitter()函数的具体实现过程。appTransmitter()函数的程序代码如下:

```
/*****************************************************************
* @fn          appTransmitter
*
* @brief       Application code for the transmitter mode. Puts MCU in endless
*              loop
*
* @param       basicRfConfig - file scope variable. Basic RF configuration data
*              txPacket - file scope variable of type perTestPacket_t
*              appState - file scope variable. Holds application state
*              appStarted - file scope variable. Controls start and stop of
*                          transmission
*
* @return      none
*/
```

```c
static void appTransmitter()
{
  uint8 n;
  appState =IDLE;

//初始化 Basic RF
  basicRfConfig.myAddr =TX_ADDR;
  if(basicRfInit(&basicRfConfig)==FAILED)
  {
    HAL_ASSERT(FALSE);
  }

//设置输出功率
  halRfSetTxPower(2);                    //HAL_RF_TXPOWER_4_DBM

//Basic RF 在传送包以前启用接收器,包传送完则关闭接收器
  basicRfReceiveOff();

  //配置定时器和 I/O
appConfigTimer(0xC8);

  //初始化数据包载荷
  txPacket.seqNumber =0;
  for(n =0; n <sizeof(txPacket.padding); n++)
  {
    txPacket.padding[n] =n;
  }

  //主循环
  while (TRUE)
  {
//按网络字节顺序编号
    UINT32_HTON(txPacket.seqNumber);
    basicRfSendPacket(RX_ADDR, (uint8 * )&txPacket, PACKET_SIZE);

//在增加序号前将序号的字节顺序改回主机顺序
    UINT32_NTOH(txPacket.seqNumber);
    txPacket.seqNumber++;

    halLedToggle(1);                     //改变 LED1 的亮/灭状态
    halMcuWaitMs(500);                   //延时 500ms
  }
}
```

结合代码的注释可以得知,appTransmitter()函数实现的功能为：

(1) 初始化 Basic RF；

(2) 设置发射功率；

(3) 配置定时器和 I/O；

(4) 初始化数据包载荷；

(5) 在无限循环中不停地发送数据包,每发送完一次,下一个数据包的序号自动加1并继续发送。

### 3. appReceiver( )函数分析

appReceiver()函数的主要程序代码如下：

```
/************************************************************************
* @fn          appReceiver
*
* @brief       Application code for the receiver mode. Puts MCU in endless loop
*
* @param       basicRfConfig - file scope variable. Basic RF configuration data
*              rxPacket - file scope variable of type perTestPacket_t
*
* @return      none
*/
static void appReceiver()
{
  uint32 seqNumber=0;                    //数据包的序号

  //存储RSSI的环形缓冲区
  int16 perRssiBuf[RSSI_AVG_WINDOW_SIZE] = {0};

  //为存储RSSI的环形缓冲区计数所用
  uint8 perRssiBufCounter =0;

  //将用于传输质量检测的结构体类型变量清零
  perRxStats_t rxStats ={0,0,0,0};
  int16 rssi;
  uint8 resetStats=FALSE;

  uint8 Myreceive[3];
  uint8 Myper[5];
  uint8 Myrssi[2];

  uint32 temp_per;                       //存放掉包率
  uint32 temp_receive;                   //存放接收的包的个数
```

```c
    int16 temp_rssi;                      //存放前 32 个 RSSI 值的平均值
    initUART();                           //初始化串口

#ifdef INCLUDE_PA
    uint8 gain;
    //选择 gain (仅针对 CC2590/91)
    gain = appSelectGain();
    halRfSetGain(gain);
#endif

    //初始化 Basic RF
    basicRfConfig.myAddr = RX_ADDR;
    if(basicRfInit(&basicRfConfig) == FAILED)
    {
        HAL_ASSERT(FALSE);
    }
    basicRfReceiveOn();                   //开启接收
    UartTX_Send_String("PER_test: ",strlen("PER_test: "));
    //主循环
    while (TRUE)
    {
        while(!basicRfPacketIsReady());   //等待新的数据包
        if(basicRfReceive((uint8 *)&rxPacket, MAX_PAYLOAD_LENGTH, &rssi)>0)
        {
            halLedClear(3);               //LED3 亮表示接收到数据

            //将接收到数据包序号的字节顺序改为主机顺序
            UINT32_NTOH(rxPacket.seqNumber);
            seqNumber = rxPacket.seqNumber;

            //若统计被复位,则将期望收到的数据包序号设置为已经收到的数据包序号
            if(resetStats)
            {
                rxStats.expectedSeqNum = seqNumber;
                resetStats = FALSE;
            }

            //从 RSSI 值的总和中减去原来的一个 RSSI 值
            rxStats.rssiSum -= perRssiBuf[perRssiBufCounter];

            //将新的 RSSI 值存储到 RSSI 的环形缓冲区
            perRssiBuf[perRssiBufCounter] = rssi;
            //将新的 RSSI 值增加到 RSSI 的总和中
```

```c
rxStats.rssiSum +=perRssiBuf[perRssiBufCounter];

//如果 RSSI 环形缓冲区的计数值达到最大,则将它清零
if(++perRssiBufCounter ==RSSI_AVG_WINDOW_SIZE)
{
  perRssiBufCounter =0;
}

//检查接收到的数据包是否是期望收到的数据包
//如果接收到的数据包的序号等于期望收到的数据包的序号
if(rxStats.expectedSeqNum ==seqNumber)
{   //接收正确
  rxStats.expectedSeqNum++;
}

//如果接收到的数据包的序号大于期望收到的数据包的序号
else if(rxStats.expectedSeqNum <segNumber)
{
//接收过程中发生丢包
  rxStats.lostPkts +=segNumber -rxStats.expectedSeqNum;
  rxStats.expectedSeqNum =segNumber +1;
}

//如果接收到的数据包的序号小于期望收到的数据包的序号
else
{
//认为是一个新的测试的开始,更新统计变量
  rxStats.expectedSeqNum =segNumber +1;
  rxStats.rcvdPkts =0;
  rxStats.lostPkts =0;
}
rxStats.rcvdPkts++;
temp_receive=rxStats.rcvdPkts;

//如果这一轮测试全部结束,按下 S1 键,可以重新开始新一轮的测试
if(temp_receive>1000)
{
  if(halButtonPushed()==HAL_BUTTON_1)
  {
    resetStats =TRUE;
    rxStats.rcvdPkts =1;
    rxStats.lostPkts =0;
    temp_receive=rxStats.rcvdPkts;
  }
```

```
        }
        //下面是串口发送的内容
        Myreceive[0]=temp_receive/100+'0';
        Myreceive[1]=temp_receive%100/10+'0';
        Myreceive[2]=temp_receive%10+'0';
        UartTX_Send_String("RECE:",strlen("RECE:"));
        UartTX_Send_String(Myreceive,3);
        UartTX_Send_String("   ",strlen("   "));

        temp_per=(rxStats.lostPkts*1000)/(rxStats.lostPkts+rxStats.rcvdPkts);
        Myper[0]=temp_per/100+'0';
        Myper[1]=temp_per%100/10+'0';
        Myper[2]='.';
        Myper[3]=temp_per%10+'0';
        Myper[4]='%';
        UartTX_Send_String("PER:",strlen("PER:"));
        UartTX_Send_String(Myper,5);
        UartTX_Send_String("   ",strlen("   "));

        temp_rssi=(0-rxStats.rssiSum/32);
        Myrssi[0]=temp_rssi/10+'0';
        Myrssi[1]=temp_rssi%10+'0';
        UartTX_Send_String("RSSI:-",strlen("RSSI:-"));
        UartTX_Send_String(Myrssi,2);
        UartTX_Send_String("\n",strlen("\n"));

        halLedSet(3);
        halMcuWaitMs(300);
        }
    }
}
```

结合代码的注释可以得知,appReceiver()函数实现的功能为:

(1) 初始化串口相关的设置;

(2) 初始化 Basic RF;

(3) 在无线循环中不断地接收数据包,并通过检查接收到的数据包的序号是否为期望值做出相应的处理;

(4) 通过串口向 PC 发送接收到数据包的个数、误包率以及最近接收到的 32 个数据包的 RSSI 平均值。

有几个比较重要的数据需要在此进行简单的说明。

为了获取传输的性能参数,接收器中包含了如下几个数据(包含在结构体类型

perRxStats_t 的变量 rxStats 当中）：

- rxStats.expectedSeqNum：接收到下一个数据包的期望的序号，其值等于"成功接收到的数据包的数量"＋"丢失的数据包的数量"＋1；
- rxStats.rssiSum：最近 32 个数据包的 RSSI 值的和；
- rxStats.rcvdPkts：接收到的数据包的数量；
- rxStats.lostPkts：丢失的数据包的数量。

误包率的计算方式在 CC2530_Software_Examples.pdf 文档中有具体的说明，如图 6-11 所示。

> The PER value per thousand packets is calculated by the formula:
> PER = 1000* rxStats.lostPkts/ (rxStats. lostPkts+ rxStats. rcvdPkts)
> (for rxStats. rcvdPkts>=1)

图 6-11　误包率的计算

以上内容在 CC2530_Software_Examples.pdf 文档中都有详细的说明，要想做更全面深入的了解，可以参考其中的讲解。

# 项目 7　用 Z-Stack 传输数据

CC2530 集成了增强型的 8051 内核，在这个内核中进行组网通信时，如果再从头进行开发，相信大家都会望而却步，ZigBee 也不会在今天流行起来。ZigBee 的生产商 TI 公司为 ZigBee 搭建了一个小型的操作系统（本质上也是一个大型的程序）——Z-Stack，TI 公司设计好底层和网络层的内容，将复杂部分屏蔽掉，让人们仅通过调用 API 就可以轻松地使用 ZigBee，这样人们自然也愿意使用他们的产品了。

前面提到过协议栈，但是一直没有进行具体的介绍。在学习了 Basic RF 例程后，应该对 ZigBee 无线通信有了一个感性认识。本项目在此基础上对 ZigBee 协议栈的工作原理进行系统的讲解，为以后 ZigBee 无线通信开发过程中大量使用 ZigBee 协议栈打好基础。

### 项目任务

- 任务 1　Z-Stack 协议栈的串口通信
- 任务 2　Z-Stack 协议栈的按键
- 任务 3　Z-Stack 协议栈的无线数据传输
- 任务 4　Z-Stack 协议栈的网络通信

### 项目目标

- 掌握 Z-Stack 协议栈的工作原理。
- 掌握各例程的代码。

## 任务 1　Z-Stack 协议栈的串口通信

### 任务目标

- 实现 Z-Stack 协议栈的串口通信。
- 掌握 Z-Stack 协议栈工作原理。
- 掌握初始化操作系统函数和运行操作系统函数。

### 任务内容

- Z-Stack 协议栈的串口通信程序代码。

- Z-Stack 协议栈的 main()函数。
- 初始化操作系统 osal_init_system()函数。
- 运行操作系统 osal_start_system()函数。

# 任务实施

## 一、实验准备

硬件：ZigBee 开发板一块。

## 二、实验实施

整个例程可以按照 3 个步骤来实现：串口初始化、登记任务号和串口发送。

首先，在 Z-Stack 协议栈的安装目录 \ Projects \ zstack \ Samples \ Sample App \ CC2530DB 下找到 CC2530DB 文件夹，并打开其中的文件 SampleApp.eww。在 Workspace 窗口中的工程目录下有两个很重要的文件夹——ZMain 和 App，这里主要用到 App，这也是用户根据需要添加代码的地方，主要在 SampleApp.c 和 SampleApp.h 这两个文件中添加，如图 7-1 所示。

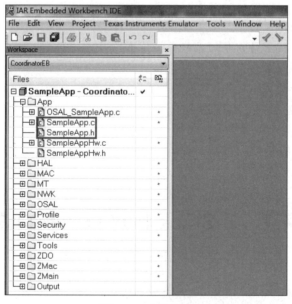

图 7-1 工程文件

### 第一步：串口初始化

串口初始化的过程需要配置串口号、波特率、数据位、校验位、流控制等。在实现基础课程中的串口通信例程时，是通过配置相关的 CC2530 寄存器来实现的。现在在

Workspace 窗口中的工程目录下找到 HAL\Target\CC2530EB\Drivers 文件夹下的 hal_uart.c 文件,可以看到里面已经包含了串口的初始化、发送和接收等函数,如图 7-2 所示。

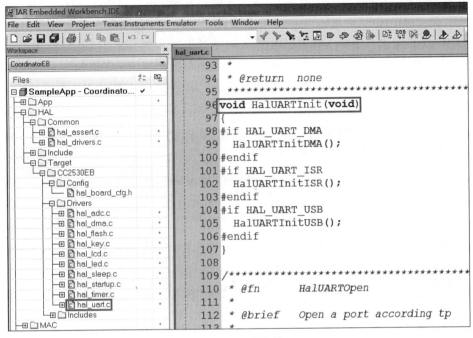

图 7-2  工程文件

在 Workspace 窗口中的工程目录下找到 MT 文件夹下的 MT_UART.c 文件,并将其打开,然后在文件中找到 MT_UartInit()函数,它也是一个串口初始化函数,如图 7-3 所示。

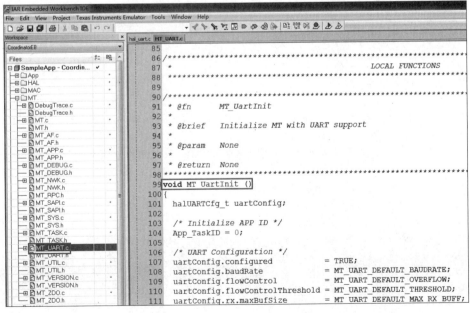

图 7-3  串口初始化

Z-Stack 协议栈上有一个 MT 层,用户可以选用 MT 层配置和调用其他驱动,进一步简化操作流程。

现在已经知道串口配置的具体方法,下一步就需要进行串口初始化的具体操作,在哪里进行呢?前面曾经提到,主要在工程目录中的 App 文件夹下的文件中添加自己需要的内容。在 Workspace 窗口中的工程目录中的 App 文件夹下找到 SampleApp.c 文件并将其打开,然后在文件中找到 osalInitTasks()函数,并在函数中找到最后一条语句"SampleApp_Init(taskID);",再找到该函数的定义,可以发现 SampleApp_Init()函数的定义在 SampleApp.c 文件中,在函数的第 6 行加入串口初始化调用语句"MT_UartInit();",如图 7-4 所示。

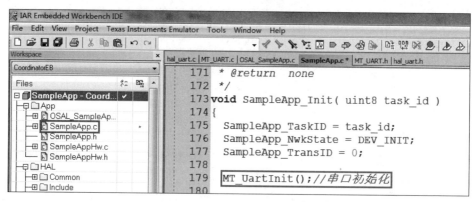

图 7-4 加入串口初始化

再进入 MT_UartInit()函数的定义,修改自己想要的串口初始化配置,MT_UartInit()函数的程序代码如下:

```
1    void MT_UartInit()
2    {
3      halUARTCfg_t uartConfig;
4    
5      /* Initialize APP ID */
6      App_TaskID = 0;
7    
8      /* UART Configuration */
9      uartConfig.configured=TRUE;
10     uartConfig.baudRate=MT_UART_DEFAULT_BAUDRATE;
11     uartConfig.flowControl=MT_UART_DEFAULT_OVERFLOW;
12     uartConfig.flowControlThreshold=MT_UART_DEFAULT_THRESHOLD;
13     uartConfig.rx.maxBufSize=MT_UART_DEFAULT_MAX_RX_BUFF;
14     uartConfig.tx.maxBufSize=MT_UART_DEFAULT_MAX_TX_BUFF;
15     uartConfig.idleTimeout=MT_UART_DEFAULT_IDLE_TIMEOUT;
16     uartConfig.intEnable=TRUE;
17   #if defined (ZTOOL_P1) || defined (ZTOOL_P2)
18     uartConfig.callBackFunc=MT_UartProcessZToolData;
```

```
19  #elif defined (ZAPP_P1) || defined (ZAPP_P2)
20    uartConfig.callBackFunc=MT_UartProcessZAppData;
21  #else
22    uartConfig.callBackFunc=NULL;
23  #endif
24
25  /*开始 UART*/
26  #if defined (MT_UART_DEFAULT_PORT)
27    HalUARTOpen (MT_UART_DEFAULT_PORT, &uartConfig);
28  #else
29  /*不显示 IAR 编译警告*/
30    (void)uartConfig;
31  #endif
32
33  /*初始化 ZApp*/
34  #if defined (ZAPP_P1) || defined (ZAPP_P2)
35    /*定义 ZAPP 可携带的最多字节数*/
36    MT_UartMaxZAppBufLen=1;
37    MT_UartZAppRxStatus=MT_UART_ZAPP_RX_READY;
38  #endif
39
40  }
```

其中,第 10 行的"uartConfig.baudRate = MT_UART_DEFAULT_BAUDRATE;"用于配置波特率,对"MT_UART_DEFAULT_BAUDRATE"右击并选择 Go to definition 命令,可以看到预处理指令：

```
#define MT_UART_DEFAULT_BAUDRATE HAL_UART_BR_38400
```

即默认的波特率是 38400bps。对 HAL_UART_BR_38400 右击并选择 Go to definition 命令,可以发现可供选择的波特率列表,这里选择波特率为 115200bps,即将上面的预处理指令修改为：

```
#define MT_UART_DEFAULT_BAUDRATE HAL_UART_BR_115200
```

第 11 行的"uartConfig.flowControl = MT_UART_DEFAULT_OVERFLOW;"用于配置流控制,用前面相同的方法可以看到：

```
#define MT_UART_DEFAULT_OVERFLOW TRUE
```

即默认是打开流控制。但是对于只有 TX/RX 这 2 根线的串口接线方式,要求必须关闭流控制,否则不能进行数据的收发。由于 ZigBee 开发板就是这种接线方式,所以需要将预处理指令修改为：

```
#define MT_UART_DEFAULT_OVERFLOW FALSE
```

第17～23行是一段预处理指令条件编译指令，根据预先定义的 ZTOOL 或者 ZAPP 选择不同的数据处理函数，后面的 P1 和 P2 则是串口 0 和串口 1，这里选择用 ZTOOL 和串口 0。可以在工程的 Options 对话框中的 C/C++ Compiler 类别的 Preprocessor 选项卡下看到默认已经添加 ZTOOL_P1，如图 7-5 所示。

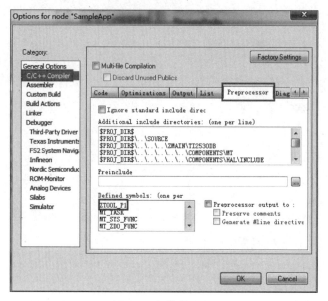

图 7-5　初始化配置

其他的内容不需修改。至此，初始化配置完成。

## 第二步：登记任务号

在 SampleApp_Init() 函数中刚才添加的串口初始化语句下面加入语句"MT_UartRegisterTaskID(task_id);"，如图 7-6 所示。

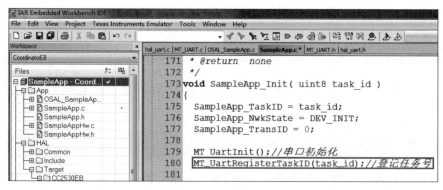

图 7-6　登记任务号

该语句是把串口事件通过 task_id 登记在函数 SampleApp_Init() 中。

## 第三步：串口发送

在完成了前两个步骤后，就可以通过串口发送信息了。在刚刚登记任务号的语句后面加入一条串口发送的语句：

```
HalUARTWrite(0,"Hello World!\n",12);
```

函数的实参分别对应串口 0、要发送的字符和发送字符的个数。

最后需要注意的是，在 SampleApp.c 文件中加入对 MT_UART.h 头文件的包含指令：

```
#include "MT_UART.h"
```

现在将程序下载到开发板中。首先，将开发板通过方口 USB 数据连接线连接到 PC，打开串口调试助手，设置好相应的参数后打开串口；然后，在 IAR 的 Workspace 窗口中设置工程为 CoordinatorEB，连接好仿真器后，通过串口发送数据，如图 7-7 所示。

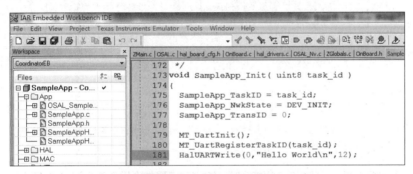

图 7-7　串口发送数据

从图 7-7 可以看到，在串口调试助手的接收区接收到字符串"Hello World\n"，并且在字符串的后面跟着一段乱码，如图 7-8 所示。

图 7-8　程序运行及调试的结果

这是 Z-Stack 协议栈 MT 层定义的串口发送格式以及相应的液晶提示信息。如果不想要,可以在工程选项的预编译设置中注释与 MT 和 LCD 相关的内容,如图 7-9 所示。

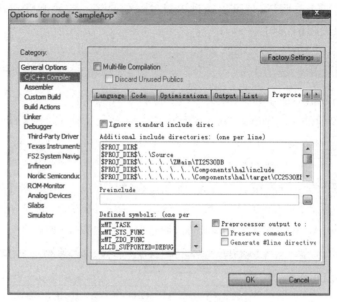

图 7-9 工程选项的预编译设置

在 MT_TASK 之前加一个"x",就表示取消对它的定义,其他几项也是一样的道理。

现在将程序下载到开发板,并对开发板复位,可以看到在串口调试助手的接收区中只接收到字符串"Hello World\n",如图 7-10 所示。

图 7-10 接收字符串

在协议栈里进行一个拓展的尝试。在 osal_start_system()函数中的"for(;;)"循环里加

154

入刚才的串口发送语句"HalUARTWrite(0,"Hello World\n",12);",如图 7-11 所示。

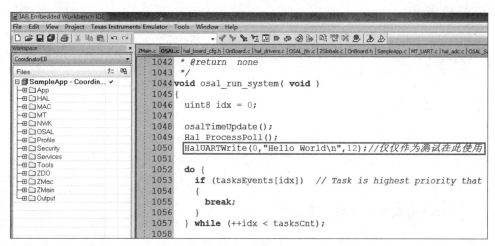

图 7-11　OSAL 层分析

将程序下载到开发板中,并对开发板复位,可以看到在串口调试助手的接收区中,不断地接收到字符串"Hello World\n",如图 7-12 所示。

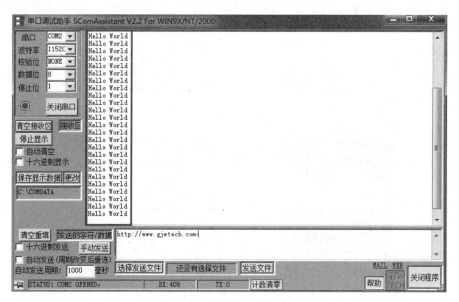

图 7-12　不断接收到字符串

这就说明协议栈开始运行后,会在系统运行函数 osal_start_system()里不停地循环查询并执行任务事件。

**注意**:这里只是作为演示才这样编程。在实际应用中,千万不能把串口发送函数放在系统运行函数 osal_start_system()中给 PC 不断地发送数据,因为这样就破坏了协议栈任务轮询的工作原则,相当于在普通单片机中不停地用前面编程时用到的 Delay()延时函数一样,是极其低效的。

155

## 三、实验现象

模块通过串口发送"Hello World!"给 PC,通过串口调试助手软件显示出来,例程是在协议栈 Z-Stack 2.3.0 中实现的。

【理论学习】

在 Z-Stack 协议栈的串口通信例程中用到了 Z-Stack 协议栈,但是一直没有对它进行具体的介绍,下面将对 ZigBee 协议栈的工作原理进行系统的讲解。由于学习平台是基于 TI 公司的,所以以 TI 的 Z-Stack 协议栈为例进行说明。

### 1. Z-Stack 协议栈工作原理简介

协议栈是一个小型的操作系统在基础课程的定时器例程中曾经用定时器控制 LED 闪烁,比如定时器 1 控制 LED1 以 1s 的间隔闪烁。现在还是用定时器 1 来计时,控制 LED1 以 1s 的间隔闪烁,LED2 以 2s 的间隔闪烁,这样就有 2 个任务被执行。如果再进一步,可以用定时器 1 控制 3 个、4 个直到 $n$ 个 LED 闪烁,这样就有 $n$ 个任务被执行。协议栈的工作原理和刚才举的例子非常相似,系统加电后,定时器就开始不断地计时,如果有发送、接收等任务,要被执行时就去执行,这种工作方式称为任务轮询,如图 7-13 所示。

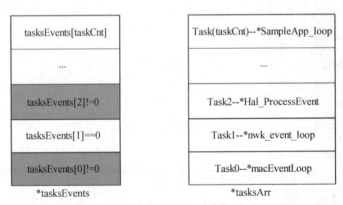

图 7-13 任务轮询

### 2. Z-Stack 协议栈 main()函数

在协议栈安装目录中找到 Texas Instruments\ZStack-CC2530-2.5.1a\Projects\zstack,里面包含了 TI 公司的例程和工具。

打开 Samples 文件夹,可以看到 Samples 文件夹下有 3 个例程:GenericApp、SampleApp 和 SimpleApp。这里选择用 SampleApp 作为例子对 Z-Stack 协议栈的工作流程进行讲解。

打开 SampleApp\CC2530DB 下的 SampleApp.eww,在 Workspace 窗口中可以看到

SampleApp 的工程目录。目前,只需要关注 App 文件夹和 ZMain 文件夹即可,如图 7-14 所示。

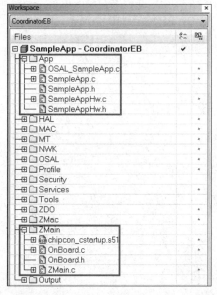

图 7-14 App 文件夹和 ZMain 文件夹

任何程序都是从 main()函数开始执行,Z-Stack 也不例外。在 ZMain 文件夹下找到 ZMain.c 文件并打开,然后在 ZMain.c 中找到 int main(void),如图 7-15 所示。

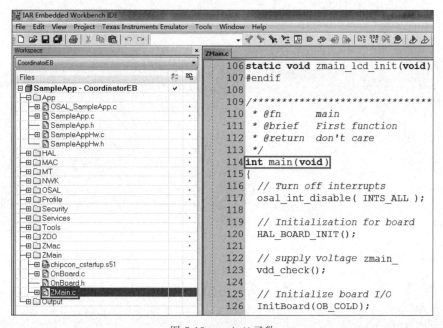

图 7-15 main()函数

可以看到,main()函数的程序代码如下:

```c
/************************************************************
 * @fn      main
 * @brief   First function called after startup.
 * @return  don't care
 */
int main( void )
{
   //关闭中断
   osal_int_disable( INTS_ALL );

   //初始化板卡相关连接件
   HAL_BOARD_INIT();

   //提供足够的电压
   zmain_vdd_check();

   //初始化板卡的 I/O
   InitBoard( OB_COLD );

   //初始化 HAL 驱动器
   HalDriverInit();

   //初始化 NV 系统
   osal_nv_init( NULL );

   //初始化 MAC
   ZMacInit();

   //确定扩充地址
   zmain_ext_addr();

   //初始化基本 NV 项目
   zgInit();

#ifndef NONWK
   afInit();
#endif

   //初始化操作系统
   osal_init_system();

   //允许中断
   osal_int_enable( INTS_ALL );

   //最终板卡的初始化
```

```
    InitBoard( OB_READY );

    //显示设备信息
    zmain_dev_info();

#ifdef LCD_SUPPORTED
    zmain_lcd_init();
#endif

#ifdef WDT_IN_PM1
    WatchDogEnable( WDTIMX );
#endif

    osal_start_system();
    return 0;
}
```

虽然 main() 函数中有很多被调用的函数大家并不熟悉,但 main() 函数的代码很有条理性,先进行一系列的初始化,包括对硬件层、硬件抽象层、网络层、媒体访问控制层以及任务等的初始化,然后执行语句"osal_start_system();"启动操作系统,进入程序后就一直在其中执行,不会返回。

下面重点讲解两个函数:初始化操作系统函数 osal_init_system() 和运行操作系统函数 osal_start_system()。

### 3. 初始化操作系统函数 osal_init_system()

对 osal_init_system() 函数右击并选择 Go to definition of osal_init_system 命令,可以进入该函数的定义,如图 7-16 所示。

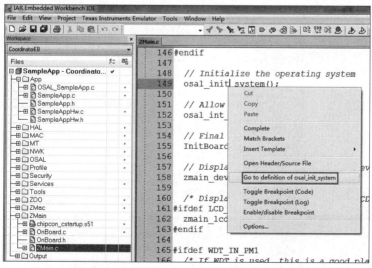

图 7-16  osal_init_system() 函数的快捷菜单

可以看到该函数里面有 6 个初始化函数，如图 7-17 所示。

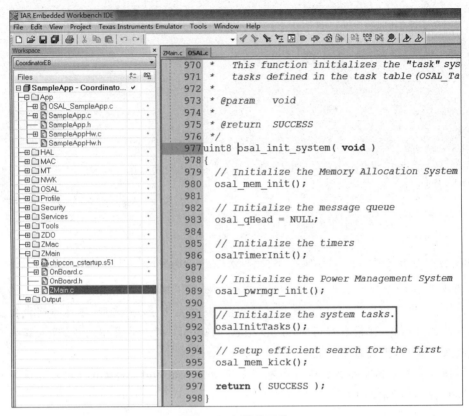

图 7-17　初始化函数

这里只关注系统任务初始化函数 osalInitTasks()，对它右击并选择 Go to definition of...命令，进入该函数的定义，如图 7-18 所示。

图 7-18　进入 osalInitTasks()函数的定义

可以发现,函数的程序始终围绕着变量 taskID 来进行,下面将结合注释对这段程序进行详细的讲解。程序代码如下:

```
/*****************************************************************
 * @fn        osalInitTasks
 *
 * @brief     This function invokes the initialization function for each task.
 *
 * @param     void
 *
 * @return    none
 */
void osalInitTasks( void )
{
  uint8 taskID = 0;

  //分配内存,返回指向缓冲区的指针
  tasksEvents = (uint16 *)osal_mem_alloc( sizeof( uint16) * tasksCnt);

  //设置所分配的内存空间的每个单元的值为 0
  osal_memset( tasksEvents, 0, (sizeof( uint16 ) * tasksCnt));

  //任务优先级由高向低依次排列,高优先级对应 taskID 的值反而更小
  macTaskInit( taskID++ );              //macTaskInit(0)用户不需考虑
  nwk_init( taskID++ );                 //nwk_init(1)用户需考虑
  Hal_Init( taskID++ );                 //Hal_Init(2)用户需考虑
#if defined( MT_TASK )
  MT_TaskInit( taskID++ );
#endif
  APS_Init( taskID++ );                 //APS_Init(3)用户不需考虑
#if defined ( ZIGBEE_FRAGMENTATION )
  APSF_Init( taskID++ );
#endif
  ZDApp_Init( taskID++ );               //ZDApp_Init(4)用户需考虑
#if defined ( ZIGBEE_FREQ_AGILITY ) || defined ( ZIGBEE_PANID_CONFLICT )
  ZDNwkMgr_Init( taskID++ );
#endif
  SampleApp_Init( taskID );             //SampleApp_Init(5)用户需考虑
}
```

可以这样理解,函数对 taskID 进行初始化。有些初始化语句后面注释着"用户需考虑",表示用户可以根据自己的开发平台进行修改或设置;有些则注释着"用户不需考虑",表示用户是不能修改的。最后一句"SampleApp_Init(taskID);"是非常重要的,这是在应用协议栈例程时必须要用到的函数,用户通常在该函数中初始化相关内容。

### 4. 运行操作系统函数 osal_start_system()

在 osal_start_system() 上右击并选择 Go to definition of... 的命令进入该函数,如图 7-19 所示。

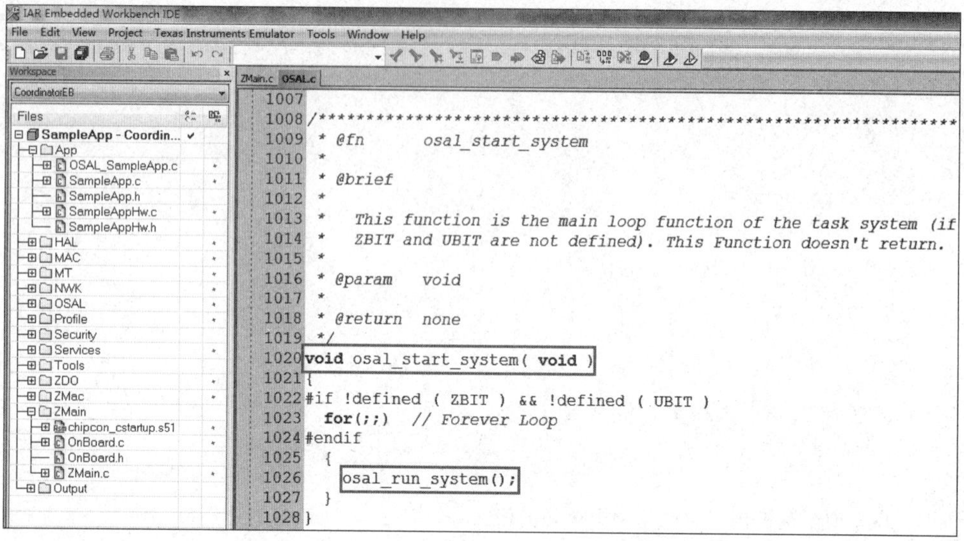

图 7-19　osal_start_system()函数

该函数前面的注释表示这个函数是任务系统的主循环函数(在 ZBIT 和 UBIT 都没有定义的情况下),无返回值。

如果没有定义 ZBIT 和 UBIT,则函数的定义由一个 for 死循环构成,循环执行的内容是另一个函数——osal_run_system()。

单击进入 osal_run_system()函数的定义,对该函数的简短说明如下:

```
/***************************************************************
 * @fn      osal_run_system
 *
 * @brief
 *
 *   This function will make one pass through the OSAL taskEvents table
 *   and call the task_event_processor() function for the first task that
 *   is found with at least one event pending. If there are no pending
 *   events (all tasks), this function puts the processor into Sleep.
 *
 * @param   void
 *
 * @return  none
 */
```

这段注释的意思是:这个函数将扫描 OSAL(操作系统抽象层)的任务事件列表,并会为当前正在发生的第一个任务事件调用相应的任务事件处理函数 task_event_processor()。如果当前没有任务事件发生,则函数会使处理器进入睡眠模式。

```
void osal_run_system ( void )
{
uint8 idx =0;

osalTimeUpdate();
Hal_ProcessPoll();.

  do {
        if (tasksEvents[idx])              //任务有最高的优先级
        {
           break;                          //得到待处理的最高优先级的任务索引号
        }
  } while (++idx <tasksCnt);

  if (idx <tasksCnt)
  {
    uint16 events;
    halIntState_t intState;

    HAL_ENTER_CRITICAL_SECTION(intState);  //进入临界区保护
    events =tasksEvents[idx];              //提取需要处理的任务中的事件
    tasksEvents[idx] =0;                   //清除本次任务的事件
    HAL_EXIT_CRITICAL_SECTION(intState);   //退出临界区

    activeTaskID =idx;
    events =(tasksArr[idx])( idx, events );//通过指针调用任务处理函数
    activeTaskID =TASK_NO_TASK;

    HAL_ENTER_CRITICAL_SECTION(intState);  //进入临界区
    tasksEvents[idx] |=events;             //保存未处理的事件
    HAL_EXIT_CRITICAL_SECTION(intState);   //退出临界区
  }
#if defined( POWER_SAVING )
  else
  {
    osal_pwrmgr_powerconserve();           //让处理器/系统休眠
  }
#endif

  /* Yield in case cooperative scheduling is being used. */
#if defined (configUSE_PREEMPTION) && (configUSE_PREEMPTION ==0)
  {
```

```
        osal_task_yield();
    }
#endif
}
```

首先浏览函数原型前面的注释，再结合函数中对一些重要语句的注释，相信大家应该能大体理解函数的主要功能并基本看清函数的整体流程。

下面来了解语句"events＝tasksEvents[idx];"。进入 taskEvents[idx]数组的定义，发现它就在函数 osalInitTasks()的上面，且在函数 osalInitTasks()中与 taskID 一一对应，这就是初始化与调用之间的关系。Task 把任务联系起来了，如图 7-20 所示。

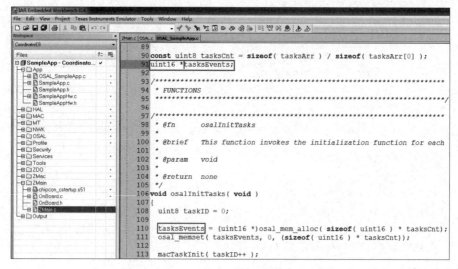

图 7-20　taskEvents[idx]数组的定义

一个协议栈的简单工作流程如图 7-21 所示。

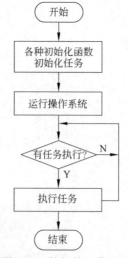

图 7-21　协议栈工作流程

## 任务 2　Z-Stack 协议栈的按键

### 任务目标

- 实现 Z-Stack 协议栈的按键修改。
- 掌握 Z-Stack 协议栈中的按键流程分析。
- 掌握修改按键操作中各参数的修改。

### 任务内容

- 按键流程分析。
- 修改按键操作。

### 任务实施

#### 一、实验准备

硬件：ZigBee 开发板。

#### 二、实验实施

##### 第一步：打开 Z-Stack 协议栈工程 SampleApp.eww

打开 Z-Stack 协议栈的工程 SampleApp.eww，在 Zmain.c 文件的 main()函数中跟按键有关的代码有以下两条语句：

```
HalDriverInit();
InitBoard( OB_READY );
```

先在 main()函数中找到语句"HalDriverInit();"，再进入 HalDriverInit()函数的定义中；然后找到语句"HalKeyInit();"并进入函数 HalKeyInit()的定义中，如图 7-22 所示。

```
void HalKeyInit( void )
{
  /* Initialize previous key to 0 */
  halKeySavedKeys = 0;

  HAL_KEY_SW_6_SEL &= ~(HAL_KEY_SW_6_BIT);      /* Set pin function to GPIO */
  HAL_KEY_SW_6_DIR &= ~(HAL_KEY_SW_6_BIT);      /* Set pin direction to Input */

  HAL_KEY_JOY_MOVE_SEL &= ~(HAL_KEY_JOY_MOVE_BIT);  /* Set pin function to GPIO */
  HAL_KEY_JOY_MOVE_DIR &= ~(HAL_KEY_JOY_MOVE_BIT);  /* Set pin direction to Input */

  /* Initialize callback function */
  pHalKeyProcessFunction = NULL;

  /* Start with key is not configured */
  HalKeyConfigured = FALSE;
}
```

图 7-22　初始化按键引脚

该函数主要是初始化按键的 I/O 端口引脚设置，HAL_KEY_SW_6 和 HAL_KEY_JOY_MOVE 分别对应 ZigBee 开发板的按键 S1 和 J-STICK 摇杆。因为有的开发板没有 J-STICK 摇杆，所以关于 J-STICK 摇杆的初始化代码可以去掉。

**【理论学习：按键程序分析】**

先进入 HAL_KEY_SW_6_SEL 和 HAL_KEY_SW_6_DIR 的定义，在 hal_key.c 文件中可以看到如图 7-23 所示的内容。

```
/* SW_6 is at P0.1 */
#define HAL_KEY_SW_6_PORT    P0
#define HAL_KEY_SW_6_BIT     BV(1)
#define HAL_KEY_SW_6_SEL     P0SEL
#define HAL_KEY_SW_6_DIR     P0DIR
```

图 7-23 按键配置

以上是按键 S1 对应的端口、引脚、功能选择和方向选择相关的寄存器。可以看出，ZigBee 开发板对应的是 P0_1 引脚。

其次，在 main() 函数中找到语句 "InitBoard( OB_READY );"，单击进入 InitBoard() 函数的定义，可以看到程序代码如下：

```c
void InitBoard(uints level)
{
    if (level == OB_COLD)
    {
        // IAR does not zero-out this byte below the XSTACK
        *(uint8 *)0x0 = 0;
        // Interrupts off
        osal_int_disable(INTS_ALL);
        // Check for Brown-out reset
        ChkReset();
    }
    else // !OB_COLD
    {
        /* Initialize Key stuff */
        HalKeyConfig(HAL_KEY_INTERUPT_DISABLE; OnBoard_KeyCallback);
    }
}
```

这里通过 "HalKeyConfig( HAL_KEY_INTERRUPT_DISABLE, OnBoard_KeyCallback );" 语句来设置按键的检测方式和回调函数。进入 HalKeyConfig() 函数的定义，程序代码如下（部分已省略，详见源程序）：

```c
void HalKeyConfig (bool interruptEnable, halKeyCBack_t cback)
{
    /* 使能或禁用中断 */
    Hal_KeyIntEnable = interruptEnable;

    /* 登记回调函数 */
    pHalKeyProcessFunction = cback;
```

```
/*决定是否使能中断*/
if (Hal_KeyIntEnable)
{
...
}
else /*禁用中断*/
{
HAL_KEY_SW_6_ICTL &=~(HAL_KEY_SW_6_ICTLBIT);    /*不产生中断*/
HAL_KEY_SW_6_IEN &=~(HAL_KEY_SW_6_IENBIT);      /*清除中断使能位*/
//启动按键事件 HAL_KEY_EVENT
    osal_set_event(Hal_TaskID, HAL_KEY_EVENT);
}

/*配置按键*/
HalKeyConfigured=TRUE;
}
```

从上面的代码中可以看出,按键共有两种检测方式:中断方式检测和非中断方式检测。其中,非中断方式检测在进行按键配置时主要是在屏蔽了按键 S1 的相关中断寄存器位后,再通过语句"osal_set_event(Hal_TaskID,HAL_KEY_EVENT);"来启动按键事件 HAL_KEY_EVENT。

先进入按键 S1 中断寄存器的相关定义,在 hal_key.c 中可以看到如图 7-24 所示的内容。

```
/* SW_6 interrupts */
#define HAL_KEY_SW_6_IEN        IEN1   /* CPU interrupt mask register */
#define HAL_KEY_SW_6_IENBIT     BV(5)  /* Mask bit for all of Port_0 */
#define HAL_KEY_SW_6_ICTL       P0IEN  /* Port Interrupt Control register */
#define HAL_KEY_SW_6_ICTLBIT    BV(1)  /* P0IEN - P0_1 enable/disable bit */
#define HAL_KEY_SW_6_PXIFG      P0IFG  /* Interrupt flag at source */
```

图 7-24 按键中断寄存器

按键 S1 在中断控制寄存器 P0IEN 中对应的中断控制位也对应 P0.1 引脚。

然后来了解按键事件 HAL_KEY_EVENT。找到对此事件进行处理的相关函数,它是 hal_driver.c 文件中的 Hal_ProcessEvent()函数,函数中对按键进行处理的相关程序代码如下:

```
if (events & HAL_KEY_EVENT)
{

#if (defined HAL_KEY) && (HAL_KEY==TRUE)
  /*检查按键*/
  HalKeyPoll();
```

```
  /* if interrupt disabled, do next polling */
  if (!Hal_KeyIntEnable)
  {
    osal_start_timerEx( Hal_TaskID, HAL_KEY_EVENT, 100);
  }
#endif //HAL_KEY

  return events ^ HAL_KEY_EVENT;
}
```

从上面的代码可以看出,程序首先通过"HalKeyPoll();"语句对按键进行检测,然后通过"osal_start_timerEx( Hal_TaskID,HAL_KEY_EVENT,100);"语句对按键事件定时(每隔100ms)进行检测。这里的重点是HalKeyPoll()函数,进入它的定义后,在hal_key.c文件中的程序代码如下:

```
1   void HalKeyPoll (void)
2   {
3     uint8 keys =0;
4
5     if ((HAL_KEY_JOY_MOVE_PORT & HAL_KEY_JOY_MOVE_BIT))     /* Key is
6   active HIGH */
7     {
8       keys =halGetJoyKeyInput();
9     }
10
11    /* If interrupts are not enabled, previous key status and current
12     * key status are compared to find out if a key has changed status.
13     */
14    if (!Hal_KeyIntEnable)
15    {
16      if (keys ==halKeySavedKeys)
17      {
18        /* Exit - since no keys have changed */
19        return;
20      }
21      /* Store the current keys for comparison next time */
22      halKeySavedKeys =keys;
23    }
24    else
25    {
26      /* Key interrupt handled here */
27    }
```

```
28
29      if (HAL_PUSH_BUTTON1())
30      {
31        keys |=HAL_KEY_SW_6;
32      }
33
34      /* Invoke Callback if new keys were depressed */
35      if (keys && (pHalKeyProcessFunction))
36      {
37        (pHalKeyProcessFunction) (keys, HAL_KEY_STATE_NORMAL);
38      }
39    }
```

函数中第 5~9 行关于 J-Stick 摇杆的代码可以删除或注释起来。

第 14~23 行是将当前检测到的按键保存起来，并防止一次按键被多次重复按下。

第 29~32 行表示当检测到按键 S1 被按下时，将其保存到 keys 中。这里的 HAL_PUSH_BUTTON1()函数对应检测到按键 S1 被按下，进入它的定义后可以看到如下内容：

```
#define HAL_PUSH_BUTTON1()       (PUSH1_POLARITY (PUSH1_SBIT))
```

再分别进入 PUSH1_POLARITY 和 PUSH1_SBIT 的定义，可以发现如下内容：

```
#if defined (HAL_BOARD_CC2530EB_REV17)
    #define PUSH1_POLARITY    ACTIVE_HIGH
#elif defined (HAL_BOARD_CC2530EB_REV13)
    #define PUSH1_POLARITY    ACTIVE_LOW
#else

#define PUSH1_SBIT        P0_1
```

ZigBee 开发板的按键 S1 对应 P0_1 引脚，高电平有效。进入 HAL_BOARD_CC2530EB_REV17 的定义可以发现如下内容：

```
#if !defined (HAL_BOARD_CC2530EB_REV17) && !defined (HAL_BOARD_CC2530EB_REV13)
#define HAL_BOARD_CC2530EB_REV17
#endif
```

而 HAL_BOARD_CC2530EB_REV17 对应的 PUSH1_POLARITY 的定义为 ACTIVE_HIGH。进入 ACTIVE_HIGH 的定义，可以发现 ACTIVE_HIGH 和 ACTIVE_LOW 的定义如下：

```
#define ACTIVE_LOW        !
#define ACTIVE_HIGH       !!
```

回到 HalKeyPoll()函数的定义中，第35~38 行代码表示当有新的按键被按下时，会触发回调函数 pHalKeyProcessFunction()，并传递进去新检测到的按键 keys。

在前面的按键配置函数 HalKeyConfig()中，已经通过以下语句定义了回调函数：

```
pHalKeyProcessFunction = cback;
```

在 HalKeyConfig(HAL_KEY_INTERRUPT_DISABLE，OnBoard_KeyCallback)函数的调用语句中，cback 对应的实参是 OnBoard_KeyCallback，所以实际的回调函数是 OnBoard_KeyCallback()。进入它的定义后可以看到以下内容：

```
void OnBoard_KeyCallback ( uint8 keys, uint8 state )
{
  uint8 shift;
  (void)state;

  shift = (keys & HAL_KEY_SW_6) ? true : false;

  if ( OnBoard_SendKeys( keys, shift ) != ZSuccess )
  {
    //Process SW1 here
    if ( keys & HAL_KEY_SW_1 )          //Switch 1
    {
    }
    //Process SW2 here
    if ( keys & HAL_KEY_SW_2 )          //Switch 2
    {
    }
    //Process SW3 here
    if ( keys & HAL_KEY_SW_3 )          //Switch 3
    {
    }
    //Process SW4 here
    if ( keys & HAL_KEY_SW_4 )          //Switch 4
    {
    }
    //Process SW5 here
    if ( keys & HAL_KEY_SW_5 )          //Switch 5
    {
    }
    //Process SW6 here
    if ( keys & HAL_KEY_SW_6 )          //Switch 6
    {
    }
  }
}
```

OnBoard_KeyCallback()函数主要是通过 OnBoard_SendKeys(keys,shift)发送系统信息给用户。进入该函数的定义后可以看到以下内容：

```
uint8 OnBoard_SendKeys( uint8 keys, uint8 state )
{
  keyChange_t *msgPtr;

  if ( registeredKeysTaskID !=NO_TASK_ID )
  {
    //Send the address to the task
    msgPtr =(keyChange_t *)osal_msg_allocate( sizeof(keyChange_t) );
    if ( msgPtr )
    {
      msgPtr->hdr.event =KEY_CHANGE;
      msgPtr->state =state;
      msgPtr->keys =keys;

      osal_msg_send( registeredKeysTaskID, (uint8 *)msgPtr );
    }
    return ( ZSuccess );
  }
  else
    return ( ZFailure );
}
```

OnBoard_SendKeys()函数主要通过 osal_msg_send( registeredKeysTaskID,(uint8 *)msgPtr )发送按键信息。其中，registeredKeysTaskID 是用户根据自己的需要选择按键要传递的任务号，可通过调用函数 RegisterForKeys()对它进行注册。在 SampleApp_Init()初始化函数中，已经通过此函数调用语句"RegisterForKeys( SampleApp_TaskID );"将按键任务号注册到了 SampleApp_TaskID 中，也就是说按键信息会传递到 SampleApp_TaskID 相关的任务中。

在 SampleApp.c 文件中找到事件处理函数 SampleApp_ProcessEvent()，在函数的定义中找到处理按键的相关操作，程序代码如图 7-25 所示。

```
uint16 SampleApp_ProcessEvent( uint8 task_id, uint16 events )
{
  afIncomingMSGPacket_t *MSGpkt;
  (void)task_id;  // Intentionally unreferenced parameter

  if ( events & SYS_EVENT_MSG )
  {
    MSGpkt = (afIncomingMSGPacket_t *)osal_msg_receive( SampleApp_TaskID );
    while ( MSGpkt )
    {
      switch ( MSGpkt->hdr.event )
      {
        // Received when a key is pressed
        case KEY_CHANGE:
          SampleApp_HandleKeys( ((keyChange_t *)MSGpkt)->state, ((keyChange_t *)MSGpkt)->keys );
          break;

        // Received when a messages is received (OTA) for this endpoint
        case AF_INCOMING_MSG_CMD:
          SampleApp_MessageMSGCB( MSGpkt );
          break;
```

图 7-25  事件处理函数

if(events & SYS_EVENT_MSG)表示如果是系统事件信息,则通过 SampleApp_TaskID 来获取相关的任务,并且通过 switch 语句判断事件的任务类型。

再针对具体的事件进行相应的处理。如果是按键事件,则调用函数 SampleApp_HandleKeys(),单击进入该函数的定义,相应的程序代码如下(部分代码省略,详见源程序):

```
void SampleApp_HandleKeys( uint8 shift, uint8 keys )
{
  (void)shift;           //Intentionally unreferenced parameter

  if ( keys & HAL_KEY_SW_1 )
  {
    ...
  }

  if ( keys & HAL_KEY_SW_2 )
  {
    ...
  }
}
```

该函数主要是对不同的按键进行相应的处理。至此,按键的操作流程全部完成。非中断按键的操作流程图如图 7-26 所示。

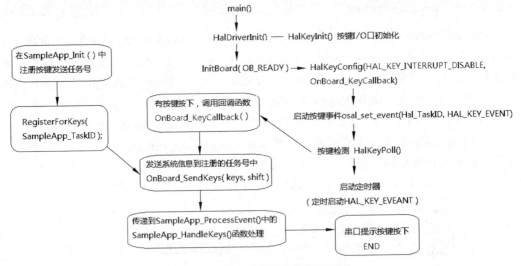

图 7-26  非中断按键的操作流程图

对于中断方式的按键,简单分析如下。

首先,需要在 InitBoard()函数的定义中将按键配置函数的相关调用修改为中断方式,程序代码如下:

```
HalKeyConfig(HAL_KEY_INTERRUPT_ENABLE, OnBoard_KeyCallback);
```

设置成中断检测方式就不会定时启动按键事件 HAL_KEY_EVENT，这样就会更加节省系统资源，所以一般都使用中断方式来检测按键。

在中断方式下按下 S1 键后，程序会进入 P0 口的中断服务函数，在 hal_key.c 文件中找到 HAL_ISR_FUNCTION(halKeyPort0Isr, P0INT_VECTOR)的定义，程序代码如下：

```
HAL_ISR_FUNCYION( halKeyPort0Isr,POINT_VECTOR)
{
  HAL_ENTER_ISR();
  if (HAL_KEY_SW_6_PXIFG & HAL_KEY_SW_6_BIT)
  {
    halProcessKeyInterrupt();
  }
  HAL_KEY_SW_6_PXIFG = 0;
  HAL_KEY_CPU_PORT_0_IF = 0;
  CLEAR_SLEEP_MODE();
  HAL_EXIT_ISR();
}
```

从上面的代码可以看出，主要通过调用 halProcessKeyInterrupt()函数进行按键的中断处理。进入该函数的定义后可以看到如下内容：

```
void halProcessKeyInterrupt (void)
{
  bool valid=FALSE;

  if (HAL_KEY_SW_6_PXIFG & HAL_KEY_SW_6_BIT)
  {
    HAL_KEY_SW_6_PXIFG = ~(HAL_KEY_SW_6_BIT);
    valid = TRUE;
  }

  if (HAL_KEY_JOY_MOVE_PXIFG & HAL_KEY_JOY_MOVE_BIT)
  {
    HAL_KEY_JOY_MOVE_PXIFG = ~(HAL_KEY_JOY_MOVE_BIT);
    valid = TRUE;
  }

  if (valid)
  {
    osal_start_timerEx (Hal_TaskID, HAL_KEY_EVENT, HAL_KEY_DEBOUNCE_VALUE);
  }
}
```

在该函数中主要是通过"osal_start_timerEx（Hal_TaskID，HAL_KEY_EVENT，HAL_KEY_DEBOUNCE_VALUE）;"来处理按键事件 HAL_KEY_EVENT 的，这跟 Hal_ProcessEvent()函数中"osal_start_timerEx( Hal_TaskID，HAL_KEY_EVENT，100);"的功能基本相同，后面的步骤都是一样的。

## 第二步：修改 P0_1 引脚代码

再次说明一下，按键 S1 的 I/O 端口引脚是 P0_4 引脚，此外，对它采用的是中断的按键方式。

在 hal_key.c 中找到按键 S1 和它中断相关的定义，将其中对应 P0_1 引脚的代码部分修改为对应 P0_4 引脚，如图 7-27 所示。

```
/* SW 6 is at P0.1 */
#define HAL_KEY_SW_6_PORT       P0
#define HAL_KEY_SW_6_BIT        BV(4)//BV(1)
#define HAL_KEY_SW_6_SEL        P0SEL
#define HAL_KEY_SW_6_DIR        P0DIR

/* edge interrupt */
#define HAL_KEY_SW_6_EDGEBIT    BV(0)
#define HAL_KEY_SW_6_EDGE       HAL_KEY_FALLING_EDGE

/* SW 6 interrupts */
#define HAL_KEY_SW_6_IEN        IEN1    /* CPU interrupt mask register */
#define HAL_KEY_SW_6_IENBIT     BV(5)   /* Mask bit for all of Port_0 */
#define HAL_KEY_SW_6_ICTL       P0IEN   /* Port Interrupt Control register */
#define HAL_KEY_SW_6_ICTLBIT    BV(4)//BV(1) /* P0IEN - P0_1 enable/disable bit */
#define HAL_KEY_SW_6_PXIFG      P0IFG   /* Interrupt flag at source */
```

图 7-27　按键配置

因为对按键 S1 采用中断的检测方式，所以还需要注意中断的边沿触发方式，按键 S1 是低电平有效，即下降沿触发，程序中也是下降沿触发，所以无须修改。

### 第三步：将按键配置为中断检测方式

在 OnBoard.c 文件的 InitBoard() 函数中将按键配置函数调用语句"HalKeyConfig (HAL_KEY_INTERRUPT_DISABLE，OnBoard_KeyCallback);"中的实参 HAL_KEY_INTERRUPT_DISABLE 修改为 HAL_KEY_INTERRUPT_ENABLE，即将按键配置为中断检测方式，如图 7-28 所示。

```
void InitBoard( uint8 level )
{
  if ( level == OB_COLD )
  {
    // IAR does not zero-out this byte below the XSTACK.
    *(uint8 *)0x0 = 0;
    // Interrupts off
    osal_int_disable( INTS_ALL );
    // Check for Brown-Out reset
    ChkReset();
  }
  else  // !OB_COLD
  {
    /* Initialize Key stuff */
    //HalKeyConfig(HAL_KEY_INTERRUPT_DISABLE, OnBoard_KeyCallback);
    HalKeyConfig(HAL_KEY_INTERRUPT_ENABLE, OnBoard_KeyCallback);
  }
}
```

图 7-28　按键配置中断

## 第四步：修改按键 S1 端口引脚

在 hal_borad.cfg.h 文件中将按键 S1 端口引脚相关的定义由原先的对应 P0_1 引脚修改为对应 P0_4 引脚，并将原先的高电平有效修改为低电平有效，如图 7-29 所示。

```
/* S1 */
#define PUSH1_BV              BV(4)//BV(1)
#define PUSH1_SBIT            P0_4//P0_1

#if defined (HAL_BOARD_CC2530EB_REV17)
  #define PUSH1_POLARITY      ACTIVE_LOW//ACTIVE_HIGH
#elif defined (HAL_BOARD_CC2530EB_REV13)
  #define PUSH1_POLARITY      ACTIVE_LOW
#else
  #error Unknown Board Indentifier
#endif
```

图 7-29　修改按键引脚

## 第五步：注释 J-Stick 按键后的相关处理操作的代码

在 hal_key.c 文件中的按键检测函数 HalKeyPoll() 中将检测到 J-Stick 按键后的相关处理操作的代码注释起来，其他关于 J-Stick 按键的代码可以不必注释，否则程序运行时会出现有其他按键干扰的现象，如图 7-30 所示。

```
void HalKeyPoll (void)
{
  uint8 keys = 0;

 if ((HAL_KEY_JOY_MOVE_PORT & HAL_KEY_JOY_MOVE_BIT))   /* Key is active HIGH */
  {
    //keys = halGetJoyKeyInput();
  }
```

图 7-30　按键检测函数

## 第六步：添加串口发送函数

在 SampleApp.c 文件中的 SampleApp_ProcessEvent() 函数中，在相关的位置添加串口发送函数，当接收到一个按键相关的事件时，串口会显示有按键按下，如图 7-31 所示。

```
uint16 SampleApp_ProcessEvent( uint8 task_id, uint16 events )
{
  afIncomingMSGPacket_t *MSGpkt;
  (void)task_id;  // Intentionally unreferenced parameter

  if ( events & SYS_EVENT_MSG )
  {
    MSGpkt = (afIncomingMSGPacket_t *)osal_msg_receive( SampleApp_TaskID );
    while ( MSGpkt )
    {
      switch ( MSGpkt->hdr.event )
      {
        // Received when a key is pressed
        case KEY_CHANGE:
          HalUARTWrite(0,"KEY ",4);//串口显示有按键按下
          SampleApp_HandleKeys( ((keyChange_t *)MSGpkt)->state,
                                ((keyChange_t *)MSGpkt)->keys );
          break;
```

图 7-31　串口发送函数

### 第七步：添加对按键 S1 被按下的相关处理操作

进入 SampleApp_HandleKeys() 函数的定义，在其中添加对按键 S1 被按下的相关处理操作，如图 7-32 所示。

```
void SampleApp_HandleKeys( uint8 shift, uint8 keys )
{
  (void)shift;   // Intentionally unreferenced parameter

  if ( keys & HAL_KEY_SW_6 )
  {
    HalUARTWrite(0,"S1\n",3);//串口显示被按下的是按键S1
    HalLedBlink(HAL_LED_1,2,50,500);//LED1闪烁作为指示
  }

  if ( keys & HAL_KEY_SW_1 )
  {
```

图 7-32　添加按键操作处理

SampleApp_HandleKeys() 函数原先的定义中只有对按键 HAL_KEY_SW_1 和 HAL_KEY_SW_2 被按下时的相关处理操作，需要添加对按键 S1，即 HAL_KEY_SW_6 被按下的相关处理操作。这里共有两个操作，一个是在串口显示被按下的是按键 S1，另一个是 LED1 会闪烁以作为指示。LED 闪烁的函数调用语句"HalLedBlink(HAL_LED_1,2,50,500);"中的 4 个参数的作用如下：HAL_LED_1 对应闪烁的 LED，这里是指 LED1；2 对应闪烁的次数，表示 2 次；50 对应在闪烁过程中亮所占时间的百分比，即 50%，也就是亮、灭各占 50%；500 对应闪烁的周期，单位为 ms，即 500ms。至此，对按键程序的修改全部完成。

## 三、实验现象

下面将程序下载到开发板，并连接好串口数据连接线，观察程序的运行结果。可以看到，当按下按键 S1 后，在串口调试助手的接收区会显示一行新的数据"KEY S1"并且换行，此外，LED1 会闪烁 2 次作为指示，如图 7-33 所示。

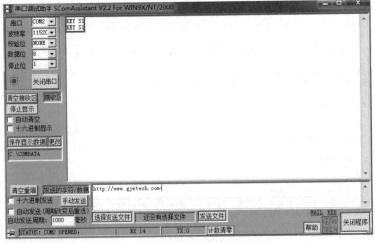

图 7-33　程序运行及调试的结果

## 任务 3　Z-Stack 协议栈的无线数据传输

### 任务目标

- 掌握无线数据传输实验流程。
- 掌握发送和接收部分的程序代码。

### 任务内容

- 无线数据传输实验流程。
- 例程发送部分程序代码。
- 例程接收部分程序代码。

### 任务实施

#### 一、实验准备

硬件：两块 ZigBee 开发板（一块用作协调器，一块用作终端）。

#### 二、实验实施

##### 第一步：添加串口发送语句

在 SampleApp.c 文件中找到 SampleApp_MessageMSGCB（）函数，在函数中的 switch 语句中找到"case SAMPLEAPP_PERIODIC_CLUSTERID:"，并在它的后面添加一条串口发送语句：

```
HalUARTWrite(0, "I get data\n", 11);
```

如图 7-34 所示。

```
void SampleApp_MessageMSGCB( afIncomingMSGPacket_t *pkt )
{
  uint16 flashTime;

  switch ( pkt->clusterId )
  {
    case SAMPLEAPP_PERIODIC_CLUSTERID:
      HalUARTWrite(0, "I get data\n", 11);// 显示接收到数据
      break;

    case SAMPLEAPP_FLASH_CLUSTERID:
      flashTime = BUILD_UINT16(pkt->cmd.Data[1], pkt->cmd.Data[2] );
      HalLedBlink( HAL_LED_4, 4, 50, (flashTime / 4) );
      break;
  }
}
```

图 7-34　串口发送

## 第二步：程序下载

将程序下载到开发板。先选择一块开发板用作协调器，另一块开发板用作终端，并且将协调器模块通过 USB 数据连接线连接到 PC。先在 IAR 的 Workspace 窗口中将工程设置为 CoordinatorEB，并将程序下载到协调器模块；再在 IAR 的 Workspace 窗口中将工程设置为 EndDeviceEB，并将程序下载到终端模块，如图 7-35 所示。

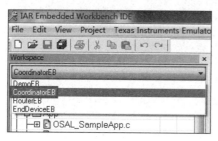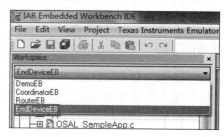

图 7-35　协调器模块、终端模块

## 三、实验现象

打开串口调试助手，并对两块开发板进行复位，可以看到在串口调试助手的接收区中，每隔大约 5s 显示一行新的数据"I get data"，如图 7-36 所示。

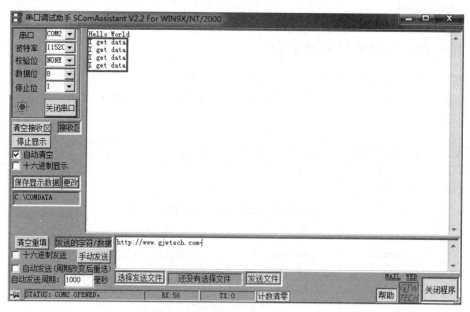

图 7-36　程序运行及调试的结果

以上即实现了协议栈的无线数据传输。

## 【理论学习】

### 1. 发送部分程序代码

可能大家会有疑问,第一,只加了一条串口发送语句,就能实现无线数据收发吗?第二,串口接收区之所以能够不断接收数据,是否是因为这条串口发送语句本身的缘故?对第一个疑问,可以将 Z-Stack 协议栈程序下载到协调器和终端模块后,就会进行无线数据的收发,而加了串口发送语句,则是让无线数据的接收显示出来而已。对第二个疑问,可以继续实验。将终端模块切断电源,可以发现串口调试助手的接收区不再接收新的数据,这说明串口接收区能够不断地接收数据,而不只是串口发送语句本身的缘故。

下面对 Z-Stack 协议栈中关于无线数据收发的程序代码进行详细的分析。

首先来看一下数据发送部分的程序代码。

在 SampleApp.c 文件中找到事件处理函数 SampleApp_ProcessEvent()的定义,在任务 2 的按键例程中曾经研究过此函数中的 switch 语句中有关按键部分的程序代码。在本任务中,需要在 switch 语句中找到"case ZDO_STATE_CHANGE:",相关的程序代码如下:

```
...
1   //Received whenever the device changes state in the network
2   case ZDO_STATE_CHANGE:
3     SampleApp_NwkState = (devStates_t)(MSGpkt->hdr.status);
4     if ( (SampleApp_NwkState == DEV_ZB_COORD)
5         || (SampleApp_NwkState == DEV_ROUTER)
6         || (SampleApp_NwkState == DEV_END_DEVICE) )
7     {
8       //Start sending the periodic message in a regular interval
9       osal_start_timerEx( SampleApp_TaskID,
10                          SAMPLEAPP_SEND_PERIODIC_MSG_EVT,
11                          SAMPLEAPP_SEND_PERIODIC_MSG_TIMEOUT );
12    }
13    else
14    {
15      //Device is no longer in the network
16    }
17    break;
...
```

第 2 行的"case ZDO_STATE_CHANGE:"代码是对应设备在网络中的状态发生改变的情况。

第 3~6 行代码用于获取设备当前的状态,并判断它是否是协调器、路由器或者是终端设备。

第 7~12 行代码用于通过函数调用语句"osal_start_timerEx(SampleApp_TaskID, SAMPLEAPP_SEND_PERIODIC_MSG_EVT,SAMPLEAPP_SEND_PERIODIC_MSG_TIMEOUT);"来启动一个定时器,定时产生一个相关的任务事件。

osal_start_timerEx()函数在任务 2 的按键例程中曾经出现过,下面详细介绍这个函数。以上面的函数调用语句为例,第一个参数 SampleApp_TaskID 表示相关的任务号,第二个参数 SAMPLEAPP_SEND_PERIODIC_MSG_EVT 表示发送广播信息的事件,第 3 个参数 SAMPLEAPP_SEND_PERIODIC_MSG_TIMEOUT 表示定时产生发送广播信息事件的时间。

其中,SampleApp_TaskID 参数在 SampleApp_Init()初始化函数中已经对它进行了相关的赋值和注册的操作。

对于 SAMPLEAPP_SEND_PERIODIC_MSG_EVT 参数,单击进入它的定义,可以看到以下内容:

```
#define SAMPLEAPP_SEND_PERIODIC_MSG_EVT            0x0001
```

说明发送广播信息的事件对应 0x0001,而且从上面的注释中可以看出,应用事件用一个以位权重方式定义的 16 位的二进制数来表示,所以一共可以定义 16 个事件。

对于 SAMPLEAPP_SEND_PERIODIC_MSG_TIMEOUT 参数,单击进入它的定义后可以看到如下内容:

```
#define SAMPLEAPP_SEND_PERIODIC_MSG_TIMEOUT    5000
```

这里的时间单位为 ms,5000ms 也就是 5s,即定时发送广播信息的超时时间为 5s,这也是刚才在串口调试助手的接收区中看到每隔大约 5s 接收到一次数据的原因。

现在再对函数调用语句"osal_start_timerEx(SampleApp_TaskID, SAMPLEAPP_ SEND _ PERIODIC _ MSG _ EVT, SAMPLEAPP _ SEND _ PERIODIC _ MSG _ TIMEOUT);"的作用进行总结:启动一个定时器,在 5s 之后会发送广播信息的任务事件。

需要注意的是,"case ZDO_STATE_CHANGE:"是对应设备在网络中的状态发生改变的情况,比如,对应设备从未连接到网络转变为连接到网络的情况,在正常情况下,程序只会进入到它里面一次。当设备在网络中的角色确定且状态不再改变后,程序就不会再进入。

为什么前面的实验现象中串口调试助手的接收区还能不断地接收到数据呢?

需要继续看 SampleApp_ProcessEvent()函数的定义。在此函数定义的最后可以看到对发送广播信息事件进行相应处理的相关程序代码:

```
1    //Send a message out -This event is generated by a timer
2    //(setup in SampleApp_Init())
```

```
3    if ( events & SAMPLEAPP_SEND_PERIODIC_MSG_EVT )
4    {
5      //Send the periodic message
6      SampleApp_SendPeriodicMessage();
7
8      //Setup to send message again in normal period (+a little jitter)
9      osal_start_timerEx(SampleApp_TaskID,
10       SAMPLEAPP_SEND_PERIODIC_MSG_EVT,
11       (SAMPLEAPP_SEND_PERIODIC_MSG_TIMEOUT +(osal_rand() & 0x00FF)) );
12
13     //return unprocessed events
14     return (events ^ SAMPLEAPP_SEND_PERIODIC_MSG_EVT);
15   }
```

第 3 行代码中又一次出现了对应发送广播信息的事件 SAMPLEAPP_SEND_PERIODIC_MSG_EVT。

第 6 行代码通过函数调用语句"SampleApp_SendPeriodicMessage();"发送广播信息，这一条语句是发送广播信息的关键，单击进入它的定义后的程序代码如下：

```
1    void SampleApp_SendPeriodicMessage(void)
2    {
3      if ( AF_DataRequest(&SampleApp_Periodic_DstAddr, &SampleApp_epDesc,
4          SAMPLEAPP_PERIODIC_CLUSTERID,
5          1,
6          (uint8 *)&SampleAppPeriodicCounter,
7          &SampleApp_TransID,
8          AF_DISCV_ROUTE,
9          AF_DEFAULT_RADIUS ) ==afStatus_SUCCESS )
10     {
11     }
12     else
13     {
14       //Error occurred in request to send
15     }
16   }
```

从以上代码中可以看出，此函数主要是通过 AF_DataRequest()函数调用语句来发送广播信息，这里不对 AF_DataRequest()函数的具体实现过程进行详细的研究，只对该函数的几个重要的参数进行介绍，让大家学会如何使用这个函数。

第 4 行的 SAMPLEAPP_PERIODIC_CLUSTERID，单击进入它的定义后可以看到如下内容：

```
#define SAMPLEAPP_PERIODIC_CLUSTERID 1
```

SAMPLEAPP_PERIODIC_CLUSTERID 对应广播在群集中的 ID 号,这里将其定义为1。

第5行的1表示要发送的广播数据信息的长度,即发送1个字节。

第6行的"(uint8 *)&SampleAppPeriodicCounter",表示要发送的广播数据信息的首地址。单击进入它的定义后可以看到如下内容:

```
uint8 SampleAppPeriodicCounter=0;
```

在这里可以对发送广播数据函数 SampleApp_SendPeriodicMessage()重新进行定义,让本任务的相关实验例程的运行结果更加丰富,重新定义后,该函数的程序代码如下:

```
void SampleApp_SendPeriodicMessage( void )
{
  uint8 data[10]={'0','1','2','3','4','5','6','7','8','9'};
if(AF_DataRequest(&SampleApp_Periodic_DstAddr, &SampleApp_epDesc,
                  SAMPLEAPP_PERIODIC_CLUSTERID,
                  10,
                  data,
                  &SampleApp_TransID,
                  AF_DISCV_ROUTE,
                  AF_DEFAULT_RADIUS ) ==afStatus_SUCCESS )
  {
  }
  else
  {
      //Error occurred in request to send
  }
}
```

再回到 SampleApp_ProcessEvent()函数中对发送广播信息事件进行相应处理的相关程序代码中。

第8~11行代码是通过 osal_start_timerEx()函数定时产生一个发送广播数据的事件。这里的定时时间为 SAMPLEAPP_SEND_PERIODIC_MSG_TIMEOUT + (osal_rand() & 0x00FF),即在原来5000ms 的基础上再加上系统随机生成的一个16位二进制数与 0xFF 按位相与的结果,最后的数的范围为5000~5255。

### 2. 接收部分程序代码

现在来分析接收部分的程序代码。

接收部分的程序代码可以分为两部分:接收到广播发送的数据和将接收到的广播数据通过串口发送给 PC。

在 SampleApp.c 文件的事件处理函数 SampleApp_ProcessEvent()中,在 switch 语

句中找到"case AF_INCOMING_MSG_CMD：",相关的程序代码如下：

```
//Received when a messages is received (OTA) for this endpoint
case AF_INCOMING_MSG_CMD:
    SampleApp_MessageMSGCB( MSGpkt );
      break;
...
```

"case AF_INCOMING_MSG_CMD：" 是对应该节点接收到信息的情况,这里主要是通过第 3 行的函数调用语句"SampleApp_MessageMSGCB(MSGpkt);"来完成相关的操作。SampleApp_MessageMSGCB()函数就是对接收到的数据进行相关处理的函数。单击进入该函数的定义,程序代码如下：

```
1   void SampleApp_MessageMSGCB( afIncomingMSGPacket_t * pkt )
2   {
3     uint16 flashTime;
4
5     switch ( pkt→clusterId )
6     {
7       case SAMPLEAPP_PERIODIC_CLUSTERID:
8         HalUARTWrite(0, "I get data\n", 11);        //显示接收到数据
9         break;
10
11      case SAMPLEAPP_FLASH_CLUSTERID:
12        flashTime =BUILD_UINT16(pkt→cmd.Data[1], pkt→cmd.Data[2] );
13        HalLedBlink( HAL_LED_4, 4, 50, (flashTime / 4) );
14        break;
15    }
16  }
```

第 5 行代码表示 switch(pkt→clusterId)通过对函数形参 pkt 的成员变量 clusterId 进行判断,确定收到的数据的类型。

第 7 行代码表示如果是 SAMPLEAPP_PERIODIC_CLUSTERID,则对应接收到广播数据。相信大家对 SAMPLEAPP_PERIODIC_CLUSTERID 不会感到陌生,它就是前面为了发送广播数据而调用的 AF_DataRequest()函数中所使用的参数——广播在群集中的 ID 号。SAMPLEAPP_PERIODIC_CLUSTERID 也将广播数据通信的发送和接收联系起来。

需要注意的是,这里对于接收到的数据信息的类型在群集中的 ID 是通过函数的形参 pkt 的成员变量 clusterId 来获取的。pkt 是一个 afIncomingMSGPacket_t 结构体类型的指针,接收到的数据的所有信息都是通过 pkt 的成员变量来获取的。单击进入 afIncomingMSGPacket_t 结构体类型的定义,程序代码如下：

```c
typedef struct
{
    osal_event_hdr_t hdr;      /* OSAL Message header */
    uint16 groupId;            /* Message's group ID - 0 if not set */
    uint16 clusterId;          /* Message's cluster ID */
    afAddrType_t srcAddr;      /* Source Address, if endpoint is STUBAPS_INTER_
                                  PAN_EP, it's an InterPAN message */
    uint16 macDestAddr;        /* MAC header destination short address */
    uint8 endPoint;            /* destination endpoint */
    uint8 wasBroadcast;        /* TRUE if network destination was a broadcast
                                  address */
    uint8 LinkQuality;         /* The link quality of the received data frame */
    uint8 correlation;         /* The raw correlation value of the received data
                                  frame */
    int8 rssi;                 /* The received RF power in units dBm */
    uint8 SecurityUse;         /* deprecated */
    uint32 timestamp;          /* receipt timestamp from MAC */
    uint8 nwkSeqNum;           /* network header frame sequence number */
    afMSGCommandFormat_t cmd;  /* Application Data */
} afIncomingMSGPacket_t;
```

这里还想获取接收到的具体的数据，cmd 右边的注释中显示"Application Data"，即应用数据。需要注意的是，cmd 本身是一个 afMSGCommandFormat_t 结构体类型的成员变量。进入该结构体类型的定义，程序代码如下：

```c
//Generalized MSG Command Format
typedef struct
{
    uint8   TransSeqNumber;
    uint16  DataLength;                //Number of bytes in TransData
    uint8   *Data;
} afMSGCommandFormat_t;
```

从以上程序代码中可以看到，在 afMSGCommandFormat_t 结构体类型的定义中，成员变量 Data 即对应被传输数据的首地址，而 DataLength 对应被传输数据的长度。

第 8 行代码通过串口发送语句"HalUARTWrite(0, "I get data\n", 11);"向 PC 发送接收到数据的信息。

对接收部分的程序代码也进行相应的修改，让它通过串口还向 PC 发送接收到的具体的数据，修改后的程序代码如下：

```c
void SampleApp_MessageMSGCB( afIncomingMSGPacket_t *pkt )
{
    uint16 flashTime;
```

```
  switch ( pkt->clusterId )
  {
    case SAMPLEAPP_PERIODIC_CLUSTERID:
      HalUARTWrite(0, "I get data\n", 11);        //显示接收到数据
      HalUARTWrite(0, &pkt->cmd.Data[0], 10);     //显示接收到的数据信息
      break;

    case SAMPLEAPP_FLASH_CLUSTERID:
      flashTime =BUILD_UINT16(pkt->cmd.Data[1], pkt->cmd.Data[2] );
      HalLedBlink( HAL_LED_4, 4, 50, (flashTime / 4) );
      break;
  }
}
```

最后,将程序下载到开发板,将工程设置为CoordinatorEB,将程序下载到协调器模块;再将工程设置为EndDeviceEB,将程序下载到终端模块,并将协调器模块通过USB数据连接线连接到PC。打开串口调试助手,对两块开发板复位后,可以看到在串口调试助手的接收区不断地显示"I get data"和"0123456789",如图7-37所示。

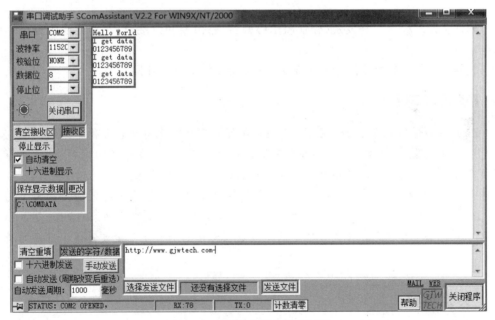

图7-37 程序运行及调试的结果

# 任务 4　Z-Stack 协议栈的网络通信

## 任务目标

- 掌握点播、组播和广播三种网络通信的特点。
- 掌握点播、组播和广播三种网络通信的实验流程。
- 掌握 3 个例程参数的修改。

## 任务内容

- 点播例程流程及函数参数修改。
- 组播例程流程及函数参数修改。
- 广播例程流程及函数参数修改。

## 任务实施

### 一、实验准备

硬件：3 块 ZigBee 开发板（分别用作协调器、路由器和终端，以及在组播中分成不同的组）。

软件：本任务的相关例程依然在 Z-Stack 协议栈上进行开发。

【理论学习】

ZigBee 的通信方式主要有三种：点播、组播和广播。①点播：又称单播，顾名思义，就是点对点的通信，数据从一个设备发送到另一个设备，不允许其他的设备接收，也即数据通信只有一个接收方。②组播：也可以从它的字面来理解，就是将网络中的各通信设备进行分组，一个设备发送的数据只有与该设备具有相同组号的设备才能接收到。③广播：就是一个设备发送的数据，所有的设备都能接收得到，它是最基本、最普遍、使用最广泛的一种数据通信方式。任务 3 实现的无线数据传输的例程实际上就是使用广播的通信方式。

### 二、实验实施

#### （一）点播

**第一步：打开 Z-Stack 协议栈工程 SampleApp.eww**

首先在 SampleApp.c 文件中找到对两个 afAddrType_t 类型的全局变量 SampleApp_Periodic_DstAddr 和 SampleApp_Flash_DstAddr 的定义，相应的程序代码如图 7-38

所示。

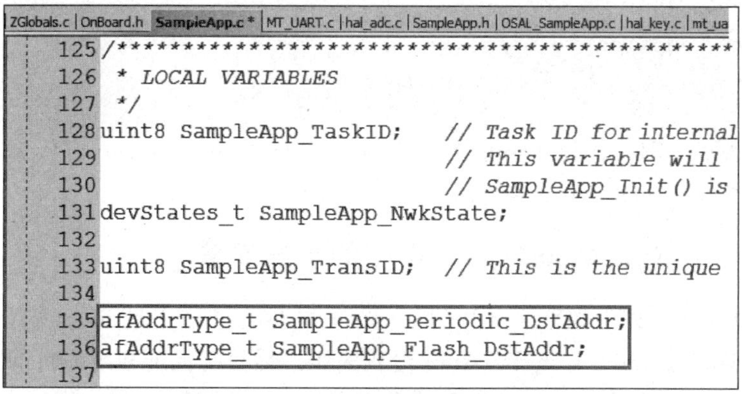

```
125 /*********************************
126  * LOCAL VARIABLES
127  */
128 uint8 SampleApp_TaskID;    // Task ID for internal
129                             // This variable will
130                             // SampleApp_Init() is
131 devStates_t SampleApp_NwkState;
132
133 uint8 SampleApp_TransID;   // This is the unique
134
135 afAddrType_t SampleApp_Periodic_DstAddr;
136 afAddrType_t SampleApp_Flash_DstAddr;
137
```

图 7-38　afAddrType_t 类型的全局变量

【理论学习】

afAddrType_t 是一个表示地址的类型，而 SampleApp_Periodic_DstAddr 和 SampleApp_Flash_DstAddr 是两个 afAddrType_t 类型的全局变量，分别表示广播和组播的目的地址。它们的名字也有助于加深对它们所表示含义的理解和记忆。单击进入 afAddrType_t 的定义，可以看到它是一个结构体类型，其程序代码如下：

```
typedef struct
{
  union
  {
    uint16 shortAddr;
    ZLongAddr_t extAddr;
  } addr;
  afAddrMode_t addrMode;
  uint8 endPoint;
  uint16 panId;                 //used for the INTER_PAN feature
} afAddrType_t;
```

其中，联合类型的成员变量 addr 中的 uint16 类型的成员 shortAddr 表示通信的具体目的地址，afAddrMode_t 类型的成员 addrMode 表示通信的模式。单击进入 afAddrMode_t 的定义，可以看到它是一个枚举的类型，而且它的定义就在 afAddrType_t 的定义的前面，其程序代码如下：

```
typedef enum
{
  afAddrNotPresent=AddrNotPresent,
  afAddr16Bit=Addr16Bit,
```

```
    afAddr64Bit=Addr64Bit,
    afAddrGroup=AddrGroup,
    afAddrBroadcast=AddrBroadcast
} afAddrMode_t;
```

其中,afAddr16Bit(Addr16Bit)对应点播通信方式,afAddrGroup(AddrGroup)对应组播通信方式,afAddrBroadcast(AddrBroadcast)对应广播通信方式。

### 第二步:定义 afAddrType_t 类型的全局变量

SampleApp.c 文件中那两个 afAddrType_t 类型的全局变量 SampleApp_Periodic_DstAddr 和 SampleApp_Flash_DstAddr 分别表示广播目的地址和组播目的地址;在它们的后面再定义一个 afAddrType_t 类型的全局变量,表示点播的目的地址,相应的程序代码如下:

```
afAddrType_t SampleApp_Point_DstAddr;
```

SampleApp.c 文件如图 7-39 所示。

```
125 /**************************************************************
126  * LOCAL VARIABLES
127  */
128 uint8 SampleApp_TaskID;     // Task ID for internal task/event processing
129                             // This variable will be received when
130                             // SampleApp_Init() is called.
131 devStates_t SampleApp_NwkState;
132
133 uint8 SampleApp_TransID;    // This is the unique message ID (counter)
134
135 afAddrType_t SampleApp_Periodic_DstAddr;
136 afAddrType_t SampleApp_Flash_DstAddr;
137 afAddrType_t SampleApp_Point_DstAddr;//对应点播的目的地址
```

图 7-39 点播目的地址

### 【理论学习】

因为 SampleApp_Point_DstAddr 是一个 afAddrType_t 结构体类型的变量,表示点播的目的地址,所以需要对它的结构体成员进行相应的设置,以确定它对应的通信方式和通信的具体目的地址。

在 SampleApp.c 文件中的初始化函数 SampleApp_Init()中找到对表示广播目的地址和组播目的地址的变量 SampleApp_Periodic_DstAddr 和 SampleApp_Flash_DstAddr 的结构体成员进行相应的设置,在它们的后面添加对 SampleApp_Point_DstAddr 结构体成员进行相应设置的程序代码,如图 7-40 所示。

其中,第 207 行中的 afAddrMode_t 枚举类型的成员 afAddr16Bit 表示点播通信方式。第 209 行中的 0xFFFF 表示协调器的地址,即通信的目的地址是协调器。所以,第 207~209 行代码表示通信是终端节点对协调器的点播方式。

```
205    // Setup for the periodic message's destination address
206    // Broadcast to everyone
207    SampleApp_Periodic_DstAddr.addrMode = (afAddrMode_t)AddrBroadcast;
208    SampleApp_Periodic_DstAddr.endPoint = SAMPLEAPP_ENDPOINT;
209    SampleApp_Periodic_DstAddr.addr.shortAddr = 0xFFFF;
210
211    // Setup for the flash command's destination address - Group 1
212    SampleApp_Flash_DstAddr.addrMode = (afAddrMode_t)afAddrGroup;
213    SampleApp_Flash_DstAddr.endPoint = SAMPLEAPP_ENDPOINT;
214    SampleApp_Flash_DstAddr.addr.shortAddr = SAMPLEAPP_FLASH_GROUP;
215
216    //对表示点播目的地址的afAddrType_t类型的变量SampleApp_Point_DstAddr的结构体成员进行设置
217    SampleApp_Point_DstAddr.addrMode = (afAddrMode_t)afAddr16Bit;//设置通信方式为点播
218    SampleApp_Point_DstAddr.endPoint = SAMPLEAPP_ENDPOINT;
219    SampleApp_Point_DstAddr.addr.shortAddr = 0x0000;//设置通信的目的地址为0x0000,即协调器
220
```

图 7-40 点播结构体成员

### 第三步：添加点播发送函数

在 SampleApp.c 文件中找到广播发送函数 SampleApp_SendPeriodicMessage()和组播发送函数 SampleApp_SendFlashMessage()的定义（在 SampleApp.c 文件的最后），然后在它们的后面定义点播发送函数 SampleApp_SendPointMessage()，程序代码如图 7-41 所示。

```
476  }
477
478  void SampleApp_SendPointMessage( void )
479  {
480      uint8 data[10]={'0','1','2','3','4','5','6','7','8','9'};
481      if ( AF_DataRequest( &SampleApp_Point_DstAddr, &SampleApp_epDesc,
482                           SAMPLEAPP_POINT_CLUSTERID,
483                           10,
484                           data,
485                           &SampleApp_TransID,
486                           AF_DISCV_ROUTE,
487                           AF_DEFAULT_RADIUS ) == afStatus_SUCCESS )
488      {
489      }
490      else
491      {
492          // Error occurred in request to send.
493      }
494  }
495  /****************************************************************
496  *****************************************************************/
497
```

图 7-41 点播发送函数

### 【理论学习】

这段程序代码和在任务 3 中修改的 SampleApp_SendPeriodicMessage()函数中的内容非常相似，只是在 AF_DataRequest()函数中将第 1 个参数和第 3 个参数分别由原来表示广播目的地址的 &SampleApp_Periodic_DstAddr 和广播在群集中的 ID 号 SAMPLEAPP_PERIODIC_CLUSTERID 替换为现在表示点播目的地址的

&SampleApp_Point_DstAddr 和点播在群集中的 ID 号 SAMPLEAPP_Point_CLUSTERID。

SampleApp_Point_DstAddr 已经详细介绍过，而 SAMPLEAPP_Point_CLUSTERID 还没有定义，但相信大家对这种表示一种通信方式在群集中的 ID 号的定义应该不陌生，它用来将该通信方式下的数据发送和数据接收联系起来。单击进入 SAMPLEAPP_PERIODIC_CLUSTERID 的定义，可以看到相关的程序代码如图 7-42 所示。

```
65
66 #define SAMPLEAPP_MAX_CLUSTERS         2
67 #define SAMPLEAPP_PERIODIC_CLUSTERID   1
68 #define SAMPLEAPP_FLASH_CLUSTERID      2
69
```

图 7-42　群集 ID 号

其中，SAMPLEAPP_PERIODIC_CLUSTERID 和 SAMPLEAPP_FLASH_CLUSTERID 分别表示广播和组播的通信方式在群集中的 ID 号，SAMPLEAPP_MAX_CLUSTERS 表示群集的最大个数。在它们的后面定义点播通信方式在群集中的 ID 号 SAMPLEAPP_Point_CLUSTERID 为 3，并且将群集的最大个数 SAMPLEAPP_MAX_CLUSTERS 也相应地修改为 3，修改后 SampleApp.c 文件如图 7-43 所示。

```
65
66 #define SAMPLEAPP_MAX_CLUSTERS         3//2
67 #define SAMPLEAPP_PERIODIC_CLUSTERID   1
68 #define SAMPLEAPP_FLASH_CLUSTERID      2
69 #define SAMPLEAPP_POINT_CLUSTERID      3
70
```

图 7-43　添加点播群集 ID 号

### 第四步：声明点播发送函数

最后不要忘了在 SampleApp.c 文件的开头对函数进行声明的地方声明刚才定义的点播发送函数 SampleApp_SendPointMessage()，如图 7-44 所示。

```
144 /*********************************************************
145  * LOCAL FUNCTIONS
146  */
147 void SampleApp_HandleKeys( uint8 shift, uint8 keys );
148 void SampleApp_MessageMSGCB( afIncomingMSGPacket_t *pckt );
149 void SampleApp_SendPeriodicMessage( void );
150 void SampleApp_SendFlashMessage( uint16 flashTime );
151 void SampleApp_SendPointMessage( void );
152 /*********************************************************
```

图 7-44　定义点播发送函数

## 第五步：数据发送

在定义好了点播发送函数后，就可以进行点播通信方式的数据发送和数据接收了。数据发送是在 SampleApp.c 文件中的事件处理函数 SampleApp_ProcessEvent()中进行。在该函数的最后找到"if (events & SAMPLEAPP_SEND_PERIODIC_MSG_EVT)"，在它后面的大括号中将广播发送函数相应地替换为点播发送函数，程序代码如图 7-45 所示。

```
312
313    // Send a message out - This event is generated by a timer
314    //   (setup in SampleApp_Init()).
315    if ( events & SAMPLEAPP_SEND_PERIODIC_MSG_EVT )
316    {
317      // Send the periodic message
318      //SampleApp_SendPeriodicMessage();
319
320      //点播发送函数
321      SampleApp_SendPointMessage();
322
323      // Setup to send message again in normal period (+ a little jitter)
324      osal_start_timerEx( SampleApp_TaskID, SAMPLEAPP_SEND_PERIODIC_MSG_EVT,
325          (SAMPLEAPP_SEND_PERIODIC_MSG_TIMEOUT + (osal_rand() & 0x00FF)) );
326
327      // return unprocessed events
328      return (events ^ SAMPLEAPP_SEND_PERIODIC_MSG_EVT);
329    }
330
331    // Discard unknown events
332    return 0;
333  }
```

图 7-45　点播发送函数

## 第六步：注释协调器初始化代码

此外，由于不允许协调器给自己点播，所以在周期性点播初始化时协调器不能被初始化，函数中的程序代码还需要进行相应的修改，即将对协调器初始化的代码作为注释，如图 7-46 所示。

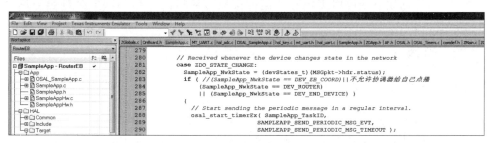

图 7-46　注释协调器初始化代码

## 第七步：数据接收

进入 SampleApp.c 文件中的信息处理函数——SampleApp_MessageMSGCB()函

数。将函数中的"case SAMPLEAPP_PERIODIC_CLUSTERID："相应地替换为"case SAMPLEAPP_POINT_CLUSTERID："，点播通信在群集中的 ID 号 SAMPLEAPP_POINT_CLUSTERID 将点播的数据发送和数据接收联系起来。修改后的 SampleApp_MessageMSGCB()的程序代码如图 7-47 所示。

```
void SampleApp_MessageMSGCB( afIncomingMSGPacket_t *pkt )
{
  uint16 flashTime;

  switch ( pkt->clusterId )
  {
    //case SAMPLEAPP_PERIODIC_CLUSTERID:
    case SAMPLEAPP_POINT_CLUSTERID:
      HalUARTWrite(0, "I get data\n", 11);// 显示接收到数据
      HalUARTWrite(0, &pkt->cmd.Data[0], 10);// 显示接收到的数据信息
      HalUARTWrite(0, "\n", 1);
      break;

    case SAMPLEAPP_FLASH_CLUSTERID:
      flashTime = BUILD_UINT16(pkt->cmd.Data[1], pkt->cmd.Data[2] );
      HalLedBlink( HAL_LED_4, 4, 50, (flashTime / 4) );
      break;
  }
}
```

图 7-47 点播数据接收

至此，点播通信例程的编码工作全部完成。

### 第八步：程序下载

将程序下载到开发板中。在 3 块开发板中选择一块用作终端，一块用作协调器，还有一块用作路由器，并且用 3 根 USB 数据连接线分别将它们与 PC 相连接。打开 3 个串口调试助手客户端，设置好串口参数，然后将工程分别设置为终端、协调器和路由器，并分别下载到这 3 个模块，即终端模块、协调器模块和路由器模块中，对它们复位。

### 第九步：实验现象

只有在协调器连接的串口调试助手的接收区中不断地显示接收到数据——"I get data"和"0123456789"，其他两个模块连接的串口调试助手的接收区中没有显示接收到数据。

## （二）组播

### 第一步：找到目的地址变量和组信息变量

打开 SampleApp.c 文件，并在本地变量定义区域找到与组播相关的目的地址变量和组信息变量，分别是 afAddrType_t 结构体类型的 SampleApp_Flash_DstAddr 和 aps_Group_t 结构体类型的 SampleApp_Group，如图 7-48 所示。

然后在 SampleApp_Init()函数中找到对这两个结构体类型变量的成员进行相关代码的设置，如图 7-49 所示。

## 项目 7 用 Z-Stack 传输数据

```
134
135 afAddrType_t SampleApp_Periodic_DstAddr;
136 afAddrType_t SampleApp_Flash_DstAddr;//组播相关的目的地址
137
138 aps_Group_t SampleApp_Group;//组播相关的组信息
139
```

图 7-48  组播

```
211
212   // Setup for the flash command's destination address - Group 1
213   SampleApp_Flash_DstAddr.addrMode = (afAddrMode_t)afAddrGroup;
214   SampleApp_Flash_DstAddr.endPoint = SAMPLEAPP_ENDPOINT;
215   SampleApp_Flash_DstAddr.addr.shortAddr = SAMPLEAPP_FLASH_GROUP;
216
217   // Fill out the endpoint description.
218   SampleApp_epDesc.endPoint = SAMPLEAPP_ENDPOINT;
219   SampleApp_epDesc.task_id = &SampleApp_TaskID;
220   SampleApp_epDesc.simpleDesc
221         = (SimpleDescriptionFormat_t *)&SampleApp_SimpleDesc;
222   SampleApp_epDesc.latencyReq = noLatencyReqs;
223
224   // Register the endpoint description with the AF
225   afRegister( &SampleApp_epDesc );
226
227   // Register for all key events - This app will handle all key eve
228   RegisterForKeys( SampleApp_TaskID );
229
230   // By default, all devices start out in Group 1
231   SampleApp_Group.ID = 0x0001;
232   osal_memcpy( SampleApp_Group.name, "Group 1", 7 );
233   aps_AddGroup( SAMPLEAPP_ENDPOINT, &SampleApp_Group );
234
```

图 7-49  结构体变量设置

### 第二步：修改组 ID

需要对组信息变量 SampleApp_Group 的结构体成员 ID 设置的相关代码进行修改，修改为组播相关的组 ID——SAMPLEAPP_FLASH_GROUP，这样可以方便地对组信息变量 SampleApp_Group 进行扩展。相应的程序代码如下：

```
SampleApp_Group.ID = SAMPLEAPP_FLASH_GROUP;
```

修改组 ID 的代码如图 7-50 所示。

```
229
230   // By default, all devices start out in Group 1
231   SampleApp_Group.ID = SAMPLEAPP_FLASH_GROUP;//0x0001;
232   osal_memcpy( SampleApp_Group.name, "Group 1", 7 );
233   aps_AddGroup( SAMPLEAPP_ENDPOINT, &SampleApp_Group );
234
```

图 7-50  修改组 ID

单击进入 SAMPLEAPP_FLASH_GROUP 的定义，可以看到在 SampleApp.h 文件中相关的程序代码如下：

```
#define SAMPLEAPP_FLASH_GROUP                    0x0001
```

定义组 ID 的代码如图 7-51 所示。

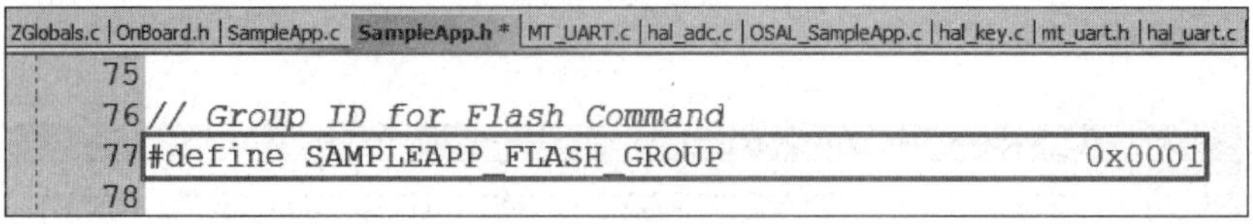

```
75
76 // Group ID for Flash Command
77 #define SAMPLEAPP_FLASH_GROUP                  0x0001
78
```

图 7-51　定义组 ID

### 第三步：定义组播发送函数

SampleApp.c 文件中已经有组播相关的发送函数，但它并不适合例程的实际应用，需要定义自己的组播发送函数。

在 SampleApp.c 文件中找到广播发送函数 SampleApp_SendPeriodicMessage() 和组播发送函数 SampleApp_SendFlashMessage() 的定义，在它们的后面，即文件的最后定义自己的组播发送函数 SampleApp_SendGroupMessage()，程序代码如下：

```c
void SampleApp_SendGroupMessage( void )
{
  uint8 data[10]={'0','1','2','3','4','5','6','7','8','9'};
  if ( AF_DataRequest( &SampleApp_Flash_DstAddr, &SampleApp_epDesc,
            SAMPLEAPP_FLASH_CLUSTERID,
            10,
            data,
            &SampleApp_TransID,
            AF_DISCV_ROUTE,
                AF_DEFAULT_RADIUS ) ==afStatus_SUCCESS )
  {
  }
  else
  {
    //Error occurred in request to send.
  }
}
```

SampleApp.c 文件如图 7-52 所示。

SAMPLEAPP_FLASH_CLUSTERID 表示组播在群集中的 ID 号，它会将组播通信的发送和接收联系起来。单击进入它的定义，可以看到相关的程序代码如图 7-53 所示。

```
472
473 /***************************************************************
474  ***************************************************************/
475 void SampleApp_SendGroupMessage( void )
476 {
477   uint8 data[10]={'0','1','2','3','4','5','6','7','8','9'};
478   if ( AF_DataRequest( &SampleApp_Flash_DstAddr, &SampleApp_epDesc,
479                        SAMPLEAPP_FLASH_CLUSTERID,
480                        10,
481                        data,
482                        &SampleApp_TransID,
483                        AF_DISCV_ROUTE,
484                        AF_DEFAULT_RADIUS ) == afStatus_SUCCESS )
485   {
486   }
487   else
488   {
489     // Error occurred in request to send.
490   }
491 }
492
```

图 7-52 组播发送函数

```
65
66 #define SAMPLEAPP_MAX_CLUSTERS         2
67 #define SAMPLEAPP_PERIODIC_CLUSTERID   1
68 #define SAMPLEAPP_FLASH_CLUSTERID      2
69
```

图 7-53 群集 ID

## 第四步：声明组播发送函数

在定义好组播发送函数 SampleApp_SendGroupMessage 之后，不要忘记在 SampleApp.c 文件的开头处声明它，如图 7-54 所示。

```
143 /***************************************************************
144  * LOCAL FUNCTIONS
145  */
146 void SampleApp_HandleKeys( uint8 shift, uint8 keys );
147 void SampleApp_MessageMSGCB( afIncomingMSGPacket_t *pckt );
148 void SampleApp_SendPeriodicMessage( void );
149 void SampleApp_SendFlashMessage( uint16 flashTime );
150 void SampleApp_SendGroupMessage(void);
151
```

图 7-54 定义组播发送函数

## 第五步：替换调用语句

在 SampleApp.c 文件的事件处理函数 SampleApp_ProcessEvent()中将广播发送函

数的调用语句"SampleApp_SendPeriodicMessage();"替换成组播发送函数的调用语句"SampleApp_SendGroupMessage();",如图 7-55 所示。

```c
// Send a message out - This event is generated by a timer
//   (setup in SampleApp_Init()).
if ( events & SAMPLEAPP_SEND_PERIODIC_MSG_EVT )
{
  // Send the periodic message
  //SampleApp_SendPeriodicMessage();
  SampleApp_SendGroupMessage();

  // Setup to send message again in normal period (+ a little jitter)
  osal_start_timerEx( SampleApp_TaskID, SAMPLEAPP_SEND_PERIODIC_MSG_EVT,
      (SAMPLEAPP_SEND_PERIODIC_MSG_TIMEOUT + (osal_rand() & 0x00FF)) );

  // return unprocessed events
  return (events ^ SAMPLEAPP_SEND_PERIODIC_MSG_EVT);
}

// Discard unknown events
return 0;
}
```

图 7-55　调用组播发送函数

### 第六步：修改数据处理程序

最后在信息处理函数 SampleApp_MessageMSGCB() 中,将对接收到的组播数据进行处理的相关程序代码相应地修改为自己的程序代码,代码如下：

```c
case SAMPLEAPP_FLASH_CLUSTERID:
  HalUARTWrite(0, "I get data\n", 11);         //显示接收到数据
  HalUARTWrite(0, &pkt->cmd.Data[0], 10);      //显示接收到的数据信息
  HalUARTWrite(0, "\n", 1);
  break;
```

此时的 SampleApp.c 文件如图 7-56 所示。

至此,对组播通信例程代码的修改全部完成。

### 第七步：程序下载

将程序下载到开发板。

首先用 3 根 USB 数据连接线将开发板连接到 PC,打开 3 个串口调试助手客户端,设置好相应的串口参数。

然后将 3 块开发板进行如下设置：第一块开发板用作协调器,第二、三块开发板用作路由器。再对这 3 块开发板进行分组,第一、二块开发板的组 ID 为 0x0001,第三块开发板的组 ID 为 0x0002,如图 7-57 所示。

最后将程序分别下载到这 3 块开发板,并且对它们分别复位。

```
391   * @return  none
392   */
393  void SampleApp_MessageMSGCB( afIncomingMSGPacket_t *pkt )
394  {
395    uint16 flashTime;
396
397    switch ( pkt->clusterId )
398    {
399      case SAMPLEAPP_PERIODIC_CLUSTERID:
400        HalUARTWrite(0, "I get data\n", 11);//显示接收到数据
401        HalUARTWrite(0, &pkt->cmd.Data[0], 10);//显示接收到的数据信息
402        HalUARTWrite(0, "\n", 1);
403        break;
404
405      case SAMPLEAPP_FLASH_CLUSTERID:
406        //flashTime = BUILD_UINT16(pkt->cmd.Data[1], pkt->cmd.Data[2] );
407        //HalLedBlink( HAL_LED_4, 4, 50, (flashTime / 4) );
408        HalUARTWrite(0, "I get data\n", 11);//显示接收到数据
409        HalUARTWrite(0, &pkt->cmd.Data[0], 10);//显示接收到的数据信息
410        HalUARTWrite(0, "\n", 1);
411        break;
412    }
413  }
414
```

图 7-56　修改组播接收函数

```
75
76  // Group ID for Flash Command
77  #define SAMPLEAPP_FLASH_GROUP             0x0002//0x0001
78
79  // Flash Command Duration - in milliseconds
80  #define SAMPLEAPP_FLASH_DURATION          1000
81
```

图 7-57　修改 ID

### 第八步：实验现象

在组 ID 号为 0x0001 的协调器模块和路由器模块所连接的串口调试助手中，接收区不断显示接收到数据；而在组 ID 号为 0x0002 的路由器模块所连接的串口调试助手中，接收区没有显示接收到数据。

### 【理论学习】

这里再对组播知识进行一下拓展。

刚刚提到终端设备不参与组播，原因是 SampleApp 例程中终端设备默认采用睡眠中断的工作方式，射频不是一直工作，可以下载组播例程到终端，发现不能正常接收组播信息。

如果确实需要使用终端设备参与组播，可以参考下面的方法。

在协议规范里面有规定，睡眠中断不接收组播信息，如果一定想要接收，只有将终端的接收机一直打开，这样就可以接收到了。具体做法为：将 f8config.cfg 配置文件中的-RFD_RCVC_ALWAYS_ON＝FALSE 改为-RFD_RCVC_ALWAYS_ON＝TRUE 就可以了。

## （三）广播

### 第一步：找到目的地址变量

在 SampleApp.c 文件中找到广播相关的目的地址的定义，程序代码如下：

```
afAddrType_t SampleApp_Periodic_DstAddr;
```

此时的 SampleApp.c 文件如图 7-58 所示。

```
124
125 /************************************
126  * LOCAL VARIABLES
127  */
128 uint8 SampleApp_TaskID;     // Task ID for internal task/event processing
129                             // This variable will be received when
130                             // SampleApp_Init() is called.
131 devStates_t SampleApp_NwkState;
132
133 uint8 SampleApp_TransID;    // This is the unique message ID (counter)
134
135 afAddrType_t SampleApp_Periodic_DstAddr;//广播相关的目的地址
136 afAddrType_t SampleApp_Flash_DstAddr;
137
138 aps_Group_t SampleApp_Group;
139
140 uint8 SampleAppPeriodicCounter = 0;
141 uint8 SampleAppFlashCounter = 0;
142
```

图 7-58　广播目的地址

### 第二步：找到广播成员设置代码

在 SampleApp_Init 初始化函数中找到对 SampleApp_Periodic_DstAddr 成员进行设置的相关程序代码，代码如下：

```
SampleApp_Periodic_DstAddr.addrMode = (afAddrMode_t)AddrBroadcast;
SampleApp_Periodic_DstAddr.endPoint = SAMPLEAPP_ENDPOINT;
  SampleApp_Periodic_DstAddr.addr.shortAddr = 0xFFFF;
```

此时的 SampleApp.c 文件如图 7-59 所示。

## 项目 7 用 Z-Stack 传输数据

```
202     ZDOInitDevice(0);
203 #endif
204
205     // Setup for the periodic message's destination address
206     // Broadcast to everyone
207     SampleApp_Periodic_DstAddr.addrMode = (afAddrMode_t)AddrBroadcast;
208     SampleApp_Periodic_DstAddr.endPoint = SAMPLEAPP_ENDPOINT;
209     SampleApp_Periodic_DstAddr.addr.shortAddr = 0xFFFF;
210
211     // Setup for the flash command's destination address - Group 1
212     SampleApp_Flash_DstAddr.addrMode = (afAddrMode_t)afAddrGroup;
213     SampleApp_Flash_DstAddr.endPoint = SAMPLEAPP_ENDPOINT;
214     SampleApp_Flash_DstAddr.addr.shortAddr = SAMPLEAPP_FLASH_GROUP;
215
216     // Fill out the endpoint description.
217     SampleApp_epDesc.endPoint = SAMPLEAPP_ENDPOINT;
218     SampleApp_epDesc.task_id = &SampleApp_TaskID;
219     SampleApp_epDesc.simpleDesc
220             = (SimpleDescriptionFormat_t *)&SampleApp_SimpleDesc;
221     SampleApp_epDesc.latencyReq = noLatencyReqs;
```

图 7-59 广播结构体成员

## 【理论学习】

这些程序代码都是 Z-Stack 协议栈自带的,无须修改。

这里需要说明的是,第 209 行中的 0xFFFF 是广播地址。协议栈中的广播地址主要有 3 种类型,具体的定义如下。

(1) 0xFFFF:数据包将被发送到网络中的所有设备上,包括处于睡眠中的设备。对于睡眠中的设备,数据包将被保留在其父亲节点直到查询到它,或者消息超时。

(2) 0xFFFD:数据包将被发送到网络中的所有在空闲时打开接收的设备(RXONWHENIDLE)上,也就是除了睡眠中的所有设备。

(3) 0xFFFC:数据包将被发送给所有的路由器,包括协调器。

## 第三步:修改发送函数

找到协议栈自带的广播发送函数 SampleApp_SendPeriodicMessage 的定义(已经在任务 3 中),修改它的定义,其程序代码如下:

```
void SampleApp_SendPeriodicMessage( void )
{
  uint8 data[10]={'0','1','2','3','4','5','6','7','8','9'};
  if ( AF_DataRequest( &SampleApp_Periodic_DstAddr, &SampleApp_epDesc,
            SAMPLEAPP_PERIODIC_CLUSTERID,
            10,
            data,
            &SampleApp_TransID,
            AF_DISCV_ROUTE,
```

```
                    AF_DEFAULT_RADIUS ) ==afStatus_SUCCESS )
{
}
else
{
  //Error occurred in request to send.
}
}
```

此时 SampleApp.c 文件中的显示如图 7-60 所示。

```
417   * @return  none
418   */
419  void SampleApp_SendPeriodicMessage( void )
420  {
421    uint8 data[10]={'0','1','2','3','4','5','6','7','8','9'};
422    if ( AF_DataRequest( &SampleApp_Periodic_DstAddr, &SampleApp_epDesc,
423                         SAMPLEAPP_PERIODIC_CLUSTERID,
424                         10,
425                         data,
426                         &SampleApp_TransID,
427                         AF_DISCV_ROUTE,
428                         AF_DEFAULT_RADIUS ) == afStatus_SUCCESS )
429    {
430    }
431    else
432    {
433      // Error occurred in request to send.
434    }
435  }
436
```

图 7-60　修改广播发送函数

其中，SAMPLEAPP_PERIODIC_CLUSTERID 表示广播在群集中的 ID 号，它将广播的发送和接收联系起来，单击进入它的定义，程序代码如下：

```
#define SAMPLEAPP_PERIODIC_CLUSTERID 1
```

SampleApp.c 文件中的显示如图 7-61 所示。

## 第四步：保留广播发送函数调用语句

在事件处理函数 SampleApp_ProcessEvent()中保留广播发送函数调用语句"SampleApp_SendPeriodicMessage();"，如图 7-62 所示。

## 第五步：修改接收信息

在信息处理函数 SampleApp_MessageMSGCB()中，已在无线数据传输例程中修改过对接收到的广播信息的处理操作，程序代码如下：

```
59 #define SAMPLEAPP_ENDPOINT              20
60
61 #define SAMPLEAPP_PROFID                0x0F08
62 #define SAMPLEAPP_DEVICEID              0x0001
63 #define SAMPLEAPP_DEVICE_VERSION        0
64 #define SAMPLEAPP_FLAGS                 0
65
66 #define SAMPLEAPP_MAX_CLUSTERS          2
67 #define SAMPLEAPP_PERIODIC_CLUSTERID 1
68 #define SAMPLEAPP_FLASH_CLUSTERID       2
69
70 // Send Message Timeout
71 #define SAMPLEAPP_SEND_PERIODIC_MSG_TIMEOUT    5000
72
73 // Application Events (OSAL) - These are bit weighted
74 #define SAMPLEAPP_SEND_PERIODIC_MSG_EVT        0x0001
```

图 7-61 广播群集 ID

```
306
307   // Send a message out - This event is generated by a timer
308   //  (setup in SampleApp_Init()).
309   if ( events & SAMPLEAPP_SEND_PERIODIC_MSG_EVT )
310   {
311     // Send the periodic message
312     SampleApp_SendPeriodicMessage();
313
314     // Setup to send message again in normal period (+ a little jitter)
315     osal_start_timerEx( SampleApp_TaskID, SAMPLEAPP_SEND_PERIODIC_MSG_EVT,
316         (SAMPLEAPP_SEND_PERIODIC_MSG_TIMEOUT + (osal_rand() & 0x00FF)) );
317
318     // return unprocessed events
319     return (events ^ SAMPLEAPP_SEND_PERIODIC_MSG_EVT);
320   }
321
322   // Discard unknown events
323   return 0;
324 }
```

图 7-62 调用广播发送函数

```
void SampleApp_MessageMSGCB( afIncomingMSGPacket_t *pkt )
{
  uint16 flashTime;

  switch ( pkt->clusterId )
  {
    case SAMPLEAPP_PERIODIC_CLUSTERID:
      HalUARTWrite(0, "I get data\n", 11);        //显示接收到数据
      HalUARTWrite(0, &pkt->cmd.Data[0], 10);     //显示接收到的数据信息
      HalUARTWrite(0, "\n", 1);
      break;
```

```
        case SAMPLEAPP_FLASH_CLUSTERID:
          flashTime =BUILD_UINT16(pkt->cmd.Data[1], pkt->cmd.Data[2] );
          HalLedBlink( HAL_LED_4, 4, 50, (flashTime / 4) );
          break;
      }
    }
```

SampleApp.c 文件中的显示如图 7-63 所示。

```
389  * @return  none
390  */
391 void SampleApp_MessageMSGCB( afIncomingMSGPacket_t *pkt )
392 {
393   uint16 flashTime;
394
395   switch ( pkt->clusterId )
396   {
397     case SAMPLEAPP_PERIODIC_CLUSTERID:
398       HalUARTWrite(0, "I get data\n", 11);//显示接收到数据
399       HalUARTWrite(0, &pkt->cmd.Data[0], 10);//显示接收到的数据信息
400       HalUARTWrite(0, "\n", 1);
401       break;
402
403     case SAMPLEAPP_FLASH_CLUSTERID:
404       flashTime = BUILD_UINT16(pkt->cmd.Data[1], pkt->cmd.Data[2] );
405       HalLedBlink( HAL_LED_4, 4, 50, (flashTime / 4) );
406       break;
407   }
408 }
```

图 7-63　广播数据的接收

至此,广播通信例程的编码全部完成。

### 第六步:程序下载

将程序下载到开发板。

首先将 3 块开发板分别设置如下:第一块开发板设置为协调器,第二块开发板设置为路由器,第三块开发板设置为终端。另外,为了验证接收广播信息的效果,在程序的广播发送函数 SampleApp_SendPeriodicMessage()中,将协调器模块发送的数据修改为"1111111111",路由器模块发送的数据修改为"2222222222",终端模块发送的数据修改为"3333333333",以协调器模块为例,如图 7-64 所示。

然后用 3 根 USB 数据连接线将这 3 个 ZigBee 模块分别连接到 PC,打开 3 个串口调试助手客户端,设置好串口参数。

最后分别将不同的程序代码相应地下载到这 3 个 ZigBee 模块,并对它们分别进行复位。

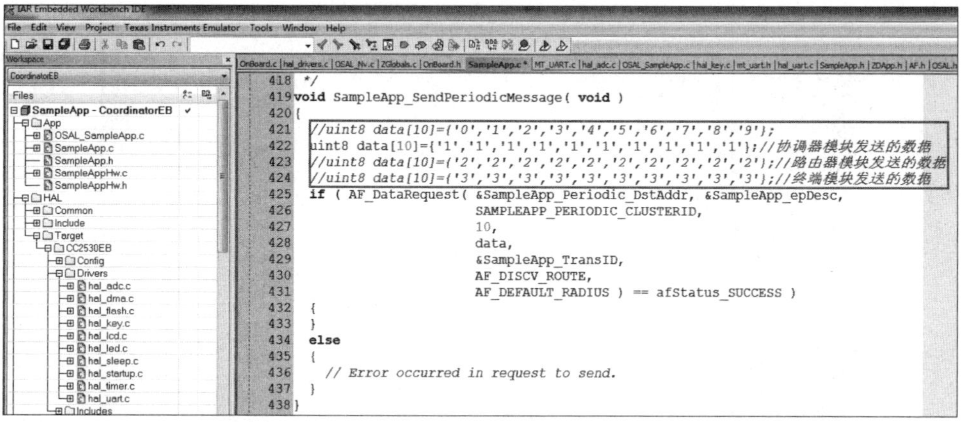

# 项目 7 用 Z-Stack 传输数据

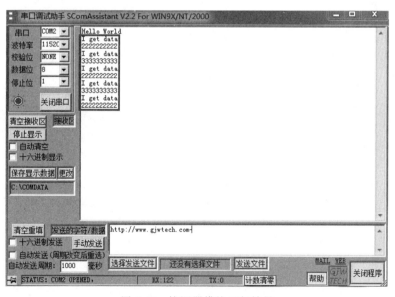

图 7-64 程序下载

## 第七步：实验现象

在 3 个串口调试助手客户端的接收区中不断地显示接收到来自其他模块发送的数据，如图 7-65 和图 7-66 所示（COM2 对应协调器模块，COM3 对应路由器模块，COM4 对应终端模块）。

图 7-65 协调器模块运行结果

至此，网络通信实验的课程就全部结束了。大家可以比较一下点播、组播和广播这 3 种通信方式的特点的不同，以便在今后的无线数据通信中对它们进行灵活的使用。

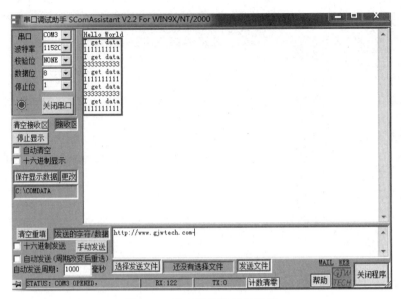

图 7-66　路由器模块运行结果

# 项目 8 网 络 通 信

ZigBee 是基于 IEEE 802.15.4 标准的低功耗局域网协议。根据国际标准规定，ZigBee 技术是一种短距离、低功耗的无线通信技术。ZigBee 主要有点播、组播和广播等 3 种通信方式。3 种无线通信分别满足了一对一、一对多等各种不同情况的网络通信需求，实现了 ZigBee 的网络数据传输。

ZigBee 网络通信的基本流程为：设备终端的数据→协调器或路由器(网关)→MCU。每个 CC2530 芯片在出厂的时候都有一个全球唯一的 32 位的 MAC 地址，在设备的整个生命周期内都将保持不同，它由国际 IEEE 组织分配，在芯片出厂时已经写入芯片中，并且不能修改。而当其作为设备节点被无线地连接到一个 ZigBee 网络中时，该设备会获得由协调器分配的一个 16 位的短地址，它只在这个网络中唯一，用于网络内数据收发时的地址识别。协调器的默认地址是 0x0000。很多时候 ZigBee 无线网络就是通过这个短地址来进行网络管理的。

## 项目任务

- 任务 1　Z-Stack 协议栈中的网络通信
- 任务 2　Z-Stack 协议栈中的网络管理

## 项目目标

- 掌握网络通信(点播、组播、广播)的实验流程。
- 掌握各例程代码。

## 任务 1　Z-Stack 协议栈中的网络通信

### 任务目标

- 掌握点播、组播和广播 3 种网络通信的特点。
- 掌握点播、组播和广播 3 种网络通信的实验流程。
- 掌握 3 个例程参数的修改。

### 任务内容

- 点播例程流程及函数参数修改。

- 组播例程流程及函数参数修改。
- 广播例程流程及函数参数修改。

# 任务实施

## 一、实验准备

硬件：3 块 ZigBee 开发板（分别用作协调器、路由器和终端，以及在组播中分成不同的组）。
软件：IAR 集成开发环境、Z-Stack 协议栈。

## 二、实验实施

### （一）点播

#### 第一步：打开 Z-Stack 协议栈工程 SampleApp.eww

首先在 SampleApp.c 文件中找到对两个 afAddrType_t 类型的全局变量 SampleApp_Periodic_DstAddr 和 SampleApp_Flash_DstAddr 的定义，相应的程序代码如图 8-1 所示。

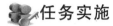

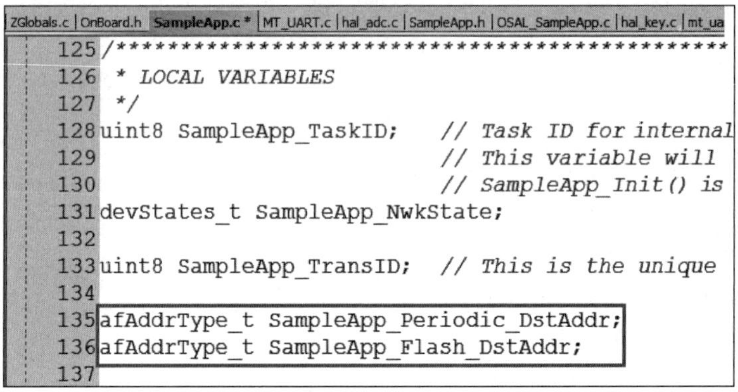

图 8-1　afAddrType_t 类型的全局变量

【理论学习】

afAddrType_t 是一个表示地址的类型；而 SampleApp_Periodic_DstAddr 和 SampleApp_Flash_DstAddr 是两个 afAddrType_t 类型的全局变量，分别表示广播和组播的目的地址。它们的名字也有助于加深对它们所表示的含义的理解和记忆。单击进入 afAddrType_t 的定义，可以看到它是一个结构体类型，其程序代码如下：

```
typedef struct
{
  union
```

```
    {
      uint16 shortAddr;
      ZLongAddr_t extAddr;
    } addr;
    afAddrMode_t addrMode;
    uint8 endPoint;
    uint16 panId;                     //used for the INTER_PAN feature
} afAddrType_t;
```

联合类型的成员变量 addr 中的 uint16 类型的成员 shortAddr 表示通信的具体目的地址，afAddrMode_t 类型的成员 addrMode 表示通信的模式。单击进入 afAddrMode_t 的定义，可以看到它是一个枚举的类型，而且它的定义就在 afAddrType_t 的定义的前面，其程序代码如下：

```
typedef enum
{
  afAddrNotPresent =AddrNotPresent,
  afAddr16Bit=Addr16Bit,
  afAddr64Bit=Addr64Bit,
  afAddrGroup=AddrGroup,
  afAddrBroadcast=AddrBroadcast
} afAddrMode_t;
```

其中，afAddr16Bit（Addr16Bit）对应点播通信方式，afAddrGroup（AddrGroup）对应组播通信方式，afAddrBroadcast（AddrBroadcast）对应广播通信方式。

### 第二步：定义 afAddrType_t 类型的全局变量

SampleApp.c 文件中有两个 afAddrType_t 类型的分别表示广播目的地址和组播目的地址的全局变量 SampleApp_Periodic_DstAddr 和 SampleApp_Flash_DstAddr，在它们的后面再定义一个 afAddrType_t 类型的全局变量，表示点播的目的地址，相应的程序代码如下：

```
afAddrType_t SampleApp_Point_DstAddr;
```

SampleApp.c 文件中的显示如图 8-2 所示。

```
125 /**********************************************************************
126  * LOCAL VARIABLES
127  */
128 uint8 SampleApp_TaskID;    // Task ID for internal task/event processing
129                            // This variable will be received when
130                            // SampleApp_Init() is called.
131 devStates_t SampleApp_NwkState;
132
133 uint8 SampleApp_TransID;   // This is the unique message ID (counter)
134
135 afAddrType_t SampleApp_Periodic_DstAddr;
136 afAddrType_t SampleApp_Flash_DstAddr;
137 afAddrType_t SampleApp_Point_DstAddr;//对应点播的目的地址
```

图 8-2 点播目的地址

**【理论学习】**

因为 SampleApp_Point_DstAddr 是一个 afAddrType_t 结构体类型的变量，表示点播的目的地址，所以需要对它的结构体成员进行相应的设置，以确定它对应的通信方式和通信的具体目的地址。

在 SampleApp.c 文件中的初始化函数 SampleApp_Init()中，找到对表示广播目的地址和组播目的地址的变量 SampleApp_Periodic_DstAddr 和 SampleApp_Flash_DstAddr 的结构体成员，进行相关程序代码的设置，在它们的后面添加对 SampleApp_Point_DstAddr 结构体成员设置的相关程序代码，如图 8-3 所示。

```
205    // Setup for the periodic message's destination address
206    // Broadcast to everyone
207    SampleApp_Periodic_DstAddr.addrMode = (afAddrMode_t)AddrBroadcast;
208    SampleApp_Periodic_DstAddr.endPoint = SAMPLEAPP_ENDPOINT;
209    SampleApp_Periodic_DstAddr.addr.shortAddr = 0xFFFF;
210
211    // Setup for the flash command's destination address - Group 1
212    SampleApp_Flash_DstAddr.addrMode = (afAddrMode_t)afAddrGroup;
213    SampleApp_Flash_DstAddr.endPoint = SAMPLEAPP_ENDPOINT;
214    SampleApp_Flash_DstAddr.addr.shortAddr = SAMPLEAPP_FLASH_GROUP;
215
216    //对表示点播目的地址的afAddrType_t类型的变量SampleApp_Point_DstAddr的结构体成员进行设置
217    SampleApp_Point_DstAddr.addrMode = (afAddrMode_t)afAddr16Bit;//设置通信方式为点播
218    SampleApp_Point_DstAddr.endPoint = SAMPLEAPP_ENDPOINT;
219    SampleApp_Point_DstAddr.addr.shortAddr = 0x0000;//设置通信的目的地址为0x0000,即协调器
220
```

图 8-3　点播结构体成员

其中，第 207 行中的 afAddrMode_t 枚举类型的成员 afAddr16Bit 表示点播通信方式。第 209 行中的 0xFFFF 表示协调器的地址，即通信的目的地址是协调器。第 207～209 行表示通信是终端节点对协调器的点播方式。

### 第三步：添加点播发送函数

在 SampleApp.c 文件中找到广播发送函数 SampleApp_SendPeriodicMessage()和组播发送函数 SampleApp_SendFlashMessage()的定义（在 SampleApp.c 文件的最后），然后在它们的后面定义点播发送函数 SampleApp_SendPointMessage()，程序代码如图 8-4 所示。

```
476    }
477
478    void SampleApp_SendPointMessage( void )
479    {
480        uint8 data[10]={'0','1','2','3','4','5','6','7','8','9'};
481        if ( AF_DataRequest( &SampleApp_Point_DstAddr, &SampleApp_epDesc,
482                             SAMPLEAPP_POINT_CLUSTERID,
483                             10,
484                             data,
485                             &SampleApp_TransID,
486                             AF_DISCV_ROUTE,
487                             AF_DEFAULT_RADIUS ) == afStatus_SUCCESS )
488        {
489        }
490        else
491        {
492            // Error occurred in request to send.
493        }
494    }
495    /****************************************************************
496    *****************************************************************/
497
```

图 8-4　点播发送函数

## 【理论学习】

这段程序代码和在项目 7 的任务 3 中修改过的 SampleApp_SendPeriodicMessage() 函数的内容非常相似，只是在 AF_DataRequest() 函数中将第 1 个参数和第 3 个参数分别由原来表示广播目的地址的 &SampleApp_Periodic_DstAddr 和广播在群集中的 ID 号 SAMPLEAPP_PERIODIC_CLUSTERID 替换为现在表示点播目的地址的 &SampleApp_Point_DstAddr 和点播在群集中的 ID 号 SAMPLEAPP_Point_CLUSTERID。

SampleApp_Point_DstAddr 刚才已经详细介绍过，而 SAMPLEAPP_Point_CLUSTERID 还没有定义，但相信大家对这种表示一种通信方式在群集中的 ID 号的定义应该也不再陌生，它用来将该通信方式下的数据发送和数据接收联系起来。单击进入 SAMPLEAPP_PERIODIC_CLUSTERID 的定义，可以看到相关的程序代码如图 8-5 所示。

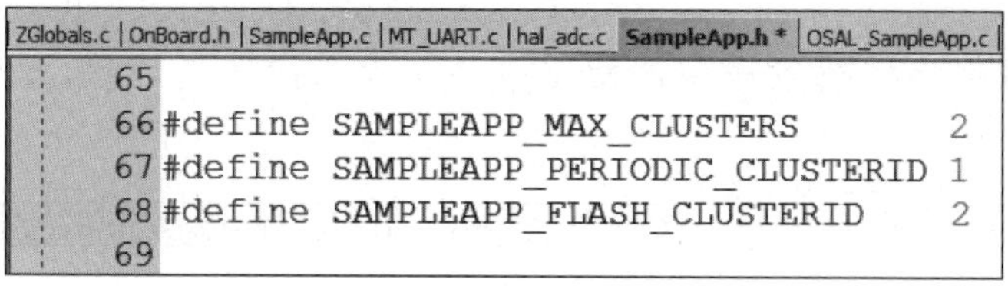

```
65
66 #define SAMPLEAPP_MAX_CLUSTERS          2
67 #define SAMPLEAPP_PERIODIC_CLUSTERID    1
68 #define SAMPLEAPP_FLASH_CLUSTERID       2
69
```

图 8-5　群集 ID 号

其中，SAMPLEAPP_PERIODIC_CLUSTERID 和 SAMPLEAPP_FLASH_CLUSTERID 分别表示广播和组播的通信方式在群集中的 ID 号，SAMPLEAPP_MAX_CLUSTERS 表示群集的最大个数。在它们的后面定义点播通信方式在群集中的 ID 号 SAMPLEAPP_Point_CLUSTERID 为 3，并且将群集的最大个数 SAMPLEAPP_MAX_CLUSTERS 也相应地修改为 3，修改后 SampleApp.c 文件中的显示如图 8-6 所示。

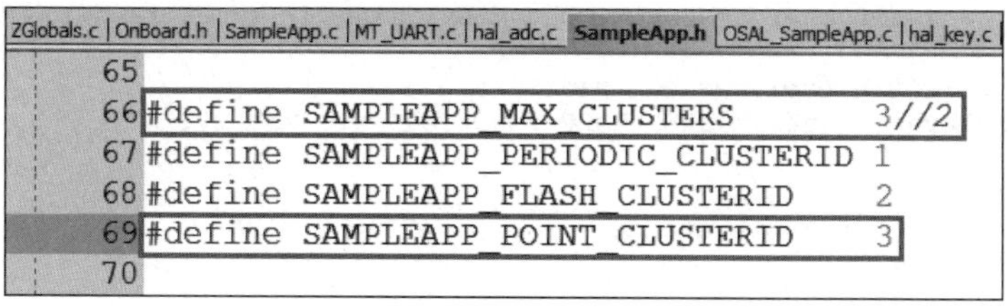

```
65
66 #define SAMPLEAPP_MAX_CLUSTERS          3//2
67 #define SAMPLEAPP_PERIODIC_CLUSTERID    1
68 #define SAMPLEAPP_FLASH_CLUSTERID       2
69 #define SAMPLEAPP_POINT_CLUSTERID       3
70
```

图 8-6　添加点播群集 ID 号

### 第四步：声明点播发送函数

最后在 SampleApp.c 文件的开头声明点播发送函数 SampleApp_SendPointMessage()，如图 8-7 所示。

```
144 /****************************************************
145  * LOCAL FUNCTIONS
146  */
147 void SampleApp_HandleKeys( uint8 shift, uint8 keys );
148 void SampleApp_MessageMSGCB( afIncomingMSGPacket_t *pckt );
149 void SampleApp_SendPeriodicMessage( void );
150 void SampleApp_SendFlashMessage( uint16 flashTime );
151 void SampleApp_SendPointMessage( void );
152 /****************************************************
```

图 8-7 定义点播发送函数

### 第五步：数据发送

在定义好了点播发送函数后，就可以进行点播通信方式的数据发送和数据接收了。数据发送是在 SampleApp.c 文件的事件处理函数 SampleApp_ProcessEvent()中进行。在该函数的最后找到"if (events & SAMPLEAPP_SEND_PERIODIC_MSG_EVT)"，在它后面的大括号中将广播发送函数相应地替换为点播发送函数，程序代码如图 8-8 所示。

```
312
313  // Send a message out - This event is generated by a timer
314  //   (setup in SampleApp_Init()).
315  if ( events & SAMPLEAPP_SEND_PERIODIC_MSG_EVT )
316  {
317    // Send the periodic message
318    //SampleApp_SendPeriodicMessage();
319
320    //点播发送函数
321    SampleApp_SendPointMessage();
322
323    // Setup to send message again in normal period (+ a little jitter)
324    osal_start_timerEx( SampleApp_TaskID, SAMPLEAPP_SEND_PERIODIC_MSG_EVT,
325        (SAMPLEAPP_SEND_PERIODIC_MSG_TIMEOUT + (osal_rand() & 0x00FF)) );
326
327    // return unprocessed events
328    return (events ^ SAMPLEAPP_SEND_PERIODIC_MSG_EVT);
329  }
330
331  // Discard unknown events
332  return 0;
333 }
```

图 8-8 点播发送函数

### 第六步：注释协调器初始化代码

由于不允许协调器给自己点播，所以在周期性点播初始化时协调器不能被初始化，函数中的程序代码还需要进行相应的修改，即将对协调器初始化的代码给注释起来，如图 8-9 所示。

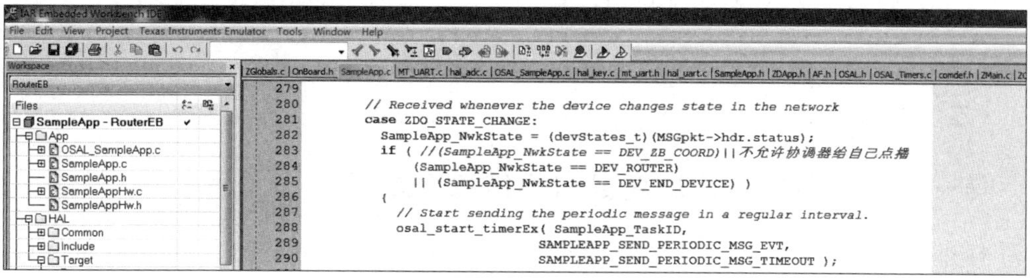

图 8-9  注释协调器初始化代码

## 第七步：数据接收

进入 SampleApp.c 文件中的信息处理函数——SampleApp_MessageMSGCB()函数。

将函数中的"case SAMPLEAPP_PERIODIC_CLUSTERID："相应地替换为"case SAMPLEAPP_POINT_CLUSTERID："，点播通信在群集中的 ID 号 SAMPLEAPP_POINT_CLUSTERID 将点播的数据发送和数据接收联系起来。修改后的 SampleApp_MessageMSGCB()的程序代码如图 8-10 所示。

```
void SampleApp_MessageMSGCB( afIncomingMSGPacket_t *pkt )
{
  uint16 flashTime;

  switch ( pkt->clusterId )
  {
    //case SAMPLEAPP_PERIODIC_CLUSTERID:
    case SAMPLEAPP_POINT_CLUSTERID:
      HalUARTWrite(0, "I get data\n", 11);//显示接收到数据
      HalUARTWrite(0, &pkt->cmd.Data[0], 10);//显示接收到的数据信息
      HalUARTWrite(0, "\n", 1);
      break;

    case SAMPLEAPP_FLASH_CLUSTERID:
      flashTime = BUILD_UINT16(pkt->cmd.Data[1], pkt->cmd.Data[2] );
      HalLedBlink( HAL_LED_4, 4, 50, (flashTime / 4) );
      break;
  }
}
```

图 8-10  点播数据接收

至此，点播通信例程的编码工作全部完成。

## 第八步：程序下载

将程序下载到开发板中。从 3 块开发板中选择一块用作终端，一块用作协调器，还有一块用作路由器，并且用 3 根 USB 数据连接线将它们分别与 PC 相连。打开 3 个串口调试助手客户端，设置好串口参数，然后将工程分别设置为终端、协调器和路由器，并分别相应地下载到这 3 个模块，即终端模块、协调器模块和路由器模块中，对它们复位。

## 第九步：实验现象

只有在协调器连接的串口调试助手的接收区中不断地显示接收到数据——"I get

data"和"0123456789",其他两个模块连接的串口调试助手的接收区中没有显示接收到数据。

## （二）组播

### 第一步：找到目的地址变量和组信息变量

打开 SampleApp.c 文件，并在本地变量定义区域找到与组播相关的目的地址变量和组信息变量，分别是 afAddrType_t 结构体类型的 SampleApp_Flash_DstAddr 和 aps_Group_t 结构体类型的 SampleApp_Group，如图 8-11 所示。

```
134
135 afAddrType_t SampleApp_Periodic_DstAddr;
136 afAddrType_t SampleApp_Flash_DstAddr;//组播相关的目的地址
137
138 aps_Group_t SampleApp_Group;//组播相关的组信息
139
```

图 8-11　组播

然后在 SampleApp_Init()函数中找到对这两个结构体类型变量的成员进行设置的相关代码，如图 8-12 所示。

```
211
212  // Setup for the flash command's destination address - Group 1
213  SampleApp_Flash_DstAddr.addrMode = (afAddrMode_t)afAddrGroup;
214  SampleApp_Flash_DstAddr.endPoint = SAMPLEAPP_ENDPOINT;
215  SampleApp_Flash_DstAddr.addr.shortAddr = SAMPLEAPP_FLASH_GROUP;
216
217  // Fill out the endpoint description.
218  SampleApp_epDesc.endPoint = SAMPLEAPP_ENDPOINT;
219  SampleApp_epDesc.task_id = &SampleApp_TaskID;
220  SampleApp_epDesc.simpleDesc
221          = (SimpleDescriptionFormat_t *)&SampleApp_SimpleDesc;
222  SampleApp_epDesc.latencyReq = noLatencyReqs;
223
224  // Register the endpoint description with the AF
225  afRegister( &SampleApp_epDesc );
226
227  // Register for all key events - This app will handle all key eve
228  RegisterForKeys( SampleApp_TaskID );
229
230  // By default, all devices start out in Group 1
231  SampleApp_Group.ID = 0x0001;
232  osal_memcpy( SampleApp_Group.name, "Group 1", 7 );
233  aps_AddGroup( SAMPLEAPP_ENDPOINT, &SampleApp_Group );
234
```

图 8-12　结构体变量的设置

## 第二步：修改组 ID

需要将对组信息变量 SampleApp_Group 的结构体成员 ID 设置的相关代码进行修改，修改为组播相关的组 ID——SAMPLEAPP_FLASH_GROUP，这样可以方便地对组信息变量 SampleApp_Group 进行扩展。相应的程序代码如下：

```
SampleApp_Group.ID = SAMPLEAPP_FLASH_GROUP;
```

修改组 ID 的代码如图 8-13 所示。

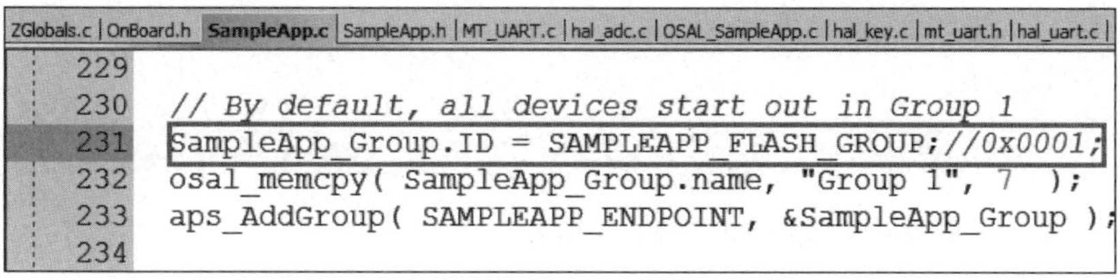

```
229
230     // By default, all devices start out in Group 1
231     SampleApp_Group.ID = SAMPLEAPP_FLASH_GROUP;//0x0001;
232     osal_memcpy( SampleApp_Group.name, "Group 1", 7 );
233     aps_AddGroup( SAMPLEAPP_ENDPOINT, &SampleApp_Group );
234
```

图 8-13 修改组 ID

单击进入 SAMPLEAPP_FLASH_GROUP 的定义，可以看到在 SampleApp.h 文件中相关的程序代码如下：

```
#define SAMPLEAPP_FLASH_GROUP            0x0001
```

定义组 ID 的代码如图 8-14 所示。

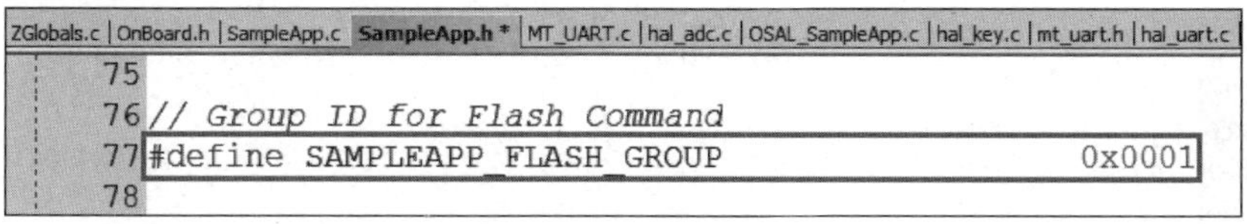

```
75
76  // Group ID for Flash Command
77  #define SAMPLEAPP_FLASH_GROUP            0x0001
78
```

图 8-14 定义组 ID

## 第三步：定义组播发送函数

SampleApp.c 文件中已经有组播相关的发送函数，但它并不适合例程的实际应用，需要定义自己的组播发送函数。

在 SampleApp.c 文件中找到广播发送函数 SampleApp_SendPeriodicMessage()和组播发送函数 SampleApp_SendFlashMessage()的定义，在它们的后面定义自己的组播发送函数 SampleApp_SendGroupMessage()，程序代码如下：

```
void SampleApp_SendGroupMessage( void )
{
  uint8 data[10]={'0','1','2','3','4','5','6','7','8','9'};
  if ( AF_DataRequest( &SampleApp_Flash_DstAddr, &SampleApp_epDesc,
```

```
                    SAMPLEAPP_FLASH_CLUSTERID,
                    10,
                    data,
                    &SampleApp_TransID,
                    AF_DISCV_ROUTE,
                       AF_DEFAULT_RADIUS ) ==afStatus_SUCCESS )
  {
  }
  else
  {
    //Error occurred in request to send.
  }
}
```

SampleApp.c 文件中的显示如图 8-15 所示。

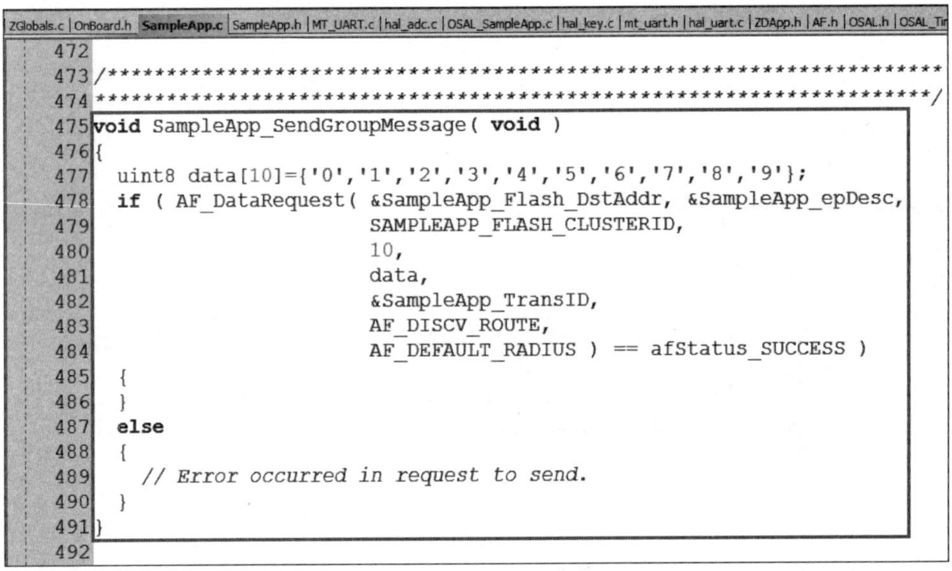

```
472
473 /******************************************************************
474  ******************************************************************/
475 void SampleApp_SendGroupMessage( void )
476 {
477   uint8 data[10]={'0','1','2','3','4','5','6','7','8','9'};
478   if ( AF_DataRequest( &SampleApp_Flash_DstAddr, &SampleApp_epDesc,
479                        SAMPLEAPP_FLASH_CLUSTERID,
480                        10,
481                        data,
482                        &SampleApp_TransID,
483                        AF_DISCV_ROUTE,
484                        AF_DEFAULT_RADIUS ) == afStatus_SUCCESS )
485   {
486   }
487   else
488   {
489     // Error occurred in request to send.
490   }
491 }
492
```

图 8-15　组播发送函数

SAMPLEAPP_FLASH_CLUSTERID 表示组播在群集中的 ID 号，它会将组播通信的发送和接收联系起来。单击进入它的定义，可以看到相关的程序代码如图 8-16 所示。

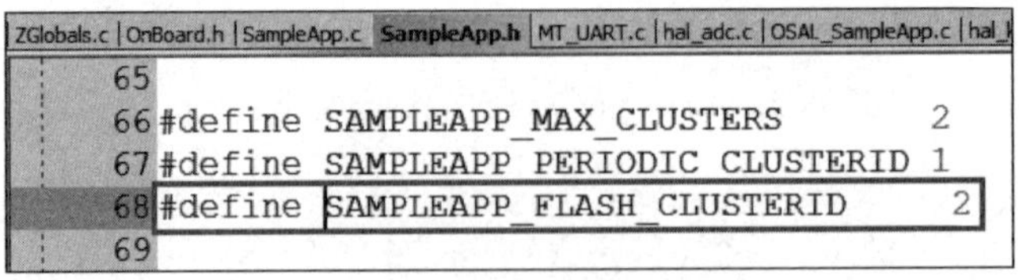

```
65
66 #define SAMPLEAPP_MAX_CLUSTERS          2
67 #define SAMPLEAPP_PERIODIC_CLUSTERID    1
68 #define SAMPLEAPP_FLASH_CLUSTERID       2
69
```

图 8-16　群集 ID

## 第四步：声明组播发送函数

在定义好组播发送函数 SampleApp_SendGroupMessage() 之后，在 SampleApp.c 文件的开头处再声明它，如图 8-17 所示。

```
143 /****************************************************
144  * LOCAL FUNCTIONS
145  */
146 void SampleApp_HandleKeys( uint8 shift, uint8 keys );
147 void SampleApp_MessageMSGCB( afIncomingMSGPacket_t *pckt );
148 void SampleApp_SendPeriodicMessage( void );
149 void SampleApp_SendFlashMessage( uint16 flashTime );
150 void SampleApp_SendGroupMessage(void);
151
```

图 8-17　定义组播发送函数

## 第五步：替换调用语句

在 SampleApp.c 文件的事件处理函数 SampleApp_ProcessEvent() 中将广播发送函数的调用语句"SampleApp_SendPeriodicMessage();"替换成组播发送函数的调用语句"SampleApp_SendGroupMessage();"，如图 8-18 所示。

```
307
308    // Send a message out - This event is generated by a timer
309    //   (setup in SampleApp_Init()).
310    if ( events & SAMPLEAPP_SEND_PERIODIC_MSG_EVT )
311    {
312      // Send the periodic message
313      //SampleApp_SendPeriodicMessage();
314      SampleApp_SendGroupMessage();
315
316      // Setup to send message again in normal period (+ a little jitter)
317      osal_start_timerEx( SampleApp_TaskID, SAMPLEAPP_SEND_PERIODIC_MSG_EVT,
318          (SAMPLEAPP_SEND_PERIODIC_MSG_TIMEOUT + (osal_rand() & 0x00FF)) );
319
320      // return unprocessed events
321      return (events ^ SAMPLEAPP_SEND_PERIODIC_MSG_EVT);
322    }
323
324    // Discard unknown events
325    return 0;
326 }
```

图 8-18　调用组播发送函数

## 第六步：修改数据处理程序

在信息处理函数 SampleApp_MessageMSGCB() 中，将对接收到的组播数据进行处理的相关程序代码相应地修改为自己的程序代码，代码如下：

```
case SAMPLEAPP_FLASH_CLUSTERID:
    HalUARTWrite(0, "I get data\n", 11);           //显示接收到数据
    HalUARTWrite(0, &pkt->cmd.Data[0], 10);        //显示接收到的数据信息
    HalUARTWrite(0, "\n", 1);
    break;
```

SampleApp.c 文件中的显示如图 8-19 所示。

```
391   * @return  none
392   */
393  void SampleApp_MessageMSGCB( afIncomingMSGPacket_t *pkt )
394  {
395    uint16 flashTime;
396
397    switch ( pkt->clusterId )
398    {
399      case SAMPLEAPP_PERIODIC_CLUSTERID:
400        HalUARTWrite(0, "I get data\n", 11);//显示接收到数据
401        HalUARTWrite(0, &pkt->cmd.Data[0], 10);//显示接收到的数据信息
402        HalUARTWrite(0, "\n", 1);
403        break;
404
405      case SAMPLEAPP_FLASH_CLUSTERID:
406        //flashTime = BUILD_UINT16(pkt->cmd.Data[1], pkt->cmd.Data[2] );
407        //HalLedBlink( HAL_LED_4, 4, 50, (flashTime / 4) );
408        HalUARTWrite(0, "I get data\n", 11);//显示接收到数据
409        HalUARTWrite(0, &pkt->cmd.Data[0], 10);//显示接收到的数据信息
410        HalUARTWrite(0, "\n", 1);
411        break;
412    }
413  }
414
```

图 8-19　修改组播接收函数

至此，对组播通信例程代码的修改全部完成。

### 第七步：程序下载

将程序下载到开发板。

首先用 3 根 USB 数据连接线将开发板连接到 PC，打开 3 个串口调试助手客户端，设置好相应的串口参数。

然后将 3 块开发板进行如下设置：第一、二块开发板用作协调器，第三块开发板用作路由器。再对这 3 块开发板进行分组，第一、二块开发板的组 ID 为 0x0001，第三块开发板的组 ID 为 0x0002，如图 8-20 所示。

```
75
76  // Group ID for Flash Command
77  #define SAMPLEAPP_FLASH_GROUP               0x0002//0x0001
78
79  // Flash Command Duration - in milliseconds
80  #define SAMPLEAPP_FLASH_DURATION            1000
81
```

图 8-20　修改 ID

最后将程序分别下载到这 3 块开发板,并且对它们分别复位。

## 第八步:实验现象

在组 ID 号为 0x0001 的协调器模块和路由器模块所连接的串口调试助手中,接收区不断地显示接收到数据,而在组 ID 号为 0x0002 的路由器模块所连接的串口调试助手中,接收区没有显示接收到数据。

## 【理论学习】

这里再对组播知识进行一下拓展。

刚刚提到终端设备不参与组播,原因是 SampleApp 例程中终端设备默认采用睡眠中断的工作方式,射频不是一直工作。下载组播例程到终端,发现不能正常接收组播信息。

如果确实需要使用终端设备参与组播,可以参考下面的方法。

睡眠中断不接收组播信息,如果一定想要接收,只有将终端的接收机一直打开,这样就可以接收到了。具体做法为:将 f8config.cfg 配置文件中的-RFD_RCVC_ALWAYS_ON=FALSE 改为-RFD_RCVC_ALWAYS_ON=TRUE。

## (三)广播

### 第一步:找到目的地址变量

在 SampleApp.c 文件中找到广播相关的目的地址的定义,程序代码如下:

```
afAddrType_t SampleApp_Periodic_DstAddr;
```

SampleApp.c 文件中的显示如图 8-21 所示,方框中为广播相关的目的地址。

```
124
125 /***************************************************************
126  * LOCAL VARIABLES
127  */
128 uint8 SampleApp_TaskID;    // Task ID for internal task/event processing
129                            // This variable will be received when
130                            // SampleApp_Init() is called.
131 devStates_t SampleApp_NwkState;
132
133 uint8 SampleApp_TransID;   // This is the unique message ID (counter)
134
135 afAddrType_t SampleApp_Periodic_DstAddr;
136 afAddrType_t SampleApp_Flash_DstAddr;
137
138 aps_Group_t SampleApp_Group;
139
140 uint8 SampleAppPeriodicCounter = 0;
141 uint8 SampleAppFlashCounter = 0;
142
```

图 8-21 广播目的地址

## 第二步：找到广播成员设置代码

在 SampleApp_Init 初始化函数中找到 SampleApp_Periodic_DstAddr 的成员并设置相关程序代码，如下所示。

```
SampleApp_Periodic_DstAddr.addrMode =(afAddrMode_t)AddrBroadcast;
SampleApp_Periodic_DstAddr.endPoint =SAMPLEAPP_ENDPOINT;
SampleApp_Periodic_DstAddr.addr.shortAddr =0xFFFF;
```

SampleApp.c 文件中的显示如图 8-22 所示。

```
202    ZDOInitDevice(0);
203 #endif
204
205    // Setup for the periodic message's destination address
206    // Broadcast to everyone
207    SampleApp_Periodic_DstAddr.addrMode = (afAddrMode_t)AddrBroadcast;
208    SampleApp_Periodic_DstAddr.endPoint = SAMPLEAPP_ENDPOINT;
209    SampleApp_Periodic_DstAddr.addr.shortAddr = 0xFFFF;
210
211    // Setup for the flash command's destination address - Group 1
212    SampleApp_Flash_DstAddr.addrMode = (afAddrMode_t)afAddrGroup;
213    SampleApp_Flash_DstAddr.endPoint = SAMPLEAPP_ENDPOINT;
214    SampleApp_Flash_DstAddr.addr.shortAddr = SAMPLEAPP_FLASH_GROUP;
215
216    // Fill out the endpoint description.
217    SampleApp_epDesc.endPoint = SAMPLEAPP_ENDPOINT;
218    SampleApp_epDesc.task_id = &SampleApp_TaskID;
219    SampleApp_epDesc.simpleDesc
220            = (SimpleDescriptionFormat_t *)&SampleApp_SimpleDesc;
221    SampleApp_epDesc.latencyReq = noLatencyReqs;
```

图 8-22  广播结构体成员

## 【理论学习】

这些程序代码都是 Z-Stack 协议栈自带的，无须修改。

这里需要说明的是，第 3 行中的 0xFFFF 是广播地址。协议栈中的广播地址主要有 3 种类型，具体的定义如下。

(1) 0xFFFF：数据包将被发送到网络中的所有设备上，包括处于睡眠中的设备。对于睡眠中的设备，数据包将被保留在其父节点直到查询到它，或者消息超时。

(2) 0xFFFD：数据包将被发送到网络中的所有在空闲时打开接收的设备 (RXONWHENIDLE) 上，即除了睡眠中的设备以外。

(3) 0xFFFC：数据包将被发送给所有的路由器，包括协调器。

## 第三步：修改发送函数

找到协议栈自带的广播发送函数 SampleApp_SendPeriodicMessage() 的定义，已经在项目 7 的任务 3 中修改过它的定义，其程序代码如下：

```c
void SampleApp_SendPeriodicMessage( void )
{
  uint8 data[10]={'0','1','2','3','4','5','6','7','8','9'};
  if ( AF_DataRequest( &SampleApp_Periodic_DstAddr, &SampleApp_epDesc,
              SAMPLEAPP_PERIODIC_CLUSTERID,
              10,
              data,
              &SampleApp_TransID,
              AF_DISCV_ROUTE,
              AF_DEFAULT_RADIUS ) ==afStatus_SUCCESS )
  {
  }
  else
  {
    //Error occurred in request to send.
  }
}
```

SampleApp.c 文件中的显示如图 8-23 所示。

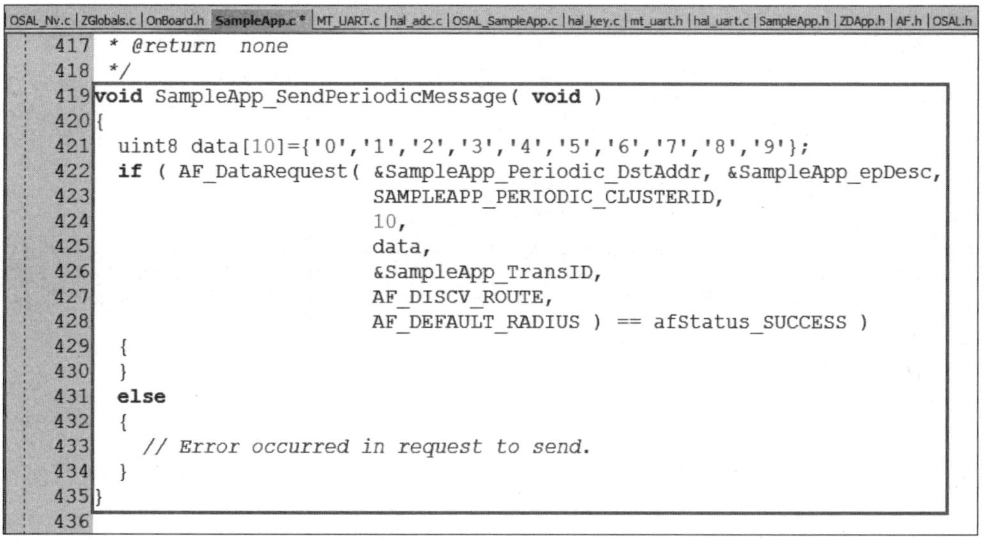

图 8-23　修改广播发送函数

SAMPLEAPP_PERIODIC_CLUSTERID 表示广播在群集中的 ID 号，它将广播的发送和接收联系起来。单击进入它的定义，程序代码如下：

```
#define SAMPLEAPP_PERIODIC_CLUSTERID 1
```

SampleApp.c 文件中的显示如图 8-24 所示。

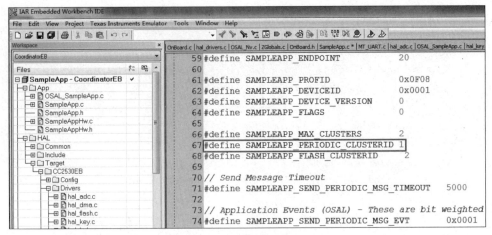

图 8-24 广播群集 ID

### 第四步：保留广播发送函数调用语句

在事件处理函数 SampleApp_ProcessEvent ( ) 中保留广播发送函数调用语句 "SampleApp_SendPeriodicMessage();"，如图 8-25 所示。

```
306
307    // Send a message out - This event is generated by a timer
308    //   (setup in SampleApp_Init()).
309    if ( events & SAMPLEAPP_SEND_PERIODIC_MSG_EVT )
310    {
311      // Send the periodic message
312      SampleApp_SendPeriodicMessage();
313
314      // Setup to send message again in normal period (+ a little jitter)
315      osal_start_timerEx( SampleApp_TaskID, SAMPLEAPP_SEND_PERIODIC_MSG_EVT,
316           (SAMPLEAPP_SEND_PERIODIC_MSG_TIMEOUT + (osal_rand() & 0x00FF)) );
317
318      // return unprocessed events
319      return (events ^ SAMPLEAPP_SEND_PERIODIC_MSG_EVT);
320    }
321
322    // Discard unknown events
323    return 0;
324  }
```

图 8-25 调用广播发送函数

### 第五步：修改接收信息

在信息处理函数 SampleApp_MessageMSGCB() 中，已在无线数据传输例程中修改过对接收到的广播信息的处理操作，程序代码如下：

```
void SampleApp_MessageMSGCB( afIncomingMSGPacket_t * pkt )
{
```

```
  uint16 flashTime;

  switch ( pkt->clusterId )
  {
    case SAMPLEAPP_PERIODIC_CLUSTERID:
      HalUARTWrite(0, "I get data\n", 11);           //显示接收到数据
      HalUARTWrite(0, &pkt->cmd.Data[0], 10);  //显示接收到的数据信息
      HalUARTWrite(0, "\n", 1);
      break;

    case SAMPLEAPP_FLASH_CLUSTERID:
      flashTime =BUILD_UINT16(pkt->cmd.Data[1], pkt->cmd.Data[2] );
      HalLedBlink( HAL_LED_4, 4, 50, (flashTime / 4) );
      break;
  }
}
```

SampleApp.c 文件中的显示如图 8-26 所示。

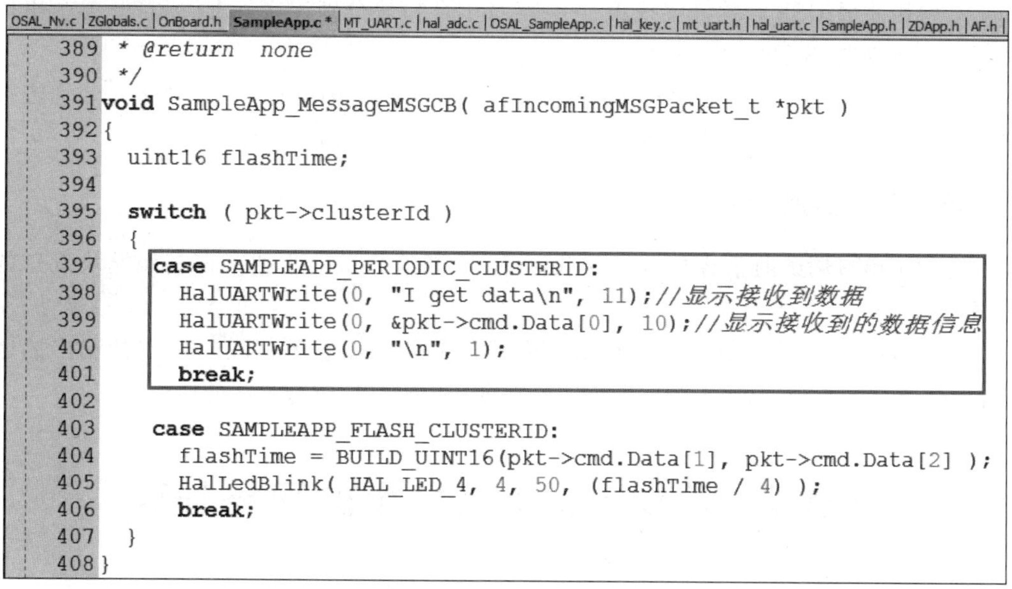

图 8-26 广播数据接收

至此,广播通信例程的编码全部完成。

## 第六步:程序下载

将程序下载到开发板。

首先将 3 块开发板分别设置如下:第一块开发板设置为协调器,第二块开发板设置

为路由器,第三块开发板设置为终端。为了验证接收广播信息的效果,在广播发送函数 SampleApp_SendPeriodicMessage()中将协调器模块发送的数据修改为"1111111111",路由器模块发送的数据修改为"2222222222",终端模块发送的数据修改为"3333333333",以协调器模块为例,如图 8-27 所示。

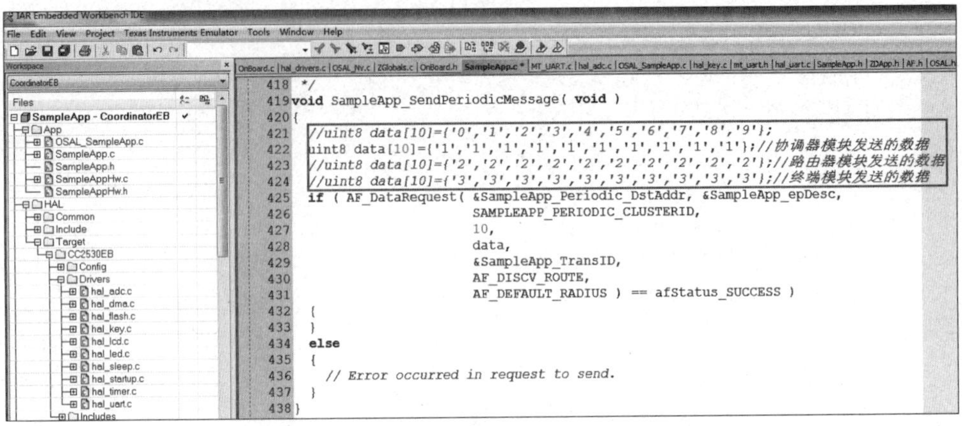

图 8-27　程序下载

然后用 3 根 USB 数据连接线将这 3 个 ZigBee 模块分别连接到 PC。打开 3 个串口调试助手客户端,设置好串口参数。

最后分别将不同的程序代码相应地下载到这 3 个 ZigBee 模块,并对它们分别进行复位。

### 第七步:实验现象

在 3 个串口调试助手客户端的接收区中,不断地显示接收到来自其他模块发送的数据。

至此,网络通信实验的内容就全部结束了。大家可以比较一下点播、组播和广播这 3 种通信方式的不同,以便在今后的无线数据通信中对它们进行灵活的使用。

# 任务 2　Z-Stack 协议栈中的网络管理

## 任务目标

- 掌握网络管理实验流程。
- 掌握网络管理例程代码。

## 任务内容

- 修改点播发送函数。
- 通过接收到的数据包获取发送设备的短地址。

- 修改信息处理函数中对接收到的点播数据的处理操作的相关程序代码。

## 任务实施

### 一、实验准备

硬件开发平台：ZigBee 开发板 3 块，分别用作协调器、路由器和终端。
软件开发平台：IAR 集成开发环境、Z-Stack 协议栈。

### 二、实验实施

#### 第一步：修改点播发送函数

本任务的例程是在项目 7 的任务 4 的点播例程基础上进行修改的。
在 SampleApp.c 文件中，将点播发送函数的程序代码修改如下：

```
void SampleApp_SendPointMessage( void )
{
  uint8 device;                              //设备类型编号
  //路由器的设备类型编号为 1
  if(SampleApp_NwkState==DEV_ROUTER)
    device=0x01;
  //终端的设备类型编号为 2
  else if(SampleApp_NwkState==DEV_END_DEVICE)
    device=0x02;
  //其他情况为 3
  else
    device=0x03;

  //发送设备类型编号到协调器
  if ( AF_DataRequest( &SampleApp_Point_DstAddr, &SampleApp_epDesc,
                SAMPLEAPP_POINT_CLUSTERID,
                1,
                &device,
                &SampleApp_TransID,
                AF_DISCV_ROUTE,
                AF_DEFAULT_RADIUS ) ==afStatus_SUCCESS )
  {
  }
  else
  {
```

```
        //Error occurred in request to send.
    }
}
```

SampleApp.c 文件中的显示如图 8-28 所示。

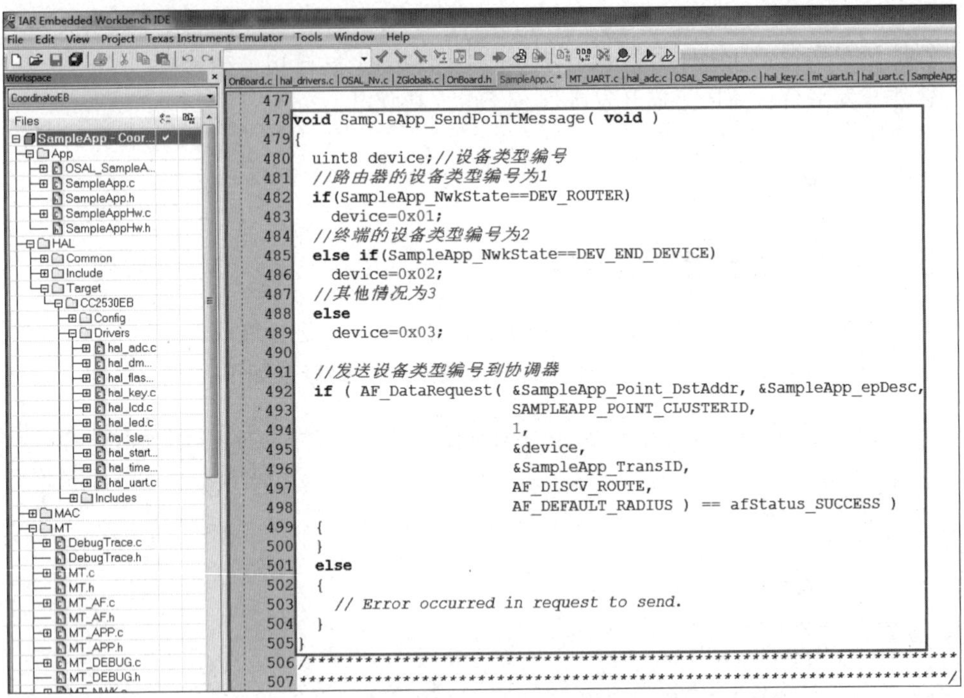

图 8-28　修改点播发送函数

## 【理论学习】

在修改后的点播发送函数中,路由器或终端设备会自动检测自己的设备类型,并将其对应的设备类型编号发送给协调器,其中,路由器的设备类型编号为 1,终端的设备类型编号为 2。

数据接收的过程当然是在信息处理函数中进行的。需要根据接收到的数据来判断发送该数据的设备类型,并读出该设备的短地址,然后将它们通过串口发送到 PC。

那么,发送设备的短地址怎么样通过接收到的数据包来获取呢?单击后进入接收到的数据包的 afIncomingMSGPacket_t 类型的定义,程序代码如图 8-29 所示。

可以看到,在结构体类型 afIncomingMSGPacket_t 的各成员变量中有一个 afAddrType_t 结构体类型的变量 srcAddr,在它的注释中显示"Source Address...",即源地址。单击进入 afAddrType_t 结构体类型的定义,程序代码如图 8-30 所示。

union 类型成员 addr 中的 shortAddr 即对应发送设备的短地址。

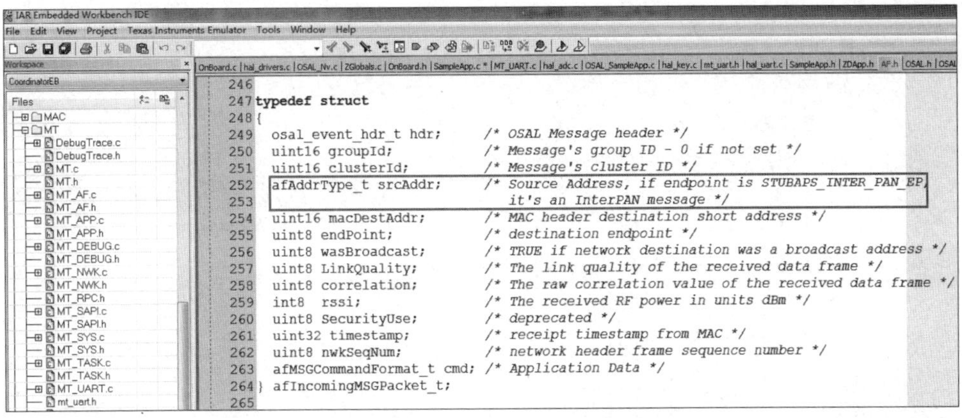

```
typedef struct
{
    osal_event_hdr_t hdr;        /* OSAL Message header */
    uint16 groupId;              /* Message's group ID - 0 if not set */
    uint16 clusterId;            /* Message's cluster ID */
    afAddrType_t srcAddr;        /* Source Address, if endpoint is STUBAPS_INTER_PAN_EP
                                    it's an InterPAN message */
    uint16 macDestAddr;          /* MAC header destination short address */
    uint8 endPoint;              /* destination endpoint */
    uint8 wasBroadcast;          /* TRUE if network destination was a broadcast address */
    uint8 LinkQuality;           /* The link quality of the received data frame */
    uint8 correlation;           /* The raw correlation value of the received data frame */
    int8 rssi;                   /* The received RF power in units dBm */
    uint8 SecurityUse;           /* deprecated */
    uint32 timestamp;            /* receipt timestamp from MAC */
    uint8 nwkSeqNum;             /* network header frame sequence number */
    afMSGCommandFormat_t cmd;    /* Application Data */
} afIncomingMSGPacket_t;
```

图 8-29  afIncomingMSGPacket_t 结构体类型定义

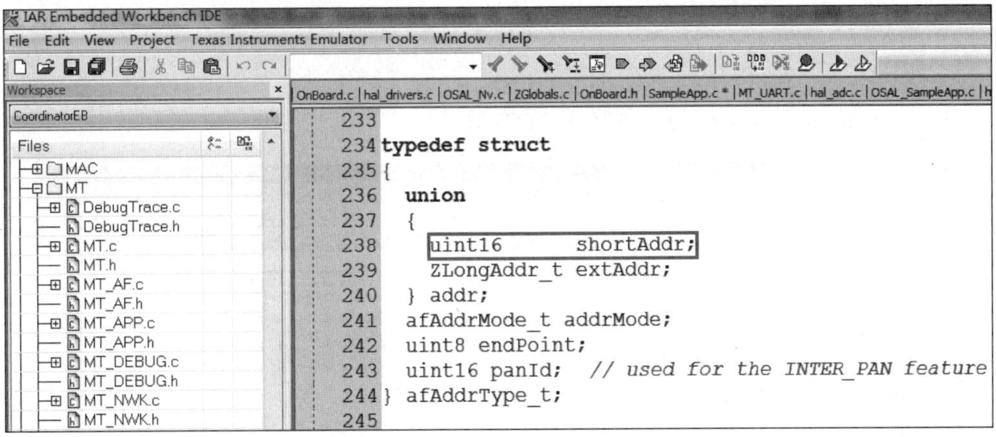

```
typedef struct
{
    union
    {
        uint16      shortAddr;
        ZLongAddr_t extAddr;
    } addr;
    afAddrMode_t addrMode;
    uint8 endPoint;
    uint16 panId;   // used for the INTER_PAN feature
} afAddrType_t;
```

图 8-30  afAddrType_t 结构体类型定义

## 第二步：修改信息处理函数

将信息处理函数中对接收到的点播数据的处理操作的相关程序代码修改如下：

```
void SampleApp_MessageMSGCB( afIncomingMSGPacket_t * pkt )
{
  uint16 flashTime,temp;
  uint8 asc16[16]={'0','1','2','3','4','5','6','7','8','9','A','B','C','D',
                   'E','F'};
  switch ( pkt->clusterId )
  {
    case SAMPLEAPP_POINT_CLUSTERID:
      //读取接收到数据信息的发送设备的短地址
      temp=pkt->srcAddr.srcAddr.addr.shortAddr;
```

```
//如果发送设备的类型编号为1,表示路由器
if(pkt->cmd.Data[0]==1)
  HalUARTWrite(0,"ROUTER ShortAddr:0x",19);
//如果发送设备的类型编号为2,表示终端
else if(pkt->cmd.Data[0]==2)
  HalUARTWrite(0,"ENDDEVICE ShortAddr:0x",22);

//将发送设备的短地址以十六进制的形式通过串口发送到 PC
HalUARTWrite(0,&asc16[temp/4096],1);
HalUARTWrite(0,&asc16[temp%4096/256],1);
HalUARTWrite(0,&asc16[temp%256/16],1);
HalUARTWrite(0,&asc16[temp%16],1);
HalUARTWrite(0,"\n",1);
break;
  }
}
```

SampleApp.c 文件中的显示如图 8-31 所示。

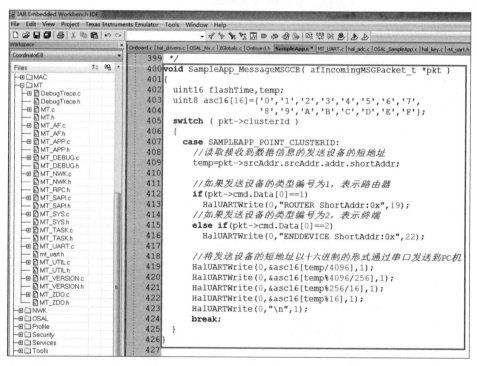

图 8-31　修改信息处理函数

## 第三步：程序下载

下面将程序下载到开发板中。

首先将这3块开发板分别用作协调器、路由器和终端,用一根 USB 数据连接线将协调器模块连接到 PC。打开串口调试助手,设置好相应的串口参数。

然后将程序分别下载到这3块开发板,并对它们分别进行复位。

## 三、实验现象

在串口调试助手的接收区中不断地显示新的数据:协调器接收到数据的发送设备的设备类型和设备短地址,如图 8-32 所示。

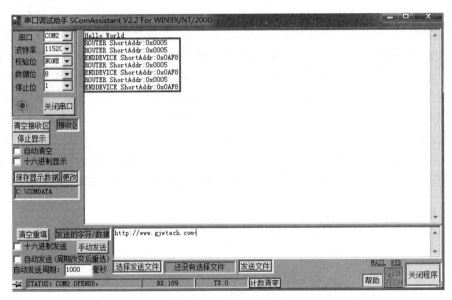

图 8-32　运行调试结果

这里是用设备的短地址来对网络进行管理。大家也可以试着用 MAC 地址或 PANID 来对网络进行管理。

# 项目 9　智慧农业综合实训

近年来,基于物联网技术的智慧农业成为当今世界农业发展的新潮流。传统农业的模式已远不能适应农业可持续发展的需要,农产品质量问题、农业资源不足、普遍浪费、环境污染、产品种类需求多样化等诸多问题使传统农业发展陷入恶性循环,而智慧农业为现代农业发展提供了一条光明之路。智慧农业与传统农业相比最大的特点是以高新技术和科学管理换取对资源的最大节约,它是由信息技术支持的根据空间、时间、定位、定时、定量地实施一整套现代化农业操作与管理的系统,其基本含义是根据作物生长的土壤性状、空气温湿度、土壤水分温度、二氧化碳浓度、光照强度等调节对作物的投入,即一方面查清田地内部的土壤性状与生产力,另一方面确定农作物的生产目标,调动土壤生产力,以最少或最节省的投入达到同等收入或更高的收入,并改善环境,高效地利用各类农业资源取得经济效益和环境效益双丰收。

## 项目任务

- 任务 1　各模块元器件选型及硬件电路设计
- 任务 2　各模块软件设计
- 任务 3　模块组网及运行调试

## 项目目标

- 明确智慧农业系统基本功能,完成相关模块元器件选型及电路设计。
- 基于 Z-Stack 协议栈,完成智慧农业系统相关模块的软件设计。
- 完成模块组网,掌握系统调试、运行相关步骤与流程,实现系统功能。

## 任务 1　各模块元器件选型及硬件电路设计

### 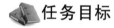任务目标

分析智慧农业系统功能,并基于相关功能完成各模块元器件选型及硬件电路设计。

### 任务内容

- 智慧农业系统功能分析。
- 信息采集终端模块相关传感器选型及电路设计。

- 控制终端模块相关继电器选型及电路设计。

## 任务实施

### 一、实验准备

硬件：PC 一台、ZigBee 开发板（核心板及功能底板）若干块、SmartRF04EB 仿真器（包括相关数据连接线）一套。

软件：Windows 7/8/10 操作系统、IAR 集成开发环境。

### 二、实验实施

#### 第一步：功能分析

本项目拟应用多块 ZigBee 开发板组成一个简单的智慧农业无线传感网，应用于温室大棚环境。无线传感网的各路终端采集节点分别携带各自的传感器，采集各种相关的信息（温度、湿度、光照、烟雾、人体红外信号等），然后将它们上传到网络中心——协调器，并再由协调器周期性地将该信息发送给上位机。用户可以通过上位机软件获取到各种温室大棚信息，并可以通过下发控制命令控制网络中继电器的开闭，以控制灌溉、通风、补光等设备的开闭。用户还可以通过在上位机设置当检测到某种信息超过一定界限后自动下发某种控制命令，以达到智能控制的效果。

ZigBee 开发板与相关传感器、继电器模块组成了系统主体：协调器、温度传感器采集终端、温湿度传感器采集终端、人体红外热释电传感器采集终端、继电器控制终端。

（1）协调器：数量为 1

协调器是网络的中心，负责组建和管理网络，一个网络中必须有并且只能有一个协调器。它被用来接收各传感器采集终端上传的各种被采集的家居信息，并将它们汇总后周期性地发送给上位机；此外，它还接收上位机下发的控制命令，并将其转发给相关的控制终端进行相应的控制。

（2）温度传感器采集终端：数量为 1（也可根据情况适当增加）

温度传感器采集终端在网络中充当终端节点的作用。它通过携带的温度传感器实时地采集周边的温度信息，并将其发送给协调器。

（3）温湿度传感器采集终端：数量为 1（也可根据情况适当增加）

温湿度传感器采集终端在网络中充当终端节点的作用。它通过携带的温湿度传感器实时地采集周边的温湿度信息，并将其发送给协调器。

（4）光敏传感器采集终端：数量为 1（也可根据情况适当增加）

光敏传感器采集终端在网络中充当终端节点的作用。它通过携带的光敏传感器实时地采集周边的光强度信息，并将其发送给协调器。

（5）烟雾传感器采集终端：数量为 1（也可根据情况适当增加）

烟雾传感器采集终端在网络中充当终端节点的作用。它通过携带的烟雾传感器实时地采集周边的烟雾浓度信息,并将其发送给协调器。

(6) 人体红外热释电传感器采集终端:数量为1(也可根据情况适当增加)

人体红外热释电传感器采集终端在网络中充当终端节点的作用。它通过携带的人体红外热释电传感器实时地检测周边是否有人经过,并将信息发送给协调器。

(7) 继电器控制终端:数量为1(也可根据情况适当增加)

继电器控制终端在网络中充当终端节点的作用。它接收到协调器下发的控制命令时,根据命令信息内容进行相应的控制。

## 第二步:信息采集终端模块相关传感器选型及电路设计

### 1. DS18B20 温度传感器的应用

(1) DS18B20 温度传感器

DS18B20 是常用的数字温度传感器,具有体积小、成本低、抗干扰能力强、精度高等特点。DS18B20 数字温度传感器接线方便,封装后具有多种样式,如管道式、螺纹式、磁铁吸附式、不锈钢封装式等,并可应用于多种场合,如电缆沟测温、高炉水循环测温、锅炉测温、机房测温、农业大棚测温、洁净室测温等。其实物如图 9-1 所示。

图 9-1  DS18B20 实物图

在本项目中用到的相关 DS18B20 模块如图 9-2 所示。

(2) DS18B20 相关电路设计

DS18B20 相关电路设计如图 9-3 所示。

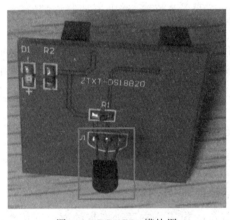

图 9-2  DS18B20 模块图

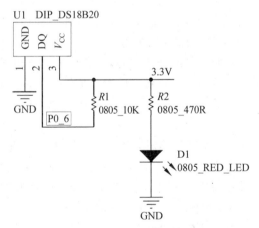

图 9-3  DS18B20 应用电路原理图

### 2. DHT11 温湿度传感器的应用

(1) DHT11 温湿度传感器

DHT11 温湿度传感器是一款含有已校准数字信号输出的温湿度复合传感器,它应用专用的数字模块采集技术和温湿度传感技术,确保产品具有极高的可靠性和卓越的长期稳定性。传感器包括一个电阻式感湿元件和一个 NTC 测温元件，并与一个高性能 8 位单片机相连接。因此该产品具有品质卓越、超快响应、抗干扰能力强、性价比极高等优点。每个 DHT11 传感器都在极为精确的湿度校验室中进行校准。校准系数以程序的形式存在 OTP 内存中，传感器内部在检测信号的处理过程中要调用这些校准系数。单线制串行接口，使系统集成变得简易快捷。因其超小的体积、极低的功耗，使它成为在苛刻应用场合的最佳选择。该产品为 4 针单排引脚封装，连接方便。

DHT11 数字温湿度传感器的实物图如图 9-4 所示。

在本项目中用到的相关 DHT11 模块如图 9-5 所示。

图 9-4　DHT11 实物图

（2）DHT11 相关电路设计

DHT11 相关电路设计如图 9-6 所示。

图 9-5　DHT11 模块图

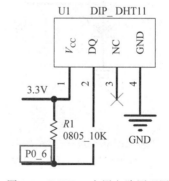

图 9-6　DHT11 应用电路原理图

### 3. OTRON 光敏传感器的应用

（1）OTRON 光敏传感器

光敏传感器是最常见的传感器之一，它的种类繁多，主要有光电管、光电倍增管、光敏电阻、光敏三极管、太阳能电池、红外线传感器、紫外线传感器、光纤式光电传感器、色彩传感器、CCD 和 CMOS 图像传感器等。国内主要厂商有 OTRON 品牌等。光传感器是目前产量最多、应用最广的传感器之一，它在自动控制和非电量电测技术中占有非常重要的地位。最简单的光敏传感器是光敏电阻，当光子冲击接合处就会产生电流。

光敏传感器的实物图如图 9-7 所示。

在本项目中用到的相关光敏传感器模块如图 9-8 所示。

图 9-7 光敏传感器实物图

图 9-8 光敏传感器模块图

（2）光敏传感器相关电路设计

光敏传感器相关电路设计如图 9-9 所示。

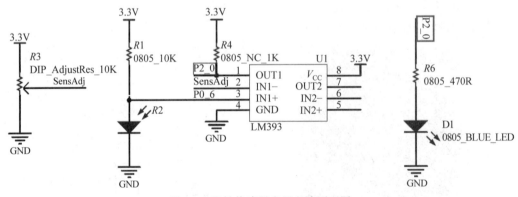

图 9-9 光敏传感器应用电路原理图

图 9-9 中的 LM393 是一个比较器，其中，第 2 个引脚 IN1－用于设置光敏传感器的光敏感度；第 3 个引脚 IN1＋用于采集检测到的光强度；第 1 个引脚 OUT1 是 LM393 的输出引脚，它连接到 ZigBee 开发板的 P2_0 引脚，R2 是一个光敏电阻。当光强不够时，R2 的阻值较大，IN1＋的电位高于 IN1－的电位，OUT1 输出高电平，发光二极管 D1 亮；当光强足够时，R2 的阻值较小，IN1＋的电位低于 IN1－的电位，OUT1 输出低电平，发光二极管 D1 灭。可以看出，通过检测 ZigBee 开发板的 P2_0 引脚的输入电平的状态，就可以判断是否有光（光是否足够强）。

## 4. MQ-2 烟雾传感器的应用

(1) MQ-2 烟雾传感器

烟雾传感器就是通过监测烟雾的浓度来实现火灾防范的。烟雾报警器内部采用离子式烟雾传感器，离子式烟雾传感器是一种应用先进技术、工作稳定可靠的传感器，被广泛应用在各种消防报警系统中，性能远优于气敏电阻类的火灾报警器。

烟雾传感器的实物图如图 9-10 所示。

在本项目中用到的相关烟雾传感器模块如图 9-11 所示。

图 9-10　烟雾传感器实物图

图 9-11　烟雾传感器模块图

(2) 烟雾传感器相关电路设计

烟雾传感器相关电路设计如图 9-12 所示。

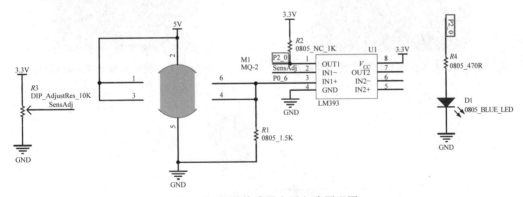

图 9-12　烟雾传感器应用电路原理图

可以看出，烟雾传感器的相关电路原理图与光敏传感器的较为相似。

图 9-12 中的 LM393 是一个比较器，其中，第 2 个引脚 IN1－设置烟雾传感器的检测敏感度；第 3 个引脚 IN1＋采集检测到的烟雾浓度；第 1 个引脚 OUT1 是 LM393 的输出引脚，它连接到 ZigBee 开发板的 P2_0 引脚，当烟雾浓度不够大时，IN1＋的电位低于 IN1－的电位，OUT1 输出低电平，发光二极管 D1 不亮；当烟雾浓度足够大时，IN1＋的电位高于 IN1－的电位，OUT1 输出高电平，发光二极管 D1 亮。可以看出，通过检测 ZigBee 开发板的 P2_0 引脚的输入电平的状态，就可以判断是否有烟雾(烟雾浓度是否足够大)。

## 5. HC-SR501 人体红外热释电传感器的应用

（1）HC-SR501 人体红外热释电传感器

人体红外热释电传感器是利用红外线来进行数据处理的一种传感器,它是一种主要由高热电系数的材料,如锆钛酸铅系陶瓷、钽酸锂、硫酸三甘钛等制成的,尺寸为 $2mm \times 1mm$ 的探测元件。在每个探测器内装入一个或两个探测元件,并将两个探测元件以反极性串联,以抑制由于自身温度升高而产生的干扰。由探测元件将探测并接收到的红外辐射转变成微弱的电压信号,经装在探头内的场效应管放大后向外输出。为了提高探测器的探测灵敏度以增大探测距离,一般在探测器的前方装设一个菲涅尔透镜,该透镜用透明塑料制成,将透镜的上、下两部分各分成若干等份,制成一种具有特殊光学系统的透镜,它和放大电路相配合,可将信号放大 70dB 以上,这样就可以测出 $10\sim 20m$ 范围内人的行动。

人体红外热释电传感器的实物图如图 9-13 所示。

在本任务中用到的相关人体红外热释电传感器模块如图 9-14 所示。

（2）人体红外热释电传感器相关电路设计

人体红外热释电传感器相关电路设计如图 9-15 所示。

图 9-13　人体红外热释电传感器实物图　　图 9-14　人体红外热释电传感器模块图

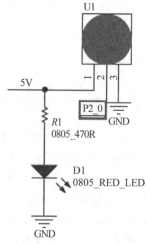

图 9-15　人体红外热释电传感器应用电路原理图

## 第三步：控制终端模块相关继电器选型及电路设计

### 1. RELAY-SPDT 继电器介绍

继电器是一种电控制器件，是当输入量（激励量）的变化达到规定要求时，在电气输出回路中使被控量发生预定的阶跃变化的一种电器。它具有控制系统（又称输入回路）和被控制系统（又称输出回路）之间的互动关系。通常应用于自动化的控制电路中，它实际上是用小电流去控制大电流运作的一种"自动开关"。故在电路中起着自动调节、安全保护、转换电路等作用。

继电器的实物图如图 9-16 所示。

在本项目中用到的相关继电器模块如图 9-17 所示。

图 9-16　继电器实物图

图 9-17　继电器模块图

### 2. 继电器相关电路设计

继电器相关电路设计如图 9-18 所示。

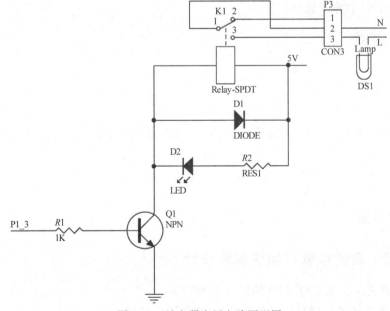

图 9-18　继电器应用电路原理图

晶体管 Q1 的基极通过 R1 接到 CC2530 的 P1_3 引脚；集电极和＋5V 电源之间连接一个继电器；继电器 K1 的 3 个端子 1、2 和 3 分别连接到连接器 P3 的 3 个端子 2、1 和 3，连接器的 2 端接零线，3 端接火线；灯 DS1 接在火线上。

当 P1_3 输出低电平时，Q1 截止，集电极没有电流，继电器 K1 的触点位于常闭端 2 处，火线和零线没有接通，DS1 不亮。

当 P1_3 输出高电平时，Q1 导通，集电极有电流通过，线圈产生磁场，将 K1 的触点从常闭端 2 处吸到常开端 3 处，火线和零线接通，DS1 亮。

在 Q1 的集电极和＋5V 电源之间并联着二极管 D1、发光二极管 D2 和 R2 串联组成的一条回路，在 Q1 导通、K1 的触点接到 3 处时，D2 会亮以作为提示。

# 任务 2　各模块软件设计

## 任务目标

基于 Z-Stack 协议栈，完成各模块应用软件设计。

## 任务内容

- 温度传感器模块软件设计。
- 温湿度传感器模块软件设计。
- 光敏传感器模块软件设计。
- 烟雾传感器模块软件设计。
- 人体红外热释电传感器模块软件设计。
- 继电器控制模块软件设计。

## 任务实施

### 一、实验准备

硬件：PC 一台、ZigBee 开发板（核心板及功能底板）若干块、SmartRF04EB 仿真器（包括相关数据连接线）一套。

软件：Windows 7/8/10 操作系统、IAR 集成开发环境。

### 二、实验实施

#### 第一步：温度传感器模块软件设计

（1）在裸机上实现 DS18B20 的驱动程序

这一步请直接参考项目 4 相关的例程，在此不再赘述。

(2) 将 DS18B20 在裸机上的驱动程序加载到协议栈上

首先将刚才"裸机程序"文件夹中的 DS18B20.c 和 DS18B20.h 文件复制到一个 Z-Stack 协议栈例程所在目录下的"…\Projects\zstack\Samples\SampleApp\Source"子目录中,如图 9-19 所示。

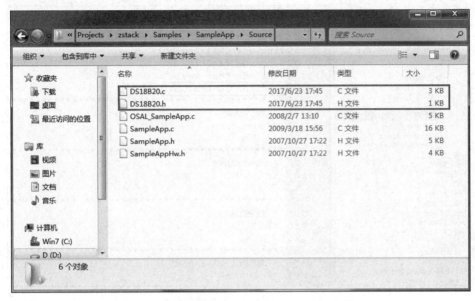

图 9-19 复制 DS18B20.c 和 DS18B20.h 文件

然后打开该 Z-Stack 协议栈例程,在 IAR 的 Workspace 窗口中,对 SampleApp 工程目录下的 App 子目录右击并选择 Add→Add Files 命令,添加刚才复制到 Source 文件夹中的 DS18B20.c 文件,如图 9-20 所示。

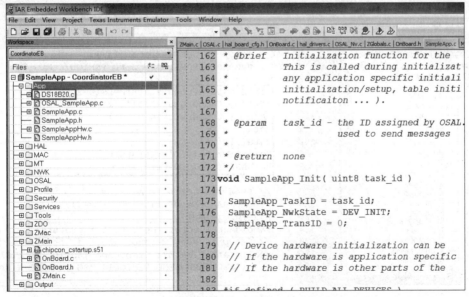

图 9-20 添加 DS18B20.c 文件

（3）在协议栈上实现对 DS18B20 所采集温度信息的无线数据传输

首先在 SampleApp.c 文件的起始处包含 DS18B20.h 头文件，如图 9-21 所示。

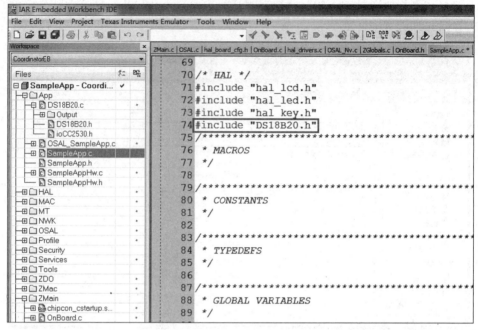

图 9-21　DS18B20.h 文件的说明

接着在 SampleApp.c 文件的事件处理函数 SampleApp_ProcessEvent 中的"if（events & SAMPLEAPP_SEND_PERIODIC_MSG_EVT）"后面的大括号中添加如图 9-22 所示的程序代码。

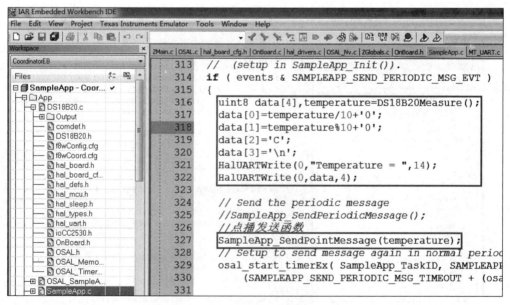

图 9-22　添加程序代码

这里还需要对 DS18B20.c 文件修改一下。为了保证延时更精确,在延时函数中调用协议栈自带的延时函数 MicroWait(),相应的程序代码如下:

```
void DS18B20Delay(unsigned int k)
{
  MicroWait(k);
}
```

还需要在 DS18B20.c 文件中包含"OnBoard.h"头文件,如图 9-23 所示。

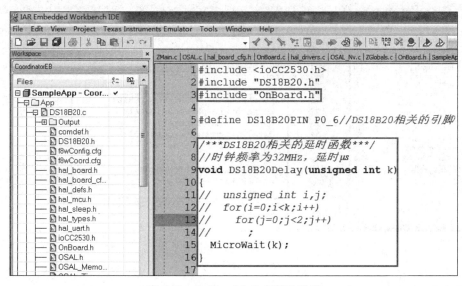

图 9-23　OnBoard.h 头文件的说明

需要添加点播方式发送温度信息的函数——SampleApp_SendPointMessage()的定义,程序代码如下:

```
void SampleApp_SendPointMessage( uint8 msg )
{
  if ( AF_DataRequest( &SampleApp_Point_DstAddr, &SampleApp_epDesc,
                SAMPLEAPP_POINT_CLUSTERID,
                1,
                (uint8 *)&msg,
                &SampleApp_TransID,
                AF_DISCV_ROUTE,
                AF_DEFAULT_RADIUS ) ==afStatus_SUCCESS )
  {
  }
  else
  {
```

```
            //Error occurred in request to send.
    }
}
```

最后需要在 SampleApp_MessageMSGCB() 中对接收到的点播发送过来的温度采集信息进行处理，程序代码如图 9-24 所示。

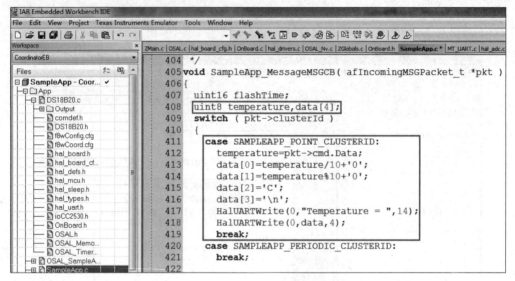

图 9-24　温度传感器信息处理

## 【理论学习：关键知识点回顾】

### 1. CC2530 芯片 I/O 口的基本应用

CC2530 有 21 个输入/输出引脚，可以配置为通用数字 I/O 或外设 I/O 信号，配置为连接到 ADC、定时器或 USART 等外设。这些 I/O 口的用途可以通过一系列寄存器配置，由用户软件加以实现。

I/O 端口具备如下重要特性。

- 21 个数字 I/O 引脚。
- 可以配置为通用 I/O 或外部设备 I/O。
- 输入口具备上拉或下拉能力。
- 具有外部中断能力。

21 个 I/O 引脚都可以用作外部中断源输入口，因此，如果需要外部设备可以产生中断，外部中断功能也可以从睡眠模式唤醒设备。

用作通用 I/O 时，引脚可以组成 3 个 8 位端口，端口 0、端口 1 和端口 2 分别表示为 P0、P1 和 P2。其中 P0 和 P1 是完全的 8 位端口，而 P2 仅有 5 位可用。所有的端口均可以通过 SFR 寄存器 P0、P1 和 P2 位寻址和字节寻址。每个端口引脚都可以单独设置为通用 I/O 或外部设备 I/O。

寄存器 PxSEL 中,x 为端口的标号 0～2,用来设置端口的每个引脚为通用 I/O 或者是外部设备 I/O 信号。作为默认的情况,每当复位之后,所有的数字输入/输出引脚都设置为通用输入引脚。

在任何时候要改变一个端口引脚的方向,就需要使用寄存器 PxDIR 来设置每个端口引脚为输入或输出。因此,只有设置 PxDIR 中的指定位为 1,其对应的引脚口就被设置为输出了。

用作输入时,通用 I/O 端口可以设置为上拉、下拉或三态操作模式。作为默认的情况,复位之后,所有的端口均设置为带上拉或下拉的输入。

当某一 I/O 口引脚用作输出时,比如继电器的 P1_3 引脚,则对该引脚设置的程序代码如下:

```
P1SEL &=~0x08;              //~00001000
P1DIR |=0x08;               //00001000
```

开闭继电器的程序代码如下:

```
P1 &=~0x08;
P1 |=0x08;
```

### 2. Z-Stack 协议栈下的串口通信

(1) CC2530 芯片的串行通信接口

USART0 和 USART1 是串行通信接口,它们具有相同的功能,都能够运行于异步 UART 模式或者同步 SPI 模式。

UART 模式提供异步串行接口。在 UART 模式中,接口使用 2 线或者含有引脚 RXD、TXD,可选 RTS 和 CTS 的 4 线。UART 模式的操作具有下列特点。

- 8 位或者 9 位负载数据。
- 奇校验、偶校验或者无奇偶校验。
- 配置起始位和停止位电平。
- 配置 LSB 或者 MSB 首先传送。
- 独立收发中断。
- 独立收发 DMA 触发。
- 奇偶校验和帧校验出错状态。

UART 模式提供全双工传送,接收器中的位同步不影响发送功能。传送的 UART 字节包含 1 个起始位、8 个数据位、1 个作为可选项的第 9 位数据或者奇偶校验位,再加上 1 个或 2 个停止位。

**注意:** 虽然真实的数据包含 8 位或者 9 位,但是,数据传送只涉及 1 个字节。

开发板用到的串行通信接口相关电路见图 3-1。

PL2303 是一种 RS232-USB 接口转换器。CC2530 的 USART0 的发送引脚

USART0_TX(P0_3)和接收引脚 USART0_RX(P0_2)分别连接到开发板上 PL2303 的接收引脚 RXD 和发送引脚 TXD。开发板再通过方口 USB 数据连接线连接到 PC，这样 CC2530 和 PC 之间就能够进行串口通信。

（2）Z-Stack 协议栈下的串口通信步骤
① 串口初始化。
② 登记任务号。
③ 串口发送。

在 SampleApp.c 文件中的 SampleApp_Init()函数中添加相关程序代码，如图 9-25 所示。

```
172    */
173   void SampleApp_Init( uint8 task_id )
174   {
175       SampleApp_TaskID = task_id;
176       SampleApp_NwkState = DEV_INIT;
177       SampleApp_TransID = 0;
178
179       MT_UartInit();//串口初始化
180       MT_UartRegisterTaskID(task_id);//登记任务号
181       HalUARTWrite(0,"Hello World\n",12);//串口发送
182
```

图 9-25　添加串口通信代码

在串口初始化过程中还需要对串口的各初始化参数进行设置，在 MT_UART.c 文件中的 MT_UartInit()函数中进行，如图 9-26 所示。

```
 98 ****************************************************
 99 void MT_UartInit ()
100 {
101     halUARTCfg_t uartConfig;
102
103     /* Initialize APP ID */
104     App_TaskID = 0;
105
106     /* UART Configuration */
107     uartConfig.configured           = TRUE;
108     uartConfig.baudRate             = MT_UART_DEFAULT_BAUDRATE;
109     uartConfig.flowControl          = MT_UART_DEFAULT_OVERFLOW;
110     uartConfig.flowControlThreshold = MT_UART_DEFAULT_THRESHOLD;
111     uartConfig.rx.maxBufSize        = MT_UART_DEFAULT_MAX_RX_BUFF;
112     uartConfig.tx.maxBufSize        = MT_UART_DEFAULT_MAX_TX_BUFF;
113     uartConfig.idleTimeout          = MT_UART_DEFAULT_IDLE_TIMEOUT;
114     uartConfig.intEnable            = TRUE;
115 #if defined (ZTOOL_P1) || defined (ZTOOL_P2)
116     uartConfig.callBackFunc         = MT_UartProcessZToolData;
117 #elif defined (ZAPP_P1) || defined (ZAPP_P2)
118     uartConfig.callBackFunc         = MT_UartProcessZAppData;
119 #else
120     uartConfig.callBackFunc         = NULL;
121 #endif
```

图 9-26　串口参数初始化

这里选择对串口的 baudRate 和 flowControl 这两个参数进行设置,将相关的默认值修改如下:

```
#define MT_UART_DEFAULT_BAUDRATE HAL_UART_BR_115200
#define MT_UART_DEFAULT_OVERFLOW FALSE
```

其中,flowControl 的相关默认值是必须修改的,否则串口通信不能正常进行。

最后为了使串口通信不会产生乱码,需要在工程设置中对预处理器定义的某些宏进行注释,这些宏以 MT 开头和 LCD 开头的,注释方法为在它们之前加一个"x",如图 9-27 所示。

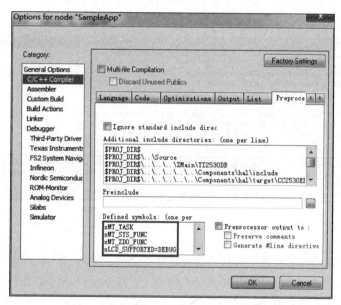

图 9-27　宏注释

## 3. Z-Stack 协议栈下的网络通信

下面介绍点播通信的实现步骤。

考虑到本项目最终选择的是点播通信,这里对点播通信的实现步骤进行简单的介绍。

(1) 在 SampleApp.c 文件中分别表示广播目的地址和组播目的地址的两个 afAddrType_t 类型的全局变量——SampleApp_Periodic_DstAddr 和 SampleApp_Flash_DstAddr 的地方,再定义一个 afAddrType_t 类型的全局变量,表示点播的目的地址,如图 9-28 所示。

(2) 在 SampleApp.c 文件的初始化函数 SampleApp_Init()中找到对表示广播目的地址和组播目的地址的变量 SampleApp_Periodic_DstAddr 和 SampleApp_Flash_DstAddr 的结构体成员进行设置的程序代码,在它们的后面添加对 SampleApp_Point_DstAddr 的结构体成员进行设置的程序代码,如图 9-29 所示。

第 207 行中的 afAddrMode_t 枚举类型的成员 afAddr16Bit 表示点播通信方式;第 209 行中的 0xFFFF 表示协调器的地址,即通信的目的地址是协调器。

243

```
125 /****************************************************************
126  * LOCAL VARIABLES
127  */
128 uint8 SampleApp_TaskID;    // Task ID for internal task/event processing
129                            // This variable will be received when
130                            // SampleApp_Init() is called.
131 devStates_t SampleApp_NwkState;
132
133 uint8 SampleApp_TransID;   // This is the unique message ID (counter)
134
135 afAddrType_t SampleApp_Periodic_DstAddr;
136 afAddrType_t SampleApp_Flash_DstAddr;
137 afAddrType_t SampleApp_Point_DstAddr;//对应点播的目的地址
```

图 9-28  定义 afAddrType_t 类型全局变量

```
205    // Setup for the periodic message's destination address
206    // Broadcast to everyone
207    SampleApp_Periodic_DstAddr.addrMode = (afAddrMode_t)AddrBroadcast;
208    SampleApp_Periodic_DstAddr.endPoint = SAMPLEAPP_ENDPOINT;
209    SampleApp_Periodic_DstAddr.addr.shortAddr = 0xFFFF;
210
211    // Setup for the flash command's destination address - Group 1
212    SampleApp_Flash_DstAddr.addrMode = (afAddrMode_t)afAddrGroup;
213    SampleApp_Flash_DstAddr.endPoint = SAMPLEAPP_ENDPOINT;
214    SampleApp_Flash_DstAddr.addr.shortAddr = SAMPLEAPP_FLASH_GROUP;
215
216    //对表示点播目的地址的afAddrType_t类型的变量SampleApp_Point_DstAddr的结构体成员进行设置
217    SampleApp_Point_DstAddr.addrMode = (afAddrMode_t)afAddr16Bit;//设置通信方式为点播
218    SampleApp_Point_DstAddr.endPoint = SAMPLEAPP_ENDPOINT;
219    SampleApp_Point_DstAddr.addr.shortAddr = 0x0000;//设置通信的目的地址为0x0000,即协调器
220
```

图 9-29  SampleApp_Point_DstAddr 结构体成员的设置

（3）在 SampleApp.c 文件中找到广播发送函数 SampleApp_SendPeriodicMessage()和组播发送函数 SampleApp_SendFlashMessage()的定义（在 SampleApp.c 文件的最后），在它们的后面添加对点播发送函数 SampleApp_SendPointMessage()的定义，如图 9-30 所示。

```
476 }
477
478 void SampleApp_SendPointMessage( void )
479 {
480   uint8 data[10]={'0','1','2','3','4','5','6','7','8','9'};
481   if ( AF_DataRequest( &SampleApp_Point_DstAddr, &SampleApp_epDesc,
482                        SAMPLEAPP_POINT_CLUSTERID,
483                        10,
484                        data,
485                        &SampleApp_TransID,
486                        AF_DISCV_ROUTE,
487                        AF_DEFAULT_RADIUS ) == afStatus_SUCCESS )
488   {
489   }
490   else
491   {
492     // Error occurred in request to send.
493   }
494 }
495 /****************************************************************
496  ****************************************************************/
497
```

图 9-30  点播发送函数的定义

这里添加的是最典型的一种函数,与无线通信中所添加的发送函数相比,只是第 1 个参数和第 3 个参数由原来表示广播目的地址的 &SampleApp_Periodic_DstAddr 和广播通信方式在群集中的 ID 号 SAMPLEAPP_PERIODIC_CLUSTERID 分别替换为现在的表示点播目的地址的 &SampleApp_Point_DstAddr 和点播通信方式在群集中的 ID 号 SAMPLEAPP_POINT_CLUSTERID。

对于 SAMPLEAPP_POINT_CLUSTERID,之前还没有定义,所以需要进入相关的程序代码进行定义,如图 9-31 所示。

```
65
66 #define SAMPLEAPP_MAX_CLUSTERS          3//2
67 #define SAMPLEAPP_PERIODIC_CLUSTERID    1
68 #define SAMPLEAPP_FLASH_CLUSTERID       2
69 #define SAMPLEAPP_POINT_CLUSTERID       3
70
```

图 9-31　SAMPLEAPP_POINT_CLUSTERID 的相关定义

最后不要忘了在 SampleApp.c 文件的开头对函数进行声明的地方声明刚才定义的点播发送函数 SampleApp_SendPointMessage(),如图 9-32 所示。

```
144 /**********************************************************
145  * LOCAL FUNCTIONS
146  */
147 void SampleApp_HandleKeys( uint8 shift, uint8 keys );
148 void SampleApp_MessageMSGCB( afIncomingMSGPacket_t *pckt );
149 void SampleApp_SendPeriodicMessage( void );
150 void SampleApp_SendFlashMessage( uint16 flashTime );
151 void SampleApp_SendPointMessage( void );
152 /**********************************************************
```

图 9-32　点播发送函数的声明

(4) 在 SampleApp.c 文件的事件处理函数 SampleApp_ProcessEvent() 中找到"if (events & SAMPLEAPP_SEND_PERIODIC_MSG_EVT)",在它后面的大括号中将广播发送函数相应地替换为点播发送函数,如图 9-33 所示。

由于不允许协调器给自己点播,所以在周期性点播初始化时协调器不能被初始化,因此应当把函数中对协调器进行初始化的代码注释,如图 9-34 所示。

(5) 在 SampleApp.c 文件的 SampleApp_MessageMSGCB() 函数中添加对接收到的点播数据的处理,程序代码如图 9-35 所示。

### 4. Z-Stack 协议栈下的网络管理

每个 CC2530 芯片在出厂的时候都有一个全球唯一的 32 位的 MAC 地址。而当其作为设备节点被无线地连接到一个网络中时,该设备会获得由协调器分配的一个 16 位的短地址。前面介绍过,协调器的默认地址是 0x0000。很多时候 ZigBee 无线网络就是通过这个短地址来进行网络管理的。

```
312 | ZGlobals.c | OnBoard.h | SampleApp.c | MT_UART.c | hal_adc.c | SampleApp.h | OSAL_SampleApp.c | hal_key.c | mt_uart.h | hal_uart.c | ZDApp.h | AF.h | OSAL.h | OSAL_Timers.c |
313     // Send a message out - This event is generated by a timer
314     //   (setup in SampleApp_Init()).
315     if ( events & SAMPLEAPP_SEND_PERIODIC_MSG_EVT )
316     {
317       // Send the periodic message
318       //SampleApp_SendPeriodicMessage();
319
320       //点播发送函数
321       SampleApp_SendPointMessage();
322
323       // Setup to send message again in normal period (+ a little jitter)
324       osal_start_timerEx( SampleApp_TaskID, SAMPLEAPP_SEND_PERIODIC_MSG_EVT,
325         (SAMPLEAPP_SEND_PERIODIC_MSG_TIMEOUT + (osal_rand() & 0x00FF)) );
326
327       // return unprocessed events
328       return (events ^ SAMPLEAPP_SEND_PERIODIC_MSG_EVT);
329     }
330
331     // Discard unknown events
332     return 0;
333 }
```

图 9-33 函数替换

```
280     // Received whenever the device changes state in the network
281     case ZDO_STATE_CHANGE:
282       SampleApp_NwkState = (devStates_t)(MSGpkt->hdr.status);
283       if ( //(SampleApp_NwkState == DEV_ZB_COORD)|| 不允许协调器给自己点播
284         (SampleApp_NwkState == DEV_ROUTER)
285         || (SampleApp_NwkState == DEV_END_DEVICE) )
286       {
287         // Start sending the periodic message in a regular interval.
288         osal_start_timerEx( SampleApp_TaskID,
289                     SAMPLEAPP_SEND_PERIODIC_MSG_EVT,
290                     SAMPLEAPP_SEND_PERIODIC_MSG_TIMEOUT );
291       }
```

图 9-34 协调器初始化代码注释处理

```
void SampleApp_MessageMSGCB( afIncomingMSGPacket_t *pkt )
{
  uint16 flashTime;

  switch ( pkt->clusterId )
  {
    //case SAMPLEAPP_PERIODIC_CLUSTERID:
    case SAMPLEAPP_POINT_CLUSTERID:
      HalUARTWrite(0, "I get data\n", 11);//显示接收到数据
      HalUARTWrite(0, &pkt->cmd.Data[0], 10);//显示接收到的数据信息
      HalUARTWrite(0, "\n", 1);
      break;

    case SAMPLEAPP_FLASH_CLUSTERID:
      flashTime = BUILD_UINT16(pkt->cmd.Data[1], pkt->cmd.Data[2] );
      HalLedBlink( HAL_LED_4, 4, 50, (flashTime / 4) );
      break;
  }
}
```

图 9-35 对接收到的点播数据处理的代码

发送设备的短地址怎么样通过接收到的数据包来获取呢？单击进入接收到的数据包的类型 afIncomingMSGPacket_t 的定义，程序代码如图 9-36 所示。

```
246
247 typedef struct
248 {
249     osal_event_hdr_t hdr;           /* OSAL Message header */
250     uint16 groupId;                  /* Message's group ID - 0 if not set */
251     uint16 clusterId;                /* Message's cluster ID */
252     afAddrType_t srcAddr;            /* Source Address, if endpoint is STUBAPS_INTER_PAN_EP,
253                                         it's an InterPAN message */
254     uint16 macDestAddr;              /* MAC header destination short address */
255     uint8 endPoint;                  /* destination endpoint */
256     uint8 wasBroadcast;              /* TRUE if network destination was a broadcast address */
257     uint8 LinkQuality;               /* The link quality of the received data frame */
258     uint8 correlation;               /* The raw correlation value of the received data frame */
259     int8 rssi;                        /* The received RF power in units dBm */
260     uint8 SecurityUse;               /* deprecated */
261     uint32 timestamp;                /* receipt timestamp from MAC */
262     uint8 nwkSeqNum;                 /* network header frame sequence number */
263     afMSGCommandFormat_t cmd;        /* Application Data */
264 } afIncomingMSGPacket_t;
265
```

图 9-36　afIncomingMSGPacket_t 的定义

可以看到，在结构体类型 afIncomingMSGPacket_t 的各成员变量中有一个 afAddrType_t 结构体类型的变量 srcAddr，在它的注释中显示"Source Address..."，即源地址。单击进入 afAddrType_t 结构体类型的定义，程序代码如图 9-37 所示。

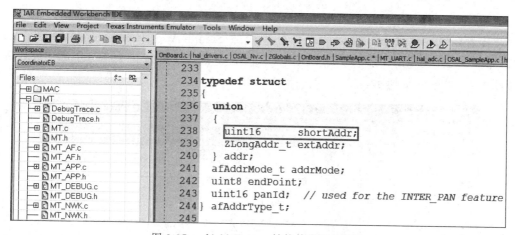

```
233
234 typedef struct
235 {
236     union
237     {
238         uint16      shortAddr;
239         ZLongAddr_t extAddr;
240     } addr;
241     afAddrMode_t addrMode;
242     uint8 endPoint;
243     uint16 panId;   // used for the INTER_PAN feature
244 } afAddrType_t;
245
```

图 9-37　afAddrType_t 结构体类型的定义

其中，union 类型成员 addr 中的 shortAddr 即对应发送设备的短地址。

## 第二步：温湿度传感器模块软件设计

（1）在裸机上实现 DHT11 的驱动程序。请直接参考项目 4 相关的例程，在此不再赘述。

（2）将 DHT11 在裸机上的驱动程序加载到协议栈上。请参照 DS18B20 温度传感器的例程。

（3）在协议栈上通过无线数据传输和串口通信的方式将 DHT11 所采集的温湿度信息发送给 PC。

首先在 SampleApp.c 文件的起始处包含 DHT11.h 头文件，如图 9-38 所示。

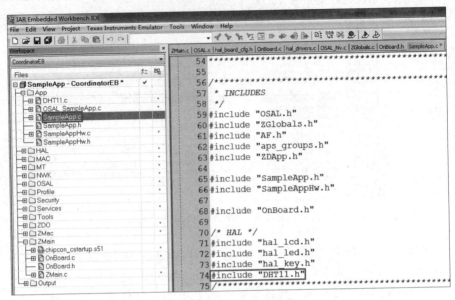

图 9-38　DHT11.h 头文件

接着在 SampleApp.c 文件的事件处理函数 SampleApp_ProcessEvent()中的"if(events & SAMPLEAPP_SEND_PERIODIC_MSG_EVT)"后面的大括号中添加并修改程序代码，如图 9-39 所示。

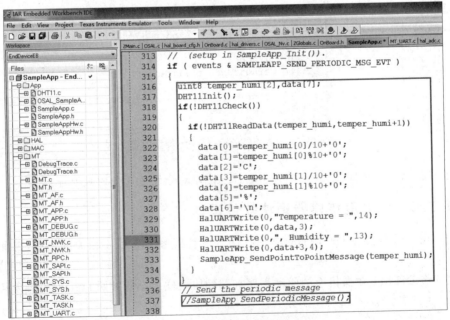

图 9-39　添加代码

然后同前面温度传感器应用相似,添加点播方式发送温湿度信息的函数——SampleApp_SendPointMessage()的定义,程序代码如下:

```
void SampleApp_SendPointToPointMessage(uint8 *pmsg)
{
  if ( AF_DataRequest( &SampleApp_POINT_TO_POINT_DstAddr,
                    &SampleApp_epDesc,
                    SAMPLEAPP_POINT_TO_POINT_CLUSTERID,
                    2,
                    pmsg,
                    &SampleApp_TransID,
                    AF_DISCV_ROUTE,
                    AF_DEFAULT_RADIUS ) ==afStatus_SUCCESS )
  {
  }
  else
  {
    //Error occurred in request to send.
  }
}
```

最后同前面的温度传感器应用相似,需要在 SampleApp_MessageMSGCB()函数中对接收到的点播发送过来的温湿度采集信息进行处理,如图 9-40 所示。

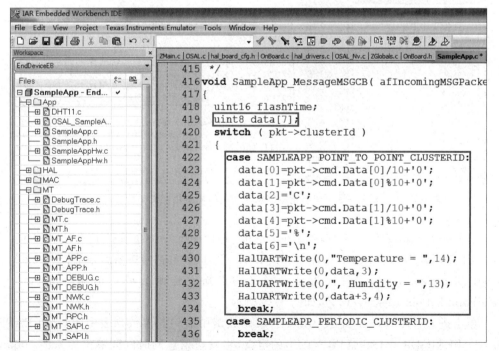

图 9-40　温湿度传感器信息处理

### 第三步：光敏传感器模块软件设计

首先在 SampleApp.c 文件中宏定义的相关位置添加对光敏传感器的 I/O 端口引脚的定义，SampleApp.c 文件中的显示如图 9-41 所示。

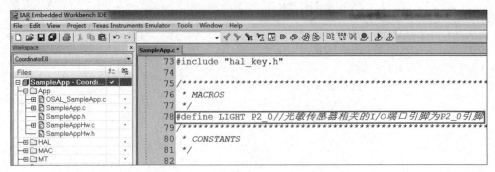

图 9-41　光敏传感器相关 I/O 端口引脚定义

接着在 SampleApp.c 文件的 SampleApp_Init()初始化函数中添加初始化光敏传感器的相关程序代码，SampleApp.c 文件中的显示如图 9-42 所示。

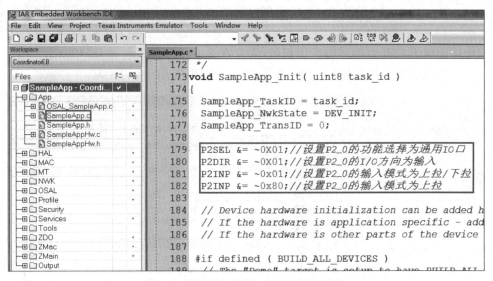

图 9-42　光敏传感器相关的初始化定义

然后在 SampleApp.c 文件的 SampleApp_ProcessEvent()函数中的"if（events & SAMPLEAPP_SEND_PERIODIC_MSG_EVT）"后面的大括号中将原来的"SampleApp_SendPeriodicMessage();"替换为自己定义的点播发送函数调用语句"SampleApp_SendPointToPointMessage();"，如图 9-43 所示。

单击进入后面的 osal_start_timerEx()函数调用语句的参数列表中 SAMPLEAPP_SEND_PERIODIC_MSG_TIMEOUT 的定义，将发送信息的时间间隔由原来的 5000ms 修改为 500ms，程序代码如下：

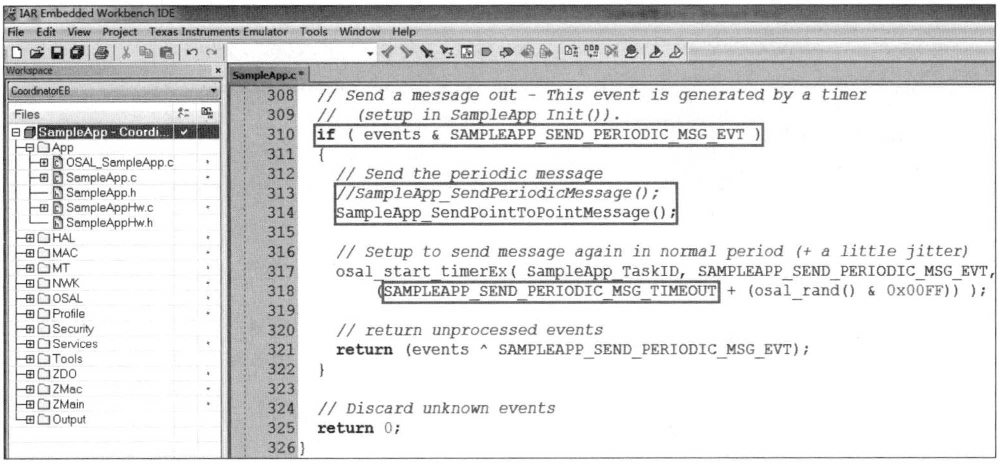

图 9-43 代码的替换

```
#define SAMPLEAPP_SEND_PERIODIC_MSG_TIMEOUT    500
```

SampleApp.h 文件中的显示如图 9-44 所示。

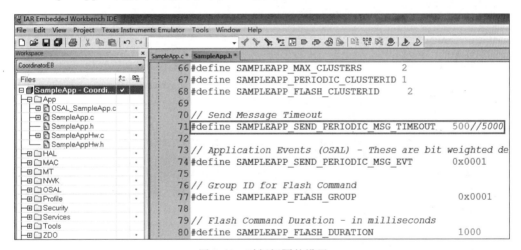

图 9-44 时间间隔的设置

然后添加自己的点播发送函数的定义，SampleApp.c 文件中的显示如图 9-45 所示。

最后需要在 SampleApp_MessageMSGCB() 函数中添加对接收到的点播通信方式传输的光敏传感器检测到的光信息数据的处理，如图 9-46 所示。

### 第四步：烟雾传感器模块软件设计

因为烟雾传感器的工作原理与光敏传感器的工作原理较为相似，所以在 Z-Stack 协议栈下它们的应用也较为相似。

首先在 SampleApp.c 文件中宏定义的相关位置添加对烟雾传感器的 I/O 端口引脚的定义，SampleApp.c 文件中的显示如图 9-47 所示。

251

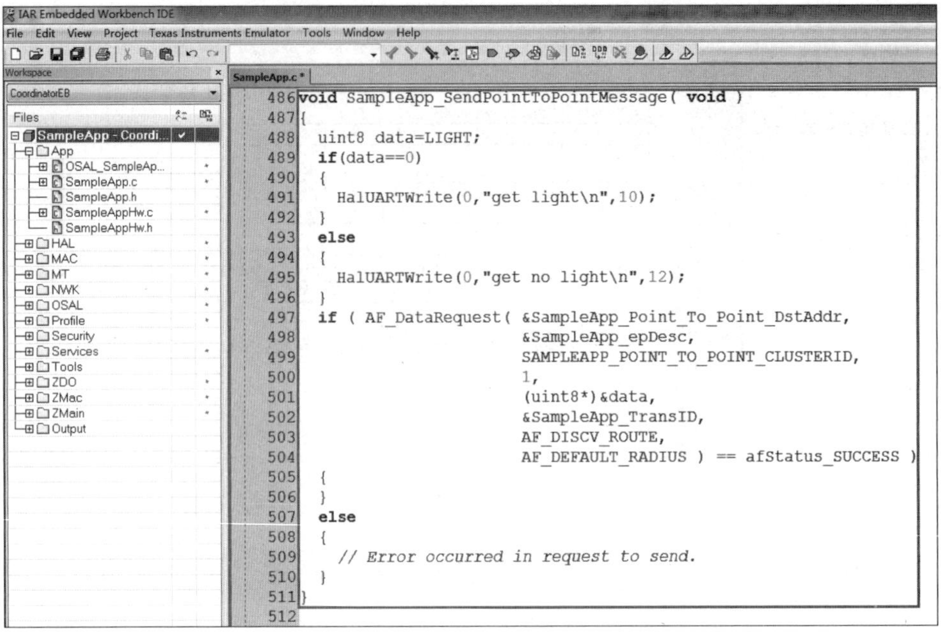
IAR Embedded Workbench IDE
File Edit View Project Texas Instruments Emulator Tools Window Help
Workspace
CoordinatorEB
Files
SampleApp - Coordi...
App
OSAL_SampleAp...
SampleApp.c
SampleApp.h
SampleAppHw.c
SampleAppHw.h
HAL
MAC
MT
NWK
OSAL
Profile
Security
Services
Tools
ZDO
ZMac
ZMain
Output
SampleApp.c *
void SampleApp_SendPointToPointMessage( void )
{
uint8 data=LIGHT;
if(data==0)
{
HalUARTWrite(0,"get light\n",10);
}
else
{
HalUARTWrite(0,"get no light\n",12);
}
if ( AF_DataRequest( &SampleApp_Point_To_Point_DstAddr,
&SampleApp_epDesc,
SAMPLEAPP_POINT_TO_POINT_CLUSTERID,
1,
(uint8*)&data,
&SampleApp_TransID,
AF_DISCV_ROUTE,
AF_DEFAULT_RADIUS ) == afStatus_SUCCESS )
{
}
else
{
// Error occurred in request to send.
}
}

图 9-45 点播发送函数的定义

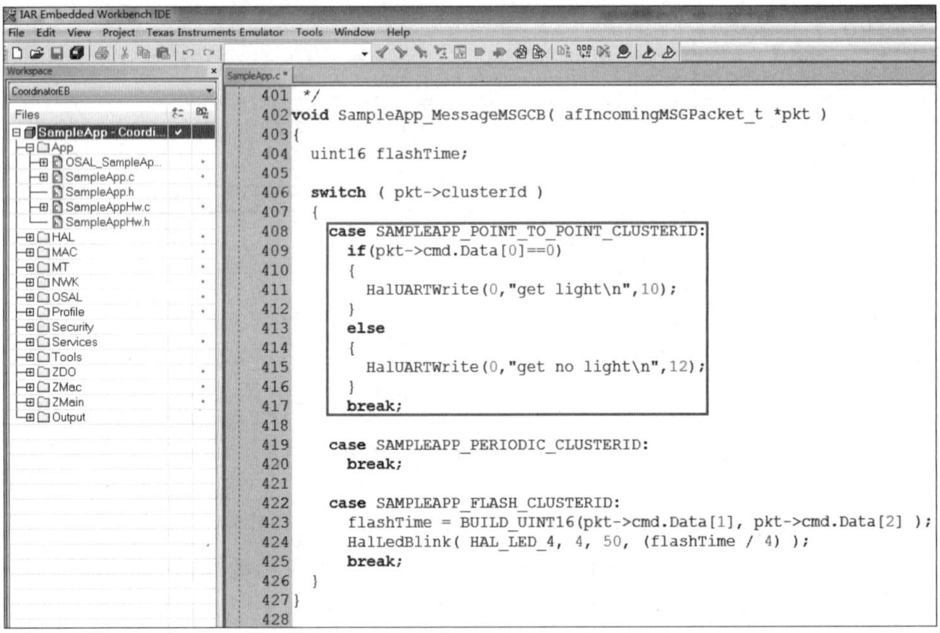
IAR Embedded Workbench IDE
File Edit View Project Texas Instruments Emulator Tools Window Help
Workspace
CoordinatorEB
Files
SampleApp - Coordi...
App
OSAL_SampleAp...
SampleApp.c
SampleApp.h
SampleAppHw.c
SampleAppHw.h
HAL
MAC
MT
NWK
OSAL
Profile
Security
Services
Tools
ZDO
ZMac
ZMain
Output
SampleApp.c *
*/
void SampleApp_MessageMSGCB( afIncomingMSGPacket_t *pkt )
{
uint16 flashTime;
switch ( pkt->clusterId )
{
case SAMPLEAPP_POINT_TO_POINT_CLUSTERID:
if(pkt->cmd.Data[0]==0)
{
HalUARTWrite(0,"get light\n",10);
}
else
{
HalUARTWrite(0,"get no light\n",12);
}
break;
case SAMPLEAPP_PERIODIC_CLUSTERID:
break;
case SAMPLEAPP_FLASH_CLUSTERID:
flashTime = BUILD_UINT16(pkt->cmd.Data[1], pkt->cmd.Data[2] );
HalLedBlink( HAL_LED_4, 4, 50, (flashTime / 4) );
break;
}
}

图 9-46 光敏传感器信息的处理

接着在 SampleApp.c 文件中的 SampleApp_Init()初始化函数中添加初始化烟雾传感器的相关程序代码，SampleApp.c 文件中的显示如图 9-48 所示。

然后在 SampleApp.c 文件的 SampleApp_ProcessEvent()函数中的“if (events & SAMPLEAPP_SEND_PERIODIC_MSG_EVT )”后面的大括号中将原来的“SampleApp

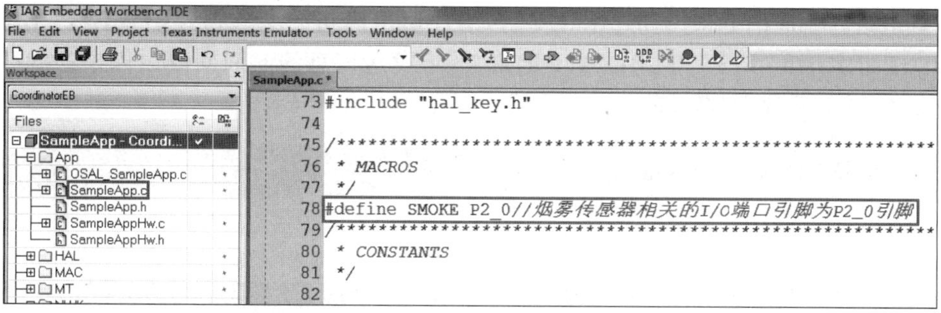

图 9-47 烟雾传感器相关 I/O 端口引脚的定义

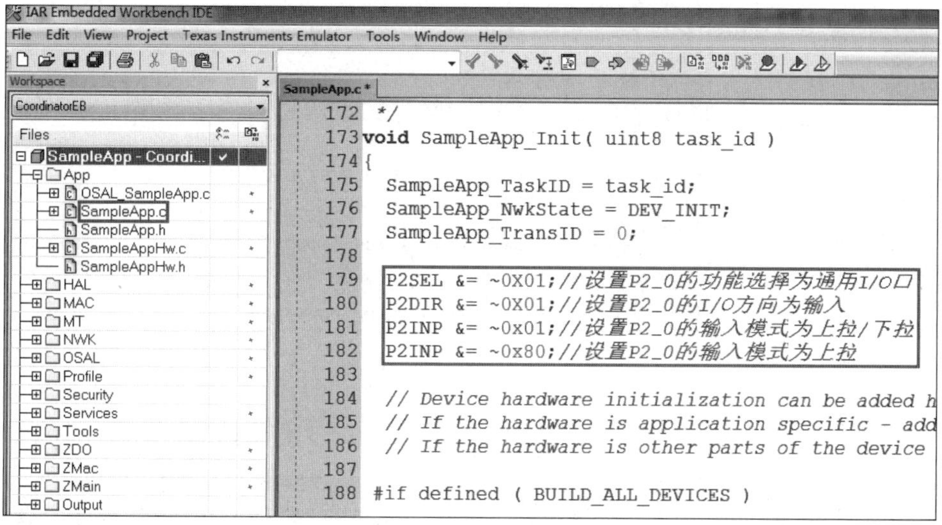

图 9-48 烟雾传感器相关的初始化设置

_SendPeriodicMessage();"替换为自己定义的点播发送函数调用语句"SampleApp_SendPointToPointMessage();",如图 9-49 所示。

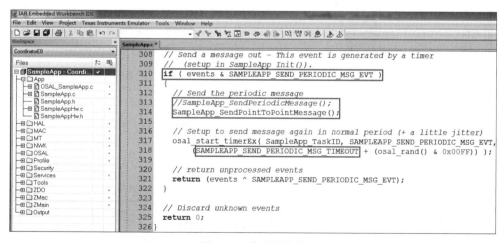

图 9-49 代码的替换

单击进入后面的 osal_start_timerEx() 函数调用语句的参数列表中 SAMPLEAPP_SEND_PERIODIC_MSG_TIMEOUT 的定义,将发送信息的时间间隔由原来的 5000ms 修改为 500ms,程序代码如下:

```
#define SAMPLEAPP_SEND_PERIODIC_MSG_TIMEOUT    500
```

SampleApp.h 文件中的显示如图 9-50 所示。

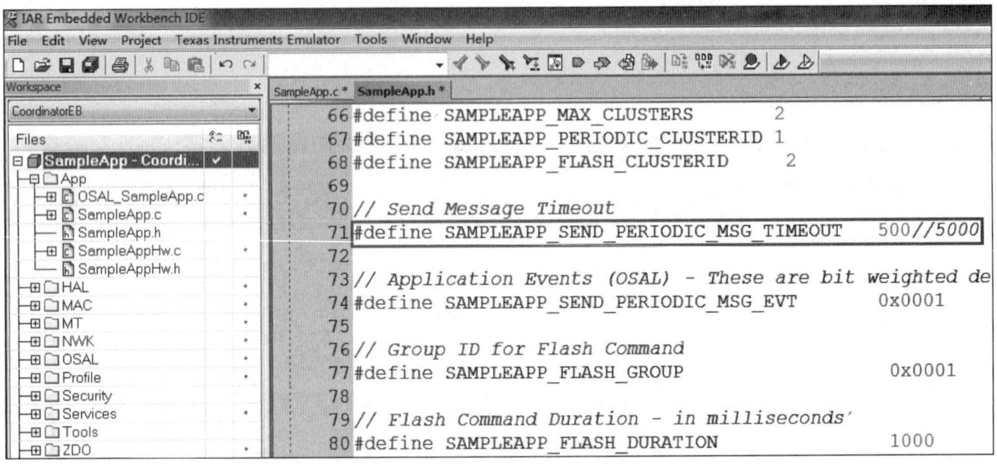

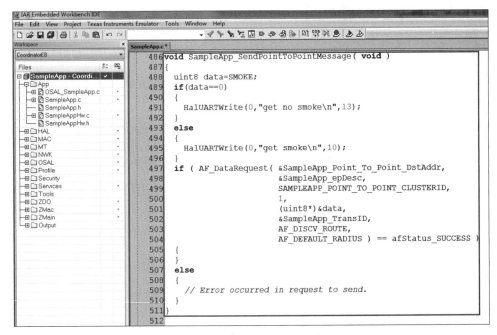

图 9-50 时间间隔的设置

然后添加自己的点播发送函数的定义,SampleApp.c 文件中的显示如图 9-51 所示。

图 9-51 定义点播发送函数

最后需要在 SampleApp_MessageMSGCB()函数中添加对接收到的点播通信方式传输的烟雾传感器检测到的烟雾信息数据的处理，如图 9-52 所示。

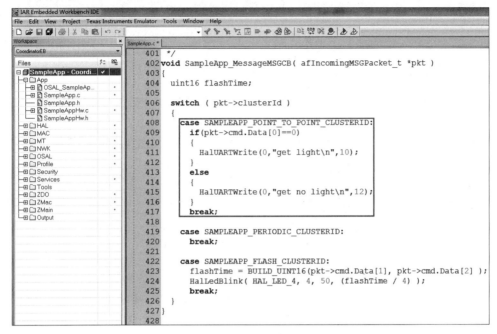

图 9-52　烟雾传感器信息的处理

## 第五步：人体红外热释电传感器模块软件设计

因为人体红外热释电传感器的工作原理与光敏传感器的工作原理较为相似，所以在 Z-Stack 协议栈下对它们的应用也较为相似。

首先在 SampleApp.c 文件中宏定义的相关位置添加对人体红外热释电传感器的 I/O 端口引脚的定义，SampleApp.c 文件中的显示如图 9-53 所示。

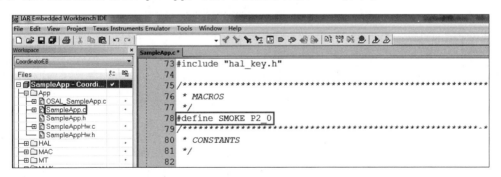

图 9-53　人体红外热释电传感器相关 I/O 端口引脚的定义

接着在 SampleApp.c 文件的 SampleApp_Init()初始化函数中添加初始化人体红外热释电传感器的相关程序代码，SampleApp.c 文件中的显示如图 9-54 所示。

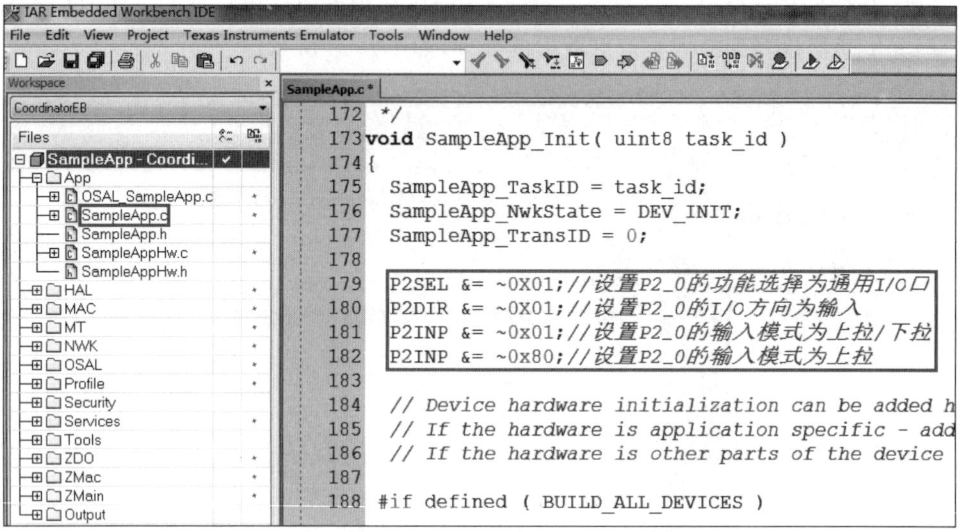

```
172  */
173 void SampleApp_Init( uint8 task_id )
174 {
175   SampleApp_TaskID = task_id;
176   SampleApp_NwkState = DEV_INIT;
177   SampleApp_TransID = 0;
178
179   P2SEL &= ~0X01;//设置P2_0的功能选择为通用I/O口
180   P2DIR &= ~0X01;//设置P2_0的I/O方向为输入
181   P2INP &= ~0x01;//设置P2_0的输入模式为上拉/下拉
182   P2INP &= ~0x80;//设置P2_0的输入模式为上拉
183
184   // Device hardware initialization can be added h
185   // If the hardware is application specific - add
186   // If the hardware is other parts of the device
187
188 #if defined ( BUILD_ALL_DEVICES )
```

图 9-54　人体红外热释电传感器的初始化设置

然后在 SampleApp.c 文件的 SampleApp_ProcessEvent()函数中的"if（events & SAMPLEAPP_SEND_PERIODIC_MSG_EVT)"后面的大括号中将原来的"SampleApp_SendPeriodicMessage();"替换为自己定义的点播发送函数调用语句"SampleApp_SendPointToPointMessage();"，如图 9-55 所示。

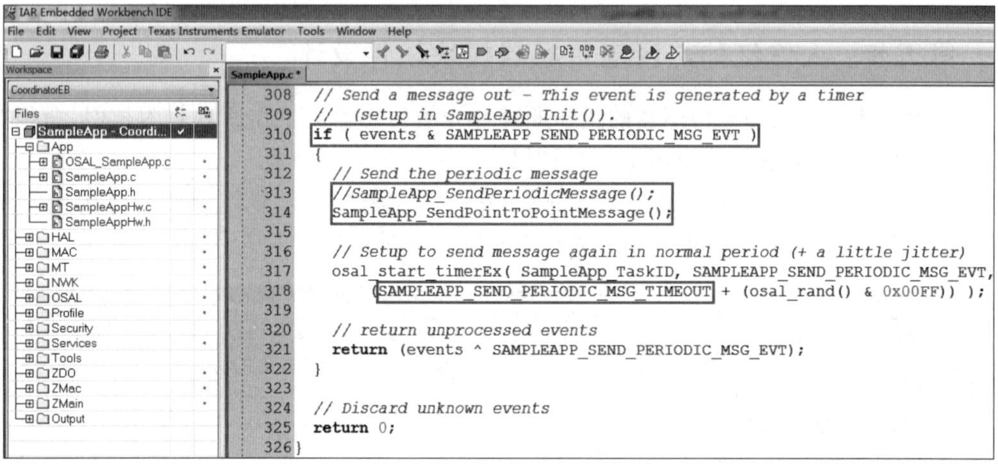

```
308  // Send a message out - This event is generated by a timer
309  //  (setup in SampleApp_Init()).
310  if ( events & SAMPLEAPP_SEND_PERIODIC_MSG_EVT )
311  {
312    // Send the periodic message
313    //SampleApp_SendPeriodicMessage();
314    SampleApp_SendPointToPointMessage();
315
316    // Setup to send message again in normal period (+ a little jitter)
317    osal_start_timerEx( SampleApp_TaskID, SAMPLEAPP_SEND_PERIODIC_MSG_EVT,
318      (SAMPLEAPP_SEND_PERIODIC_MSG_TIMEOUT + (osal_rand() & 0X00FF)) );
319
320    // return unprocessed events
321    return (events ^ SAMPLEAPP_SEND_PERIODIC_MSG_EVT);
322  }
323
324  // Discard unknown events
325  return 0;
326 }
```

图 9-55　代码的替换

单击进入后面的 osal_start_timerEx()函数调用语句的参数列表中的 SAMPLEAPP_SEND_PERIODIC_MSG_TIMEOUT 的定义，将发送信息的时间间隔由原来的 5000ms 修改为 500ms，程序代码如下：

```
#define SAMPLEAPP_SEND_PERIODIC_MSG_TIMEOUT    500
```

SampleApp.h 文件中的显示如图 9-56 所示。

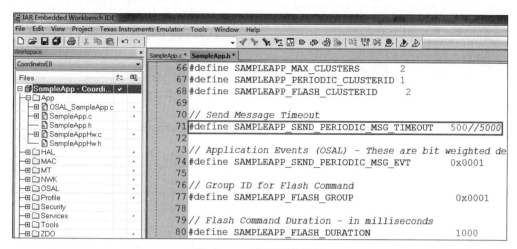

图 9-56 时间间隔的设置

然后添加对自己的点播发送函数的定义，SampleApp.c 文件中的显示如图 9-57 所示。

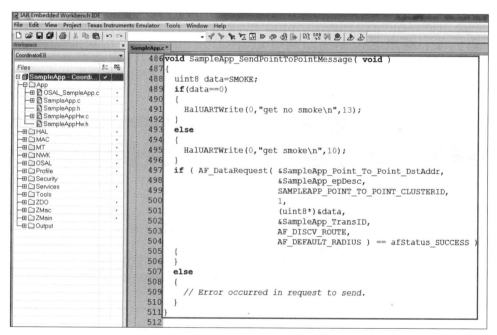

图 9-57 点播发送函数的定义

最后需要在 SampleApp_MessageMSGCB( ) 函数中添加对接收到的点播通信方式传输的人体红外热释电传感器检测到的人体红外信息数据的处理，如图 9-58 所示。

257

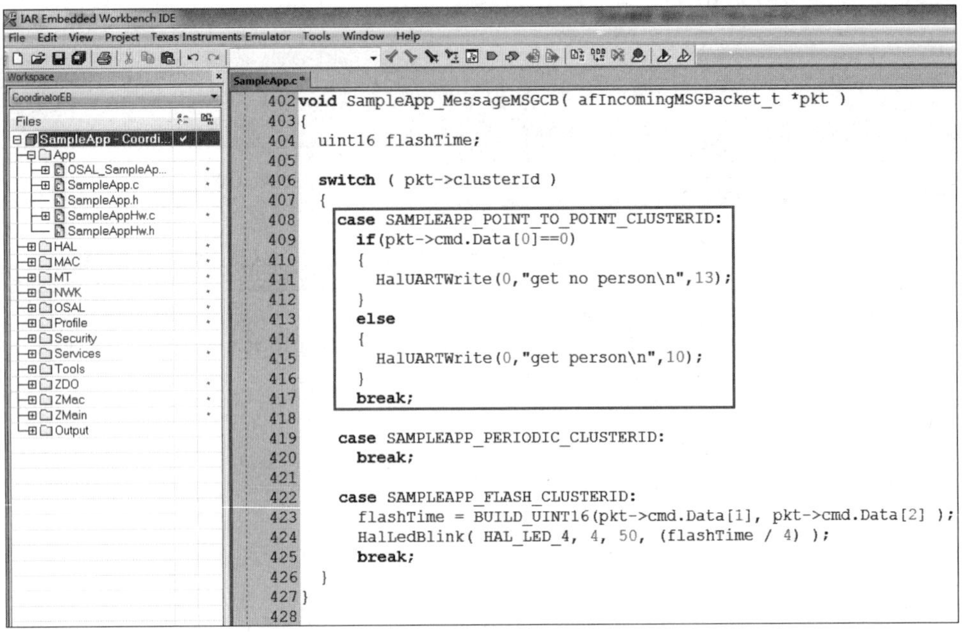

图 9-58 人体红外热释电传感器信息处理

## 第六步：继电器控制模块软件设计

首先在 SampleApp.c 文件的 SampleApp_Init() 函数中添加初始化继电器相关 I/O 端口引脚的程序代码，如图 9-59 所示。

图 9-59 继电器相关 I/O 端口引脚的初始化

接着在 SampleApp.c 文件的 SampleApp_ProcessEvent() 函数中的"if（events & SAMPLEAPP_SEND_PERIODIC_MSG_EVT)"后面的大括号中将原来的"SampleApp_SendPeriodicMessage();"替换为自己定义的点播发送函数调用语句"SampleApp_SendPointToPointMessage();"，如图 9-60 所示。

然后添加自己的点播发送函数的定义，SampleApp.c 文件中的显示如图 9-61 所示。

```
308    // Send a message out - This event is generated by a timer
309    //   (setup in SampleApp_Init()).
310    if ( events & SAMPLEAPP_SEND_PERIODIC_MSG_EVT )
311    {
312      // Send the periodic message
313      //SampleApp_SendPeriodicMessage();
314      SampleApp_SendPointToPointMessage();
315
316      // Setup to send message again in normal period (+ a little jitter)
317      osal_start_timerEx( SampleApp_TaskID, SAMPLEAPP_SEND_PERIODIC_MSG_EVT,
318        (SAMPLEAPP_SEND_PERIODIC_MSG_TIMEOUT + (osal_rand() & 0x00FF)) );
319
320      // return unprocessed events
321      return (events ^ SAMPLEAPP_SEND_PERIODIC_MSG_EVT);
322    }
323
324    // Discard unknown events
325    return 0;
326  }
```

图 9-60 代码替换

```
487
488  //点播发送函数
489  void SampleApp_SendPointToPointMessage()
490  {
491    uint8 data[3];
492    data[0]=0xFF;
493    data[1]=DEVICE_ID;
494    data[2]=0xFE;
495
496    if ( AF_DataRequest( &Point_To_Point_DstAddr, &SampleApp_epDesc,
497                         SAMPLEAPP_POINT_TO_POINT_CLUSTERID,
498                         3,
499                         &data,
500                         &SampleApp_TransID,
501                         AF_DISCV_ROUTE,
502                         AF_DEFAULT_RADIUS ) == afStatus_SUCCESS )
503    {
504    }
505    else
506    {
507      // Error occurred in request to send.
508    }
509  }
510  /********************************************************************
```

图 9-61 点播发送函数的定义

这里发送的第 1 个字符和最后 1 个字符分别是数据帧的首尾字符,第 2 个字符是设备 ID 码,这个由具体设备自己进行定义。

最后需要在 SampleApp_MessageMSGCB() 函数中添加对接收到的控制命令信息数据的处理,如图 9-62 所示。

```
SampleApp.c | hal_key.h | hal_key.c | hal_board_cfg.h | OnBoard.c | ZMain.c | ioCC2530.h | hal_led.h | hal_led.c | hal_defs.h | AF.h
407 void SampleApp_MessageMSGCB( afIncomingMSGPacket_t *pkt )
408 {
409   uint16 flashTime;
410
411   switch ( pkt->clusterId )
412   {
413     case SAMPLEAPP_POINT_TO_POINT_CLUSTERID:
414       if(pkt->cmd.Data[0] == 1)
415       {
416         P1_3 = ~P1_3;
417         P1_0 = ~P1_0;
418       }
419       break;
420
421     case SAMPLEAPP_PERIODIC_CLUSTERID:
422       break;
423
424     case SAMPLEAPP_FLASH_CLUSTERID:
425       flashTime = BUILD_UINT16(pkt->cmd.Data[1], pkt->cmd.Data[2] );
426       HalLedBlink( HAL_LED_4, 4, 50, (flashTime / 4) );
427       break;
428   }
429 }
```

图 9-62　控制命令信息的处理

## 任务3　模块组网及运行调试

### 任务目标

- 掌握 Z-Stack 协议栈下不同类型传感器和继电器模块进行组网的具体实现方法。
- 实现智慧农业系统各模块组网并完成运行调试。

### 任务内容

- 分析任务要求,明确组网设计的思路及方法。
- 实现系统模块组网并运行调试。

### 任务实施

一、实验准备

硬件：PC 一台、ZigBee 开发板（核心板及功能底板）若干块、SmartRF04EB 仿真器（包括相关数据连接线）一套。

软件：Windows 7/8/10 操作系统、IAR 集成开发环境。

## 二、实验实施

### 第一步：思路梳理

不同类型的传感器采集模块和继电器控制模块组成一个无线传感网是没有问题的。对于进行此类项目实训的学生来说，主要的问题是怎样进行相应的编程。

对于网络的中心——协调器模块来说，它接收到不同类型的传感器采集模块上传过来的数据检测或采集信息，应对它们进行不同方式的处理。此外，它还会对各种继电器控制模块下发控制命令。因此，在协调器模块的接收数据处理函数——SampleApp_MessageMSGCB()中，应当能够根据接收到的一条数据信息区分出它是由哪个传感器采集模块发送过来的相关数据，然后再对其加以处理。此外，当协调器下发控制命令时，它应当能够知道要对哪个继电器控制模块进行发送，即需要知道要下发控制命令的继电器控制模块在网络中的地址。

对于网络中的各终端节点——传感器采集模块和继电器控制模块，各传感器采集模块需要周期性地向协调器模块发送它们本次采集或检测到的相关数据信息。为了让协调器能够识别出本次接收到的一系列数据信息具体是哪个传感器采集模块上传过去的，各传感器采集模块发送的数据应大体遵循一个统一的格式，并包含能够标识出它自己的相关数据字节。比如，所有的传感器上传的一帧数据都以 0xFF 开始，以 0xFE 结束，并且第二个字节表示该设备的 ID。如果某一温度传感器模块对应的设备 ID 为 0x01，某一温湿度传感器模块对应的设备 ID 为 0x02，这样这两个传感器采集模块各自发送的一帧数据的大体格式分别如下。

温度传感器：0xFF　0x01　…　0xFE

温湿度传感器：0xFF　0x02　…　0xFE

可以在终端节点模块例程的 SampleApp.c 文件中自己定义一个点播通信发送函数。在该函数的定义中，根据不同类型传感器采集模块的设备 ID 来决定向协调器发送相应数据信息应当选择执行的不同程序代码，每次发送的一帧数据信息都需要满足上面这种格式。当然，还可以定义数据信息内容更加丰富的一帧，比如包含一个字节的表示数据长度的内容，或者包含一个字节的表示校验的内容等。

当协调器接收到一帧数据时，在接收数据处理函数 SampleApp_MessageMSGCB() 中，能够很容易地识别出这一帧数据是否满足数据帧的格式，以及在数据帧格式正确的情况下，它是哪个传感器采集模块发送过来的数据，数据是否有效等，然后再对该帧数据进行相应的处理。

对于继电器控制模块，尽管它本身并不上传数据，但它仍需要周期性地向协调器模块发送满足以上帧格式的数据信息，这是为了让协调器根据接收到的该帧数据信息记录下该数据信息发送模块，即相应继电器模块在网络中的设备短地址，以便后面下发控制命令时能够很容易地找到该节点。

### 第二步：实现组网

首先需要先自己定义终端节点，即传感器采集模块和继电器控制模块向网络中心的协调器模块发送一帧数据的固定格式，要求如下。

- 以 0xFF 开始。
- 以 0xFE 结束。
- 第 2 个字节表示终端节点的设备 ID。

下面需要分别定义各传感器采集模块的设备 ID，比如，温度传感器 DS18B20 采集模块的设备 ID 为 0x01，温湿度传感器 DHT11 采集模块的设备 ID 为 0x02，光敏传感器采集模块的设备 ID 为 0x03，烟雾传感器采集模块的设备 ID 为 0x04，人体红外热释电传感器采集模块的设备 ID 为 0x05，继电器控制模块的设备 ID 为 0x06。当然，以上的传感器采集模块和继电器控制模块可以根据实际需要定义多个，只要保证它们之间的设备 ID 各不相同即可。参考代码如图 9-63 所示。

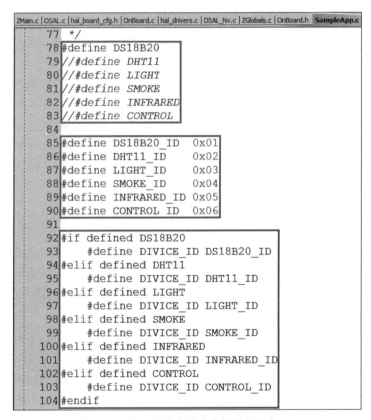

图 9-63 定义各传感器采集模块的设备 ID

接着需要定义点播发送信息函数，这些函数应包含针对不同类型的传感器采样模块和继电器控制模块分别向协调器模块发送不同的点播数据信息的程序代码。假设智能家居系统中有温度传感器 DS18B20 采集模块、温湿度传感器 DHT11 采集模块、光照传感器采集模块、烟雾传感器采集模块、人体红外热释电传感器采集模块和继电器控制模块，则相关的程序代码如下：

```
void SampleApp_SendPointMessage(void)
{
    uint8 data[10];
    #if defined DS18B20
    uint8 temperature=DS18B20Measure();
    data[0]=0xFF;
    data[1]=DEVICE_ID;
    data[2]=temperature;
    data[3]=0xFE;
    if ( AF_DataRequest( &SampleApp_Point_DstAddr, &SampleApp_epDesc,
        SAMPLEAPP_SMARTHOME_CLUSTERID,
        4,
        (uint8 *)&data,
        &SampleApp_TransID,
        AF_DISCV_ROUTE,
        AF_DEFAULT_RADIUS ) ==afStatus_SUCCESS )
    {
    }
    else
    {
      //Error occurred in request to send.
    }
    #elif defined DHT11
    uint8 temperature,humidity;
    DHT11Init();
    if(!DHT11Check())
    {
      if(!DHT11ReadData(&temperature,&humidity))
      {
        data[0]=0xFF;
        data[1]=DEVICE_ID;
        data[2]=temperature;
        data[3]=humidity;
        data[4]=0xFE;
        if ( AF_DataRequest( &SampleApp_Point_DstAddr, &SampleApp_epDesc,
            SAMPLEAPP_SMARTHOME_CLUSTERID,
            5,
            (uint8 *)data,
            &SampleApp_TransID,
            AF_DISCV_ROUTE,
```

```
                    AF_DEFAULT_RADIUS ) ==afStatus_SUCCESS )
            {
            }
            else
            {
                //Error occurred in request to send.
            }
        }
    }
    #elif defined CONTROL
    data[0]=0xFF;
    data[1]=DEVICE_ID;
    data[2]=0xFE;
    if( AF_DataRequest( &SampleApp_Point_DstAddr, &SampleApp_epDesc,
        SAMPLEAPP_SMARTHOME_CLUSTERID,
        3,
        (uint8 *)data,
        &SampleApp_TransID,
        AF_DISCV_ROUTE,
        AF_DEFAULT_RADIUS ) ==afStatus_SUCCESS )
    {
    }
    else
    {
        //Error occurred in request to send.
    }
#endif
}

void SampleApp_SendPointMessage(void)
{
    uint8 data[10];
    #if defined DS18B20
    uint8 temperature=DS18B20Measure();
    /***用作测试***/
    //data[0]=temperature/10+'0';
    //data[1]=temperature%10+'0';
    //data[2]='C';
    //data[3]='\r';
    //data[4]='\n';
    //HalUARTWrite(0,"Temperature =",sizeof("Temperature =")-1);
```

```c
//HalUARTWrite(0,data,5);
/***用作测试***/
data[0]=0xFF;
data[1]=DEVICE_ID;
data[2]=temperature;
data[3]=0xFE;
if ( AF_DataRequest( &SampleApp_Point_DstAddr, &SampleApp_epDesc,
    SAMPLEAPP_SMARTHOME_CLUSTERID,
    4,
    (uint8 *)&data,
    &SampleApp_TransID,
    AF_DISCV_ROUTE,
    AF_DEFAULT_RADIUS ) ==afStatus_SUCCESS )
{
}
else
{
  //Error occurred in request to send.
}

#elif defined DHT11
uint8 temperature,humidity;
DHT11Init();
if(!DHT11Check())
{
  if(!DHT11ReadData(&temperature,&humidity))
  {
  /***用作测试***/
  //data[0]=temperature/10+'0';
  //data[1]=temperature%10+'0';
  //data[2]='C';
  //data[3]=humidity/10+'0';
  //data[4]=humidity%10+'0';
  //data[5]='%';
  //data[6]='\r';
  //data[7]='\n';
  //HalUARTWrite(0,"Temperature =",sizeof("Temperature =")-1);
  //HalUARTWrite(0,data,3);
  //HalUARTWrite(0,", Humidity =",sizeof(", Humidity =")-1);
  //HalUARTWrite(0,data+3,5);
  /***用作测试***/

    data[0]=0xFF;
```

```c
        data[1]=DEVICE_ID;
        data[2]=temperature;
        data[3]=humidity;
        data[4]=0xFE;
        if ( AF_DataRequest( &SampleApp_Point_DstAddr, &SampleApp_epDesc,
            SAMPLEAPP_SMARTHOME_CLUSTERID,
            5,
            (uint8 *)data,
            &SampleApp_TransID,
            AF_DISCV_ROUTE,
            AF_DEFAULT_RADIUS ) ==afStatus_SUCCESS )
        {
        }
        else
        {
          //Error occurred in request to send.
        }
    }

#elif defined LIGHT
    data[0]=0xFF;
    data[1]=DEVICE_ID;
    data[2]=LIGHT_IO;
    data[3]=0xFE;
    if ( AF_DataRequest( &SampleApp_Point_DstAddr, &SampleApp_epDesc,
        SAMPLEAPP_SMARTHOME_CLUSTERID,
        4,
        (uint8 *)data,
        &SampleApp_TransID,
        AF_DISCV_ROUTE,
        AF_DEFAULT_RADIUS ) ==afStatus_SUCCESS )
    {
    }
    else
    {
      //Error occurred in request to send.
    }

#elif defined SMOKE
    data[0]=0xFF;
    data[1]=DEVICE_ID;
    data[2]=SMOKE_IO;
```

```
    data[3]=0xFE;
    if ( AF_DataRequest( &SampleApp_Point_DstAddr, &SampleApp_epDesc,
        SAMPLEAPP_SMARTHOME_CLUSTERID,
        4,
        (uint8 *)data,
        &SampleApp_TransID,
        AF_DISCV_ROUTE,
        AF_DEFAULT_RADIUS ) ==afStatus_SUCCESS )
    {
    }
    else
    {
      //Error occurred in request to send.
    }

    #elif defined INFRARED
    data[0]=0xFF;
    data[1]=DEVICE_ID;
    data[2]=INFRARED_IO;
    data[3]=0xFE;
    if ( AF_DataRequest( &SampleApp_Point_DstAddr, &SampleApp_epDesc,
        SAMPLEAPP_SMARTHOME_CLUSTERID,
        4,
        (uint8 *)data,
        &SampleApp_TransID,
        AF_DISCV_ROUTE,
        AF_DEFAULT_RADIUS ) ==afStatus_SUCCESS )
    {
    }
    else
    {
      //Error occurred in request to send.
    }

    #elif defined CONTROL
    data[0]=0xFF;
    data[1]=DEVICE_ID;
    data[2]=0xFE;
    if ( AF_DataRequest( &SampleApp_Point_DstAddr, &SampleApp_epDesc,
        SAMPLEAPP_SMARTHOME_CLUSTERID,
        3,
        (uint8 *)data,
        &SampleApp_TransID,
```

```
        AF_DISCV_ROUTE,
        AF_DEFAULT_RADIUS ) ==afStatus_SUCCESS )
    {
    }
    else
    {
      //Error occurred in request to send.
    }
    #endif
}
```

上面的程序代码已经根据终端节点类型的不同进行了分类，也就是根据前面所讲过的在程序起始处定义的表示各终端节点的宏来进行分类，如图 9-64 所示。

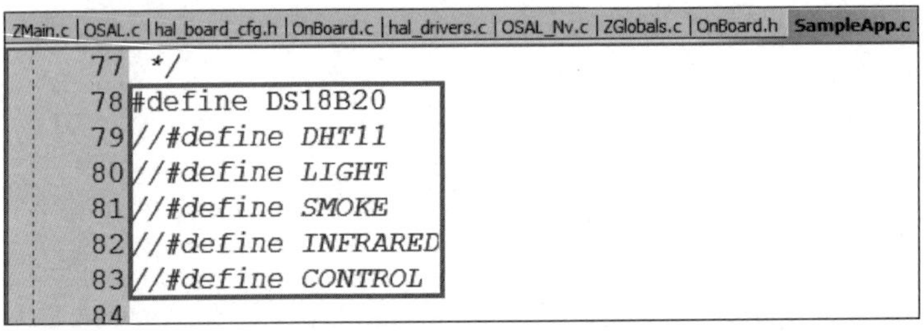
ZMain.c
OSAL.c
hal_board_cfg.h
OnBoard.c
hal_drivers.c
OSAL_Nv.c
ZGlobals.c
OnBoard.h
SampleApp.c
77 */
78 #define DS18B20
79 //#define DHT11
80 //#define LIGHT
81 //#define SMOKE
82 //#define INFRARED
83 //#define CONTROL
84

图 9-64　按宏定义分类

这里注明了不同的终端节点对应的宏定义。需要注意的是，一次只能让一个宏被定义，这样就对应上面只执行一种类型的传感器或继电器的相关程序代码。任何一个终端节点向协调器发送一帧数据都必须遵循前面介绍的固定格式，即以 0xFF 开始，以 0xFE 结束，第 2 个字符表示终端节点的设备 ID。此外，它们发送数据信息对应的通信方式在各种通信方式组成的群集中的 ID，用宏 SAMPLEAPP_SMARTHOME_CLUSTERID 来定义，这个定义表示通信发送的数据信息不仅是通过点播通信方式发送的，还是智能家居系统采集的相关信息，这样，在协调器接收数据时，在接收数据处理函数 SampleApp_MessageMSGCB()中，可以用这一 ID(SAMPLEAPP_SMARTHOME_CLUSTERID)很容易地获取到各种传感器采集模块上传过来的各种数据信息。

各终端节点中，传感器采集模块是不需要接收协调器发送的数据信息的，只有继电器控制模块需要接收协调器发送的命令数据信息，相关的程序代码如图 9-65 所示。

在协调器模块的程序代码中依然需要遵循以上的帧格式。

协调器主要接收各终端节点发送过来的数据信息，对于传感器采集模块，它会获取相关的检测数据；对于继电器模块，它会获取相关模块在网络中的地址，为以后下发控制命令进行点播通信做好准备。

```
429 void SampleApp_MessageMSGCB( afIncomingMSGPacket_t *pkt )
430 {
431   uint16 flashTime;
432   uint8 len=pkt->cmd.DataLength;
433   uint8* data=pkt->cmd.Data;
434
435   switch ( pkt->clusterId )
436   {
437     case SAMPLEAPP_SMARTHOME_CLUSTERID:
438       if(DEVICE_ID==CONTROL_ID)
439       {
440         if(len==4)
441         {
442           if(data[0]==0xFF&&data[3]==0xFE&&data[1]==DEVICE_ID)
443           {
444             CONTROL=data[2];
445           }
446         }
447       }
448       break;
449
```

图 9-65　命令信息的处理

```
void SampleApp_MessageMSGCB( afIncomingMSGPacket_t * pkt )
{
  uint8 len=pkt->cmd.DataLength;
  uint8* data=pkt->cmd.Data;

  switch ( pkt->clusterId )
  {
    case SAMPLEAPP_SMARTHOME_CLUSTERID:
      if(data[0]==0xFF&&data[len-1]==0xFE)
      {
        switch(data[1])
        {
        case DS18B20_ID:
          temperature=data[2];
          if(temperature<20)
          {
            Control(0);
          }
          else
          {
            Control(1);
          }
          break;
        case DHT11_ID:
```

```
            humidity=data[3];
            break;
        case LIGHT_ID:
            light=data[2];
            break;
        case SMOKE_ID:
            smoke=data[2];
            break;
        case INFRARED_ID:
            infrared=data[2];
            break;
        case CONTROL_ID:
            controlAddr=pkt->srcAddr.addr.shortAddr;
            break;
        }
    }
    break;
}
```

这里变量 temperature、humidity、light、smoke、infrared 和 controlAddr 都是在全局域中定义的。

此外,在接收到温度信息后,会对其进行判断,如果温度小于 20℃,会调用相关函数,下发控制命令,闭合继电器控制模块;反之,则会调用相关函数,下发控制命令,断开继电器控制模块,该函数为 Control(),它的定义如图 9-66 所示。

```
546
547 void Control(uint8 cmd)
548 {
549   uint8 data[5];
550   data[0]=0xFF;
551   data[1]=CONTROL_ID;
552   data[2]=cmd;
553   data[3]=0xFE;
554   SampleApp_Point_DstAddr.addr.shortAddr=controlAddr;
555   if ( AF_DataRequest( &SampleApp_Point_DstAddr, &SampleApp_epDesc,
556                        SAMPLEAPP_SMARTHOME_CLUSTERID,
557                        4,
558                        (uint8 *)&data,
559                        &SampleApp_TransID,
560                        AF_DISCV_ROUTE,
561                        AF_DEFAULT_RADIUS ) == afStatus_SUCCESS )
562   {
563   }
564   else
565   {
566     // Error occurred in request to send.
567   }
568 }
```

图 9-66　控制函数的定义

这里刚好跟继电器控制模块中的信息处理函数 SampleApp_MessageMSGCB()中的程序代码对应起来。

协调器作为网络的中心，需要周期性地将其接收到的各传感器采集模块上传来的各种采集数据信息进行汇总，并最终发送给上位机，相关的程序代码当然是在 SampleApp.c 文件中的事件处理函数 SampleApp_ProcessEvent()中，程序代码如下：

```
...
if ( events & SAMPLEAPP_SEND_PERIODIC_MSG_EVT )
{
    //Send the periodic message
    //SampleApp_SendPeriodicMessage();
    rxBuf[0]=temperature/10+'0';
    rxBuf[1]=temperature%10+'0';
    rxBuf[2]='C';
    rxBuf[3]='\r';
    rxBuf[4]='\n';
    HalUARTWrite(0,"Temperature =",sizeof("Temperature =")-1);
    HalUARTWrite(0,rxBuf,5);
    rxBuf[0]=humidity/10+'0';
    rxBuf[1]=humidity%10+'0';
    rxBuf[2]='%';
    rxBuf[3]='\r';
    rxBuf[4]='\n';
    HalUARTWrite(0,"Humidity =",sizeof("Humidity =")-1);
    HalUARTWrite(0,rxBuf,5);
    if(light)
    {
      HalUARTWrite(0,"get light\r\n",sizeof("get light\r\n")-1);
    }
    else
    {
      HalUARTWrite(0,"get no light\r\n",sizeof("get no light\r\n")-1);
    }
    if(smoke)
    {
      HalUARTWrite(0,"get smoke\r\n",sizeof("get smoke\r\n")-1);
    }
    else
    {
      HalUARTWrite(0,"get no smoke\r\n",sizeof("get no smoke\r\n")-1);
    }
    if(infrared)
    {
```

```
      HalUARTWrite(0,"get person\r\n",sizeof("get person\r\n")-1);
    }
    else
    {
      HalUARTWrite(0,"get no person\r\n",sizeof("get no person\r\n")-1);
    }

    //Setup to send message again in normal period (+a little jitter)
    osal_start_timerEx( SampleApp_TaskID, SAMPLEAPP_SEND_PERIODIC_MSG_EVT,
      (SAMPLEAPP_SEND_PERIODIC_MSG_TIMEOUT +(osal_rand() & 0x00FF)) );

    //return unprocessed events
    return (events ^ SAMPLEAPP_SEND_PERIODIC_MSG_EVT);
  }
  ...
```

这里通过串口通信的方式向上位机发送一个周期中从各传感器采集模块上传过来的各种数据采集信息，可以设置周期的长度，在 SampleApp.h 头文件中进行设置，程序代码如下：

```
#define SAMPLEAPP_SEND_PERIODIC_MSG_TIMEOUT 5000
```

这里单位为 ms，即以上设置周期为 5s。

## 三、实验现象

将程序分别下载到协调器模块和终端模块，并对它们进行复位，可以看到在串口调试助手的数据接收区中，每隔大约 5s 显示本次采集所得的信息，如图 9-67～图 9-71 所示。

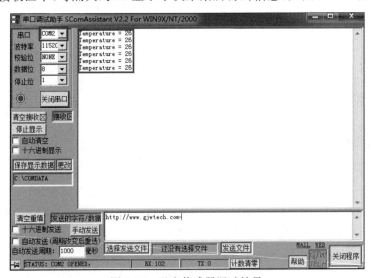

图 9-67　温度传感器调试结果

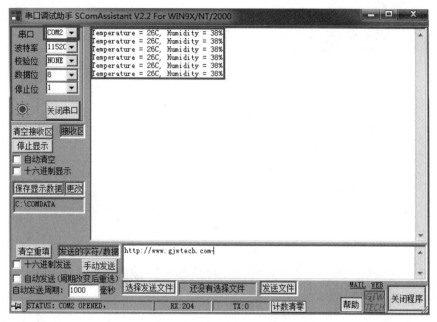

图 9-68　温湿度传感器调试结果

图 9-69　光敏传感器调试结果

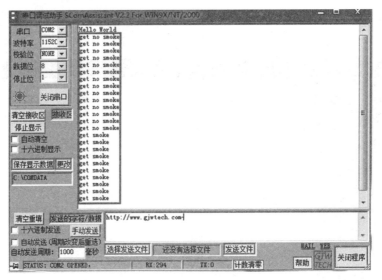

图 9-70　烟雾传感器调试结果

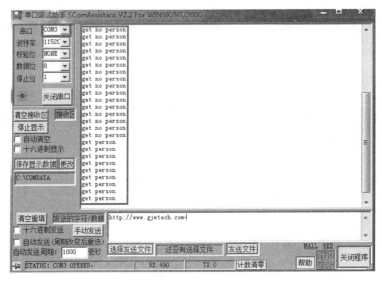

图 9-71　人体红外传感器调试结果

项目调试实物图如图 9-72 所示。

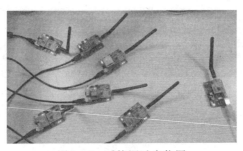

图 9-72　系统调试实物图

# 参 考 文 献

[1] 王小强,欧阳骏,等.ZigBee 无线传感器网络设计与实现[M].北京:化学工业出版社,2012.
[2] 姜付鹏.电磁兼容的电路板设计[M].北京:机械工业出版社,2011.
[3] CC2530 Data Sheet[EB/OL].http://www.ti.com/lit/ds/symlink/cc2530.pdf.
[4] CC2530 Development Kit User's Guide[EB/OL]. http://www.ti.com/lit/ug/swru 208b/swru208b.pdf.
[5] 王俊.农业无线传感器网络关键技术及应用研究[M].北京:中国水利水电出版社,2019.
[6] 杨志军,谢显杰,等.无线传感器网络 MAC 协议分析与实现[M].北京:科学出版社,2018.
[7] 阿基迪兹,沃安.无线传感器网络[M].徐平平,刘昊,褚宏云,译.北京:电子工业出版社,2013.
[8] 姜仲,刘丹.ZigBee 技术与实训教程-基于 CC2530 的无线传感网技术[M].北京:清华大学出版社,2018.
[9] 许毅,陈立家,等.无线传感器网络技术原理及应用[M].2 版.北京:清华大学出版社,2019.
[10] 谢金龙,邓人铭.物联网无线传感器网络技术与应用(ZigBee 版)[M].北京:人民邮电出版社,2016.